中华经典名著

全本全注全译丛书

杜　斌◎译注

茶　经 上册
续茶经

中華書局

图书在版编目(CIP)数据

茶经;续茶经/杜斌译注. —北京:中华书局,2020.3
(2023.5 重印)
(中华经典名著全本全注全译丛书)
ISBN 978-7-101-14403-1

Ⅰ.茶… Ⅱ.杜… Ⅲ.①茶文化-中国-古代②《茶经》-译文③《续茶经》-译文 Ⅳ.TS971.21

中国版本图书馆 CIP 数据核字(2020)第 027924 号

书　　名	茶经　续茶经(全二册)
译 注 者	杜　斌
丛 书 名	中华经典名著全本全注全译丛书
责任编辑	张彩梅
责任印制	陈丽娜
出版发行	中华书局 (北京市丰台区太平桥西里 38 号　100073) http://www.zhbc.com.cn E-mail:zhbc@zhbc.com.cn
印　　刷	北京盛通印刷股份有限公司
版　　次	2020 年 3 月第 1 版 2023 年 5 月第 4 次印刷
规　　格	开本/880×1230 毫米　1/32 印张 30⅜　字数 600 千字
印　　数	20001-26000 册
国际书号	ISBN 978-7-101-14403-1
定　　价	76.00 元

目录

上册

茶经

续茶经

下册

茶　经

前言

中国是茶的故乡，茶文化的发源地。传说“茶之为饮，发乎神农”，有文字记载的饮茶历史也有数千年之久。如今全球已有五十多个国家种茶，一百六十多个国家与地区、二十多亿人在饮茶。可以说茶的发现与利用是中华民族对人类文明的一大重要贡献。

要想全面了解茶文化，首先要了解陆羽的《茶经》。它是中国古代茶文化史上的一部巨著，也是世界上第一部茶学专著，在中国以及世界茶文化史上占有无可比拟的重要地位，是研究茶文化史不可或缺的重要典籍。

陆羽其人

陆羽(733—804)，字鸿渐，一名疾，字季疵，自称桑苎翁，又号东冈子、竟陵子，世称陆处士、陆文学、陆三山人、东园先生等。复州竟陵(今湖北天门)人。据《新唐书·隐逸传》记载:“不知所生，或言有僧得诸水滨，畜之。既长，以《易》自筮，得《蹇》之《渐》，曰‘鸿渐于陆，其羽可用为仪’。乃以陆为氏，名而字之。”

据《文苑英华·陆文学自传》记载，陆羽三岁就成了孤儿，被竟陵龙盖寺住持智积禅师收养在寺院里。智积禅师让他阅读佛经以及宣扬超脱人世、摆脱世事束缚的书籍，然而陆羽却一心向往儒学。智积禅师屡劝不从，于是令他打扫寺院、清洁僧人厕所、用脚踩泥涂墙壁、背瓦片盖屋顶、牧牛等以示惩戒，但陆羽坚持学习儒家经典的信念却毫未动摇。在繁重的劳作之余，陆羽仍然坚持学习。因没有纸，陆羽用竹枝在牛背上画着学写字。智积禅师知道了陆羽坚持学习这件事后，唯恐陆羽受到佛经以外书籍的影响，离佛教教义越来越远，就将他管束在寺院里，让他修剪寺院杂乱的草木，并让年龄大的徒弟看管他。有时陆羽因诵读经书精神恍惚，看管的人认为他懒惰而用鞭子抽打他的背，直到鞭子打断为止。陆羽因此感叹："岁月往矣，奈何不知书。"陆羽因为厌倦繁重的劳役和人身不自由的状况，于天宝元年(742)逃离了寺院。陆羽随后投靠戏班，从事优伶之业，弄木人、假吏、藏珠之戏，并将平时演戏的角本、民间滑稽故事等整理搜集，著有《谑谈》三篇。

唐玄宗天宝五载(746)，楚地人聚饮于沧浪之洲，当地官吏召陆羽为伶正之师。时任河南府尹李齐物谪守竟陵，在聚会中见到陆羽，握手抚背，亲手把自己的诗集赠予他。后来李齐物举荐陆羽到火门山(在今湖北天门北)邹夫子门下读书，陆羽这才得以接受正规的教育。天宝十载(751)，陆羽离开邹夫子，结束了五年的学习生涯。天宝十一载(752)，礼部郎中崔国辅被贬为竟陵司马，与陆羽结识。两人交游三年，经常"相与较定茶、水之品"。临别时，崔国辅特地赠送陆羽白驴、乌犎牛各一头，以及文槐书套一枚。这些物品都是崔国辅所珍视的，由此可见二人交情之深。

天宝十四载(755)，安史之乱爆发。唐肃宗至德元载(756)，士人多渡江向南以避战祸，陆羽也随流民渡江南行。至德二载(757)，陆羽至无锡，品惠山泉水，结识了时任无锡尉的皇甫冉。行至吴兴时，结识了皎然和尚，两人同为茶道中人，一见如故，遂结为"缁素忘年之交"。乾元元年(758)，陆羽与皇甫冉在南京栖霞寺采茶时相遇。皇甫冉与陆羽离别之时，作《送陆鸿渐栖霞寺采茶》诗："采茶非采菉，远远上层崖。布叶春风暖，盈筐白日斜。旧知山寺路，时宿野人家。借问王孙草，何时泛碗花?"唐肃宗上元元年(760),陆羽"更隐苕溪,自称桑苎翁,阖门著书"。唐代宗大历二年(767)至三年(768)间,陆羽常在常州义兴县(今江苏宜兴)君山一带访茶品泉,他建议常州刺史李栖筠上贡阳羡茶。大历七年(772),颜真卿任湖州刺史,由此湖州文坛品茶吟诗等茶事活动达到了高潮。大历八年(773)三月,陆羽应颜真卿之邀参与重修《韵海镜源》。这年冬天,《韵海镜源》编纂完成,颜真卿在湖州东南建新亭以示纪念,因时在癸丑年、癸卯月、癸亥日竣工,陆羽名之为"三癸亭"。皎然作《奉和颜使君真卿与陆处士羽登妙喜寺三癸亭》以记之。

大历十二年(777),颜真卿离任湖州,陆羽也开始了新的游历。建中三年(782),陆羽移居江西。唐德宗贞元元年(785),陆羽到信州(今江西上饶)茶山,与孟郊交游唱和。贞元二年(786),到洪州(今江西南昌)玉芝观、庐山等地,与权德舆、戴叔伦等人交游唱和。贞元五年(789)后,陆羽入岭南节度使李复幕府担任幕僚。贞元九年(793),陆羽由岭南返回杭州,与灵隐寺道标、宝达禅师交游唱和,自此以后行迹不明。贞元二十年(804),陆羽病死于湖州,终年72岁。陆羽死后葬于杼山,其墓与皎然塔相对。

陆羽在文学、史学、茶学以及地理、方志等方面都取得很大成就。据《陆文学自传》记载,陆羽著有《君臣契》三卷、《源解》三十卷、《江表四姓谱》八卷、《南北人物志》十卷、《吴兴历官记》三卷、《湖州刺史记》一卷、《茶经》三卷、《占梦》三卷,在当时曾产生一定影响,皇帝征召他为太子文学、太常寺太祝,皆不就职。

《茶经》的成书过程

陆羽被竟陵龙盖寺智积禅师收养后,幼年就在寺中为智积禅师煮茶,因其所煮茶适合智积禅师的口味,以致后来陆羽离开龙盖寺后,智积禅师不再喝其他人煮的茶。幼年这段经历对陆羽后来的茶事影响至深,它不仅培养了陆羽的煮茶技术,更激发了陆羽对茶的无穷兴趣。

关于《茶经》的成书时间，学界有上元二年(761)以前、广德二年(764)、大历十年(775)、建中元年(780)四种说法，各有依据，然而也各有失偏颇。第一种说法是根据上元二年(761)陆羽《陆文学自传》一文中提及所列著作已有《茶经》三卷，由此说明《茶经》成书于陆羽撰写自传之前。日本学者布目潮沨先生考证《茶经·八之出》所列产茶州县地名均为 758—761 年所改，因此推断《茶经》初稿形成于 761 年以前。第二种说法根据《茶经·四之器》记载陆羽自制风炉，其足铭文有“圣唐灭胡明年铸”，“圣唐灭胡”即指 763 年平定安史之乱，陆羽于 764 年铸风炉，当然也可看作是对《茶经》的一次修订。第三种说法是陆羽在大历八年(773)应颜真卿之邀担任《韵海镜源》编撰工作时，接触到大量新的文献资料，这有助于补充修订《茶经》中关于历史、文学、医药、人物等相关的资料。因此陆羽在完成《韵海镜源》编撰工作后，于大历十年(775)又对《茶经》进行第二次修订。第四种说法，指的是《茶经》的正式刊行时间。主要依据是此后陆羽移居江西、湖南、广东等地，却未如在浙江湖州时那样将所经历地区的茶产细致记入《茶经·八之出》的小注文中，说明未再修订，即使修订也未能刊刻行世。

《茶经》在完成初稿后的近二十年来，一直在不断修订、补充和完善，而且初稿和修订稿都曾在社会中广为流传，但最终修订完成不会晚于 780 年。

《茶经》的内容

《茶经》是我国第一部系统总结唐代及唐代以前有关茶事的综合性著作。全书分为上、中、下三卷，共十章，七千多字。

上卷三章，分别为“一之源”“二之具”“三之造”。“一之源”主要论述了茶树的形态、植物性状、“茶”字的构造及其名称、茶树的生长环境、栽培方法、饮茶对人体的保健作用，也提到了茶叶采摘、制造不及时对人体造成的危害等。“二之具”详细介绍了采茶、蒸茶、压制饼茶、封藏饼茶的十多种器具，从形状、质地、尺寸到用法、功能一一详细说明。“三之造”论述了茶叶的采摘时间、采制方法以及成品茶的外形特征与鉴别方法。中卷一章，为“四之器”。详细介绍了风炉、灰承、筥、炭挝、火筴、鍑、交床、夹、纸囊、碾、拂末、罗合、则、水方、漉水囊、瓢、竹筴、鹾簋、揭、熟盂、碗、畚、纸帊、札、涤方、滓方、巾、具列、都篮等煮茶和饮茶用具，每种煮茶和饮茶用具都写明制作原料、制作方法、规格及其用途。下卷六章，分别为“五之煮”“六之饮”“七之事”“八之出”“九之略”“十之图”。“五之煮”详细介绍了唐代茶汤完整的煮饮程式。其先用火烤炙、再蒸捣成末、然后再用炭火择水烹煮取饮。“六之饮”详细论述了饮茶的现实意义、饮茶的风俗和饮茶的方式方法，重点分析“茶有九难”及正确的品饮方法。“七之事”比较全面地收集了有史以来至初唐的有关茶的历史文献资料四十八则，按其内容可分为医药、史料、诗词歌赋、神异、注释、地理和其他七类。“八之出”论述了唐代全国名茶产地和茶叶品质高低。作者实地考察以及亲身体验的地区记之较详，而对未曾到过并进行实地考察的地区，则称“未详”“往往得之，其味极佳”，由此体现作者客观诚实的科学态度。“九之略”论述了在一定条件下怎样省略茶叶采制工具和饮茶用具。在放松自由的山林里，运用茶具要讲求灵活性，器具足用即可，“但城邑之中，王公之门，二十四器阙一，则茶废矣”，说明王公贵族之家，只有完整使用全套茶具，茶道才能存而不废。“十之图”中要求将全书内容在白绢上写录下来，挂在室内观看，使其内容“陈诸座隅”“目击而存”，既便于记诵，又便于欣赏，实际上是指明《茶经》的传播方式和途径。

《茶经》的版本

《茶经》自问世以来，历代传抄刊刻不绝。据宋陈师道《〈茶经〉序》记载：“陆羽《茶经》，家书一卷，毕氏、王氏书三卷，张氏书四卷，内外书十有一卷。其文繁简不同。”据不完全统计，截至民国时期，《茶经》版本有六十多种，现存的自宋代至民国的版本约有五十余种。宋时磊《唐代茶史研究》中说："《茶经》的版本流传可分为抄本和刊本，刊本按形式可分为丛书本、独立刊本、附刊本三种，按内容可分为初注本、无注本、增注本、增释本和删节本五种。"丛书本，现存最早的版本是南宋咸淳九年(1273)左圭的《百川学海》本，后又有《百家名书》本、《格致丛书》本、喻政《茶书》本、《重订欣赏编》本、《清媚合谱》本、《唐宋丛书》本、《五朝小说大观》本、《唐人百家小说》本、《稗史汇编》本、宛委山堂《说郛》本、《古今图书集成》本、《四库全书》本、《唐人说荟》本、《学津讨原》本、《植物名实图考》本、《湖北先正遗书》本、《丛书集成初编》本等。独立刊本如明嘉靖二十一年(1542)柯双华竟陵本、万历十六年(1588)程福生竹素园陈文烛校本、万历十六年(1588)孙大绶秋水斋刊本、明乐元声倚云阁刻本、明汤显祖《别本茶经》本、清雍正七年(1729)仪鸿堂本、民国西塔寺常乐刻《陆子茶经》本等。附刊本如清雍正十三年(1735)陆廷灿寿椿堂《续茶经》之《原本茶经》本、道光元年(1821)《天门县志》附刊《陆子茶经》本等。

另外，《茶经》也流传到日本、韩国、美国、意大利、法国、德国等国。据日本京都大学森鹿三教授《中国茶书的日本传入》一文中称，1191年7月荣西从宋国携带其手写的《茶经》入日本，这是《茶经》引入日本的开端。日本学者布目潮沨认为明代万历年间，日本开始出版《茶经》的单行本。日本元禄五年(1692)《文益书籍目录》录有春秋馆发行的《茶经》两册，这是最早的日语版《茶经》。韩国的版本有崔凡述《韩国之茶道》本、韩雄斌《茶文化之研究》资料本、徐廷柱《茶经》本、金荣学《韩国茶文化》本、李圭正《茶经》刊本、金明培《茶经》刊本等。美国有威廉·乌克斯《茶叶全书》本、弗郎西斯·卡朋特《茶经》本，英国有《大百科全书》本，意大利有《陆羽〈茶经〉》本，另外法国和德国也有《茶经》译本。

《茶经》的影响和意义

《茶经》是世界上第一部茶学专著，被奉为茶文化的经典，在茶文化史上有无可比拟的重要地位。《茶经》的出现，使茶学发展成为一门独立的学问。《新唐书·艺文志·小说类》《通志·艺文略·食货类》《郡斋读书志·农家类》《直斋书录题解·杂艺类》《宋史·艺文志·农家类》等书中都有著录。

唐皮日休《茶中杂咏并序》对陆羽和《茶经》推崇备至："自周已降，及于国朝茶事，竟陵子陆季疵言之详矣。然季疵以前，称茗饮者，必浑以烹之，与夫瀹蔬而啜者无异也。季疵之始为经三卷，由是分其源，制其具，教其造，设其器，命其煮，俾饮之者，除痟而去疠，虽疾医之未若也。其为利也，于人岂小哉！余始得季疵书，以为备矣。"宋陈师道《〈茶经〉序》的评价亦堪称精到："夫茶之著书自羽始，其用于世亦自羽始，羽诚有功于茶者也。上自宫省，下迨邑里，外及异域遐陬，宾祀燕享，预陈于前，山泽以成市，商贾以起家，又有功于人者也，可谓智矣。"今人王旭烽《瑞草之国》认为："《茶经》是中国茶文化的标志性文本，使茶文化具备了经典的意义，完成了茶从粗放性走向艺术化的过程，使一种物质事象和精神事象结合成一种文化事象，……也为后世的茶文化活动提供了无限开放的可能性。"

《茶经》不仅是中国茶学，也是世界茶学的开山之作，对中国后世茶学影响至深。在《茶经》的影响下，茶学专著应运而生，较为著名的有五代毛文锡《茶谱》、宋蔡襄《茶录》、宋赵佶《大观茶论》、明朱权《茶谱》等。与《茶经》同名或相似的则有宋周绛《补茶经》、明真清《茶经外集》、明孙大绶《茶经外集》、明张谦德《茶经》以及清陆廷灿《续茶经》等，这些茶书在一定程度上可以说都是对陆羽《茶经》的补充和注解。陆羽《茶经》的问世，对中国茶文化的发展，具有划时代的意义，更是将茶推上了"国饮"的高度。

《茶经》不仅有功于中国茶叶及茶文化，也影响了世界其他国家和地区的茶叶与茶文化。日本的茶道、韩国的茶礼，以及近年在东南亚和欧美盛行的茶文化，无一不是在陆羽《茶经》的影响下而渐次发展起来的。茶叶成为世界三大无酒精饮料之一，陆羽《茶经》亦当推首功。

本书的处理方式

《茶经》版本繁多，本书以现存最早刻本南宋咸淳九年(1273)左圭的《百川学海》本为底本，并参酌《四库全书》本、《学津讨原》本等进行校勘。

本书在整理过程中，曾参考吴觉农《茶经述评》(农业出版社，1987)、鲍思陶纂注《茶典》(山东画报出版社，2004)、宋一明《茶经(外三种)译注》(上海古籍出版社，2009)、沈冬梅编著《茶经》(中华书局，2010)、朱自振、沈冬梅编著《中国古代茶书集成》(上海文化出版社，2010)、杨东甫主编《中国古代茶学全书》(广西师范大学出版社，2011)、于良子注释《茶经》(浙江古籍出版社，2011)、曹海英译注《茶经·续茶经》(北方文艺出版社，2014)、崇贤书院译《图解茶经·续茶经》(黄山书社，2015)、肖思学译注《茶经·续茶经》(团结出版社，2016)、郭孟良注译《茶经·续茶经》(中州古籍出版社，2017)、宋时磊著《唐代茶史研究》(中国社会科学出版社，2017)、文轩《茶经译注》(上海三联书店，2018)等专著，另参阅沈冬梅论文《陆羽〈茶经〉的历史影响与意义》(《形象史学研究》，人民出版社，2012)，在此一并致谢！

为方便读者阅读，依照本套丛书体例，原文一般不出校记，明显错误径改。一些原文中的错漏之处，在注释中做简单说明。注释力求精当，直译原文，以免去原书本意太远。由于本人学疏才浅，本次整理中定有不少谬误和不当之处，敬祈读者指正。

杜斌
2020 年 2 月

一之源

【题解】

“源”，本作“原”，指水流所从出。引申为事物的来源。《茶经》从茶源头写起，“茶者，南方之嘉木也”，明确指出茶的产地在中国南方，以及茶所具有的善和美的特性。“其巴山峡川，有两人合抱者”，这是最早记载中国野生茶树的资料。“上者生烂石，中者生砾壤，下者生黄土”，说明茶树生长的土壤环境。上等茶生在岩石充分风化的烂石土壤中，中等茶生在含有碎石子的黏性土壤中，下等茶生在土质松软的黄色黏土中。“野者上，园者次”，可以理解为生长在山野里的野生茶品质较好，茶园里人工培育的茶品质较差。陆羽曾有入山采摘野生茶、几宿不归的亲身经历。他的友人皇甫冉《送陆鸿渐栖霞寺采茶》及皇甫曾《送陆鸿渐山人采茶回》等诗中有“远远上层崖”“时宿野人家”“采摘知深处，烟霞羡独行”等诗句，“野者上，园者次”看法的形成，当与陆羽入山采摘野生茶的亲身经历有关。

“凡艺而不实，植而罕茂”，则论及茶树的不宜移植性。古人对茶树习性的认识仍有局限性，认为茶树只能从种子萌芽成株，不能移植，所以茶树过去一直有“艺茶必下种”“移植不复生”的说法。所以在古代婚俗中，茶便成为坚贞不移、从一而终和婚后多子的象征，婚娶聘物必定有茶。

“法如种瓜，三岁可采”，北魏贾思勰《齐民要术·种瓜第十四》中详细讲了种瓜的方法，可与唐韩鄂《四时纂要》记载的“种茶法”对应来看。唐代距离北魏时间较近，唐代在种瓜和种茶时，在整地、挖坑、施肥及播种等方面与北魏确有相似之处，“三岁可采”的说法也基本正确。

“茶之为用，味至寒，为饮，最宜精行俭德之人”，叙述了茶的性味至寒，并特别强调茶“最宜精行俭德之人”，这与“君子比德于玉”有异曲同工之妙。把饮茶与人的品德修养相联系，认为饮茶人应品行端正、俭约，饮茶不是单纯满足人的生理需求，从而提升了饮茶的境界，并最终形成了博大精深的中国茶文化。

茶最初是因具有药用价值而进入人类生活，以后才慢慢发展成为一种保健饮料。除本章提到可治“热渴”“凝闷”“脑疼”“目涩”“四肢烦”和“百节不舒”等病症外，南朝梁任昉《述异记》认为茶还具有“能诵无忘”的功用，唐陈藏器《本草拾遗》记载茶具有“消食”“去痰”“少睡”“利水道”“益意思”“轻身”等功用。此外，“醒酒”和“除烦去腻”的功用也常被提到。

本章结尾将选用茶叶的困难与选用人参相比。人参，得地之精灵，故有土精、地精之名。明李时珍《本草纲目》记载，人参有“明目”“益智”“消食”“止渴”“止烦躁”“治头痛”“去痰”“能诵不忘”等几十种功用，这与茶的功用大体相同。本章开头将茶称为“嘉木”，结尾把茶与人参作比，一头一尾，遥相呼应，可见茶在陆羽心中的位置是何等重要。

茶者，南方之嘉木也①。一尺、二尺乃至数十尺②。其巴山峡川③，有两人合抱者，伐而掇之④。其树如瓜芦⑤，叶如栀子⑥，花如白蔷薇⑦，实如栟榈⑧，蒂如丁香⑨，根如胡桃⑩。瓜芦木，出广州⑪，似茶，至苦涩。栟榈，蒲葵之属⑫，其子似茶。胡桃与茶，根皆下孕⑬，兆至瓦砾⑭，苗木上抽。

【注释】

①嘉木:美好的树木。

②尺:唐代所用之尺有大尺、小尺之分,其大尺长约29.71厘米,这是据国家博物馆藏1958年出土于湖北武昌何家垄唐墓之龙纹铜尺实测得出的。《唐六典》卷三记载:"凡度,以北方秬黍中者一黍之广为分,十分为寸,十寸为尺,一尺二寸为大尺,十尺为丈。……凡积秬黍为度、量、权衡者,调钟律,测晷景,合汤药及冠冕之制则用之,内外官私,悉用大者。"数十尺:高数米乃至数十米的大茶树。在我国西南地区发现了众多的野生茶树,它们一般高几米到十几米不等,树龄多在一两千年以上。

③巴山峡川:指四川东部、湖北西部地区。巴山,大巴山的简称。广义的大巴山,指绵延在甘肃、四川、重庆、陕西、湖北五省市边境山地的总称;狭义的大巴山仅指汉江支流任河谷地以东,重庆、陕西、湖北三省市边境的山地。峡川,一指巫峡山,即巫山,主要指横贯湖北、重庆、湖南交界一带,东北—西南走向的连绵群峰;二指峡州,在三峡口,治所在今湖北宜昌。

④伐而掇之:高大的茶树需要砍掉其枝条,才能采摘茶叶。伐,砍下枝条。掇,拾拣。

⑤瓜芦:皋芦的别称,又称高芦、皋卢等。叶状如茶而大,味浓较苦,药用可治积热、消胀、久泻或心脾不适等症。

⑥栀子:常绿灌木或小乔木。夏秋结果实,生青熟黄,可做黄色染料。也可入药,性寒味苦,为解热消炎剂。

⑦白蔷薇:落叶灌木。具有观赏价值,可以提取香精。

⑧栟榈(bīng lǘ):即棕榈。常绿乔木。棕衣可制绳索、床垫等,叶可编帽子、制扇。

⑨丁香:常绿乔木。因花形甚小,有如鸡舌,故亦称为"鸡舌香"。花蕾及其精油为重要香料,均可入药,为芳香健胃剂、祛风剂及

兴奋剂。

⑩胡桃：落叶乔木。木材坚韧，可以做器物。果仁可吃，亦可榨油及入药。又称核桃。

⑪广州：三国吴黄武五年(226)分交州南海、苍梧、郁林、高梁四郡置广州，治所在广信县(今广西梧州)。不久废。吴永安七年(264)，复置广州，治番禺(今广东广州)。统辖十郡，南朝后渐缩小。隋大业三年(607)改为南海郡。唐乾元元年(758)复为广州，治南海县(今广东佛山)。

⑫蒲葵：常绿乔木。叶可做扇。

⑬下孕：植物根系在土壤中往地下深处发育滋生。

⑭兆：原指龟甲烧后的裂纹。此指茶树生长时根系将土壤撑裂。瓦砾：破碎的砖头瓦片。引申指硬土层。

【译文】

茶树，是我国南方的优良树种。高度在一尺、二尺甚至几十尺不等。在巴山峡川一带，有需两个人才能合抱的大茶树，要砍掉其枝条，才能采摘茶叶。茶树的外形像瓜芦木，叶子像栀子叶，花朵像白蔷薇花，果实像棕榈子，蒂像丁香蒂，根像胡桃根。瓜芦木产于广州，外形像茶，味道极为苦涩。栟榈属蒲葵类植物，其种子很像茶籽。胡桃和茶树的根系都向下很深处生长，碰到硬土层时，苗木才开始向上生长。

其字，或从草，或从木，或草木并。从草，当作“茶”，其字出《开元文字音义》[①]。从木，当作“梌”，其字出《本草》[②]。草木并，作“荼”[③]，其字出《尔雅》[④]。

【注释】

①《开元文字音义》：唐玄宗于开元二十三年(735)组织编定的字书，三十卷，已佚。

②《本草》：指唐高宗显庆四年(659)苏敬等二十三人受命重修的《新修本草》，共五十四卷，又称《唐本草》。此书以陶弘景所注《本草经集注》为基础，增补注文与新药。补注内容中，以记载药物形态、产地为多，兼述药效、别名等。书中纠正陶氏谬误处甚多，为后世辨正药物基原提供依据。《新修本草》是我国第一部由政府颁布的药典，也是世界上最早的药典。原书已佚，主要内容保存于后世诸家本草著作中。

③荼："茶"之古字，始见于《尔雅·释木》："槚，苦荼。"宋王观国《学林》卷四载："此荼字读音宅加切。《广韵》曰：'荼，宅加切，苦荼也，亦作搽，俗作茶。'然则宅加切者，本亦用荼字，而俗书为茶，下从木，非字法也。书史沿袭，遂用茶字，盖与苦菜之荼相避也。"魏了翁《邛州先茶记》更加申论："且茶之始，其字为'荼'。如《春秋》书'齐荼'，《汉志》书'荼陵'之类。陆、颜诸人虽已转入茶音，而未敢辄易字文也。……惟自陆羽《茶经》、卢仝《茶歌》、赵赞《茶禁》以后，则遂易'荼'为'茶'。"

④《尔雅》：我国第一部内容和体例都比较完备的汉语词典，被儒家奉为经典之作，列入十三经之中。相传为周公所撰，或谓孔子门徒解释六艺之作。实际应当是由秦汉间经师学者缀辑周汉诸书旧文，递相增益而成，非出于一时一手。传世《尔雅》有《释诂》《释言》《释训》等十九篇，在词典学、词汇学、训诂学、文化学、自然科学等研究领域中都有着较高的学术价值。

【译文】

"茶"字的结构，或从草部，或从木部，或者草、木两部兼从。从草部，应当写作"茶"，这个字出自《开元文字音义》。从木部，应当写作"搽"，这个字出自《唐本草》。草、木两部兼从，应当写作"荼"，这个字出自《尔雅》。

其名，一曰茶，二曰槚[①]，三曰蔎[②]，四曰茗[③]，五曰荈[④]。

周公云[⑤]:“槚,苦荼。”扬执戟云[⑥]:“蜀西南人谓荼曰蔎。”郭弘农云[⑦]:“早取为荼,晚取为茗,或一曰荈耳。”

【注释】

①槚(jiǎ):茶的别称。《尔雅·释木》:“槚,苦荼。”晋郭璞注云:“树小似栀子,冬生叶,可煮作羹饮。今呼早采者为荼,晚取者为茗。”

②蔎(shè):本为香草名。南朝梁顾野王《玉篇》:“蔎,香草也。”此为茶的别称。西汉扬雄《方言》:“蜀西南人谓荼曰蔎。”今苗、彝、侗、瑶族仍如此称。

③茗:茶的别称。《说文解字》中原无此字,宋徐铉校订时补入,谓:“茗,荼芽也,从艸,名声,莫迥切。”

④荈(chuǎn):茶的别称。一指茶之老叶,南北朝《魏王花木志》:“茶,叶似栀子,可煮为饮,其老叶谓之荈,嫩叶谓之茗。”二指晚采之叶,明陈继儒《枕谭》:“茶树初采为茶,老为茗,再老为荈。”

⑤周公:姓姬名旦,周武王之弟。因以周地(今陕西岐山北)为其采邑,故称周公。曾助武王伐纣。建周翌年,武王死,辅成王摄政。东征平息“三叔”(管叔、蔡叔、霍叔)勾结武庚的反叛,大力推行封建诸侯的政策,并损益殷礼,“制礼作乐”,建立起以“立子立嫡之制”为基础的宗法等级制度,即所谓“周礼”。又总结殷亡教训,改造殷人的宗教天命观,提出宗教、政治、道德三者融为一体的思想体系。

⑥扬执戟:即扬雄(前53—18),亦作“杨雄”,字子云,西汉蜀郡成都(今属四川)人。幼而好学,喜沉默深思。中年以后,官拜给事黄门郎。王莽时,校书天禄阁。一生贫穷,交游甚少,以文章名世。早年醉心辞赋,铺张扬厉,极尽雕琢之能事。后来有所悔悟,遂改而研究经学。仿《论语》作《法言》,仿《易经》作《太玄》。又著

《方言》《训纂篇》等语言学书籍。扬雄曾任郎官，秦汉郎官如中郎、侍郎、郎中，皆于殿门执戟宿卫，故称扬雄为扬执戟。

⑦郭弘农：即郭璞(276—324)，字景纯，河东郡闻喜(今属山西)人。好古文、奇字，精天文、历算、卜筮，擅诗赋，是游仙诗的祖师。曾为《尔雅》《方言》《山海经》等作注。郭璞因劝阻王敦谋反被害，王敦事平，被追赠弘农太守，故世又称郭弘农。

【译文】

茶的名称：第一为茶，第二为槚，第三为蔎，第四为茗，第五为荈。周公说：“槚，就是苦茶。”扬雄说：“蜀地西南的人称茶为蔎。”郭璞说：“早采摘的称为茶，晚采摘的称为茗，或称为荈。”

其地，上者生烂石①，中者生砾壤②，下者生黄土③。艺而不实，植而罕茂④。法如种瓜⑤，三岁可采。野者上，园者次。阳崖阴林⑥，紫者上，绿者次；笋者上⑦，芽者次⑧；叶卷上，叶舒次⑨。阴山坡谷者，不堪采掇，性凝滞⑩，结瘕疾⑪。

【注释】

①烂石：碎石。此指经过长期风化以及自然的冲刷，在山谷石隙间积聚着大量含有丰富腐殖质和矿物质的土壤。这种土壤土层较厚，排水性能好，肥力丰沃，适于茶树生长发育。

②砾壤：指砂质土壤或砂壤。这种土壤中含有风化或半风化的碎石、砂粒，排水透气性能较好，含腐殖质不多，肥力中等。

③黄土：指黄壤或红壤，土层深厚，长期被淋洗，黏性重，含腐殖质和茶树生长所需矿物原料少，肥力低。

④艺而不实，植而罕茂：种植茶树时如果土壤不踩踏结实，茶树很少能生长得茂盛。艺，种植。实，结实，充满。

⑤法如种瓜：北魏贾思勰《齐民要术·种瓜第十四》："凡种法，先以水净淘瓜子，以盐和之。先卧锄，耧却燥土，然后掊坑，大如斗口。纳瓜子四枚、大豆三个于堆旁向阳中。瓜生数叶，掐去豆。多锄则饶子，不锄则无实。"

⑥阳崖：向阳的山崖。山南曰阳。阴林：茂林。因树木众多，浓荫蔽日，故称。

⑦笋者上：芽头肥硕长大，状如竹笋，成品茶质好。笋者，指茶的嫩芽。

⑧芽者次：指新梢叶片已经开展，或茶树生机衰退，对夹叶多，表现为芽头短促瘦小，成品茶质差。

⑨叶卷上，叶舒次：新叶初展，叶片成卷状的质量好，叶片舒展平直的质量差。

⑩凝滞：凝结不散。

⑪瘕(jiǎ)疾：腹中结块的病。瘕，腹中肿块。明张自烈《正字通》："症瘕，腹中积块，坚者曰症，有物形曰瘕。"

【译文】

茶树生长的土壤，以岩石充分风化的烂石土壤为最好，含有碎石子、黏性土壤为次，土质松软的黄色黏土最差。如果种植茶树时土壤不踩踏结实，植株很少能生长得茂盛。种植茶树的方法和种瓜一样，种后三年即可采摘。茶叶的品质，以山野间自然生长的为好，在园圃人工栽种的稍差。在向阳山崖，林荫覆盖下生长的茶树，芽叶呈紫色的为好，呈绿色的稍差；茶的嫩芽肥硕长大、状如竹笋的为好，芽头短促瘦小的较次；叶片成卷状的质量好，舒展平直的质量差。生长在背阴的山坡或山谷的品质不好，不值得采摘，因为它的性状凝结不散，饮用后会使人得腹中结块的病。

茶之为用，味至寒，为饮，最宜精行俭德之人[①]。若热渴、凝闷、脑疼、目涩、四支烦、百节不舒[②]，聊四五啜，与醍醐、甘露抗衡也[3]。

【注释】

①精行:规矩的行为。此指行事而言,茶人应该严格按照社会道德规范行事,不逾轨。俭德:俭约的品德。此就立德而言,茶人应该时刻恪守传统道德精神,不懈怠。

②百节:指人体各个关节。《吕氏春秋·开春》:"饮食居处适,则九窍百节千脉皆通利矣。"

③醍醐(tí hú):古时指从牛奶中提炼出来的精华,味道甘美,可以入药。《大般涅槃经·圣行品》:"譬如从牛出乳,从乳出酪,从酪出生酥,从生酥出熟酥,从熟酥出醍醐。醍醐最上,若有服者,众病皆除,所有诸药,悉入其中。"甘露:甘美的露水。抗衡:对抗,匹敌。

【译文】

茶的功用,因为它的味至寒,作为饮料,最适宜品行端正有节俭美德的人饮用。如果发烧口渴、胸闷、头疼、眼涩、四肢无力、各个关节不畅,喝上四五口茶,其效果同喝了醍醐与甘露不相上下。

采不时,造不精,杂以卉莽[1],饮之成疾。茶为累也[2],亦犹人参。上者生上党[3],中者生百济、新罗[4],下者生高丽[5]。有生泽州、易州、幽州、檀州者[6],为药无效,况非此者!设服荠苨[7],使六疾不瘳[8]。知人参为累,则茶累尽矣。

【注释】

①卉莽:野草的美称。

②累:过失,妨害。

③上党：唐时郡名，治所在今山西长治、长子、潞城一带。

④百济：古国名，在今朝鲜境内。《周书·异域上》："百济者，其先盖马韩之属国，夫馀之别种。"新罗：古国名，在今朝鲜半岛东南部。初称徐罗伐，后称斯罗、斯卢或鸡林。《旧唐书·东夷列传》："新罗国，本弁韩之苗裔也。……西接百济，北邻高丽。"

⑤高丽：又称高丽王朝、王氏高丽，是朝鲜半岛古代国家之一。

⑥泽州：隋开皇初以建州改置，治高都县(今山西晋城东北)。大业初改为长平郡。唐武德元年(618)别置泽州，贞观元年(627)移治晋城县(今山西晋城)。易州：隋开皇元年(581)改南营州置，治今河北易县。开皇十六年(596)置易县，为易州治，因境内易水得名。大业初改上谷郡。唐武德初改为易州。天宝、至德年间又曾改上谷郡。幽州：唐方镇名。先天二年(713)置幽州节度经略镇守使，治所在幽州(今北京西南部)。檀州：隋开皇十六年(596)置，治燕乐县(今北京密云东北)。大业三年(607)改为安东郡。唐武德元年(618)复为檀州，移治密云县(今北京密云)。天宝元年(742)改为密云郡，乾元元年(758)复为檀州。

⑦荠苨(jì nǐ)：药草名。根味甜，可入药。明李时珍《本草纲目·草之一·荠苨》(集解)引陶弘景曰："荠苨根茎都似人参，而叶小异，根味甜绝，能杀毒。以其与毒药共处，毒皆自然歇，不正入方家用也。"

⑧六疾：指寒疾、热疾、末(四肢)疾、腹疾、惑疾、心疾六种疾病。《左传·昭公元年》："淫生六疾……阴淫寒疾，阳淫热疾，风淫末疾，雨淫腹疾，晦淫惑疾，明淫心疾。"后用以泛指各种疾病。瘳(chōu)：病愈。

【译文】

茶叶如果采摘不合时节，制作技法不精细，且夹杂着野草，喝了就会生病。茶对人产生的妨害，也如同人参。上等的人参出产在上党，中等的人参出产在百济、新罗，下等的人参出产在高丽。出产在泽州、易州、幽州、檀州的人参，作为药用没有任何疗效，更何况还有不如它们的呢！假如误把荠苨当人参服用，将使疾病不得痊愈。明白了人参对人的妨害，茶对人的妨害也就可想而知了。

二之具

【题解】

生产工具一向是为人们所重视的。《论语·卫灵公》就有"工欲善其事，必先利其器"之语，指工匠要做好工作，一定要先让工具锋利。本章详细介绍了从事采茶、蒸茶、捣茶、拍茶、焙茶、穿茶、封茶等活动所需的十多种器具，从形状、质地、尺寸到用法、功能，一一详细列举。通过这一系列的采制工具，可知当时饼茶制作已具有一定规模，说明当时社会对茶叶的需求量是比较大的。

采茶工具为籯，也就是所谓的竹篮。我国古代产茶地，一般都产竹，用竹制篮，质轻价廉。竹篮通风透气，可负可系，方便采摘，"茶人负之以采茶"。陆羽这里提出的"茶人"，应是指从种植、采摘、制造、煎煮到饮用全过程参与的人，当今茶人则分为种茶采茶人、研制加工茶叶的人、经营茶叶生意的人、研究茶叶文化的人和茶叶消费者等，这与陆羽"茶人"的概念有很大不同。"负"，当是人背负竹篮采茶，但比陆羽稍晚的唐皮日休《茶人》诗中却说"腰间佩轻篓"，"佩"是"系"或"挂"的意思，可见当时至少有"负"和"佩"两种携带方式。具体是"负"还是"佩"，应与茶树的高度和人们的采摘习惯有关。

蒸茶工具有灶、釜、甑、箄和叉。灶，唐陆龟蒙《茶灶》诗中有"无突抱轻岚，有烟映初旭"，指的是没有烟囱的茶灶。釜，就是没有唇口的锅。唇口，指器口边缘凸起一道厚边，线条浑圆似嘴唇，故名。甑，相当于现在的蒸锅。箪，就是竹制的篮子状的蒸笼。捣茶工具有杵臼。杵臼，指木杵和石臼。木杵为棒槌，石臼即指捣茶专用的茶臼。拍茶工具有规、承、檐、芘莉。规，就是模子，用铁制成，有圆形、方形和花形。承，就是放置模具的砧礅，用石头制成。如果用槐木、桑木制作，就要把下半截埋进土中，使它不能摇动。檐，此指铺在砧上的布，用以隔离砧与茶饼。以便取出制好的茶饼。芘莉，大体就像种菜人用的土罗，将捣拍后的茶饼放在上面晾晒，使茶饼成型。

焙茶工具有棨、扑、贯、焙、棚。棨，此指用以穿茶饼中间孔洞的锥刀，用来把焙干的团茶打孔眼以方便穿茶。扑，用竹条制成，用来把茶饼穿成串，以便于搬运。贯，贯穿茶饼用以焙茶的长竹条。焙，烘烤茶饼用的土炉。焙的设计："凿地深二尺，阔二尺五寸，长一丈。上作短墙，高二尺，泥之。"唐皮日休《茶焙》诗："凿彼碧岩下，恰应深二尺。"焙上置木制的棚，编木两层，高一尺，用以焙茶。把串在贯上的饼茶，搁在棚上分层烘焙。

穿茶工具为穿。穿，是计数单位，类似于"串"。封茶工具为育。育，就是封藏饼茶的用具，类似今天的烘箱。用木制成框架，用竹篾编织外围，再用纸糊上。中间隔开，上有盖，下有托盘，旁边有门，并且掩上一扇。在育中间放一器皿，盛上热灰，让火势微弱，无火焰。江南梅雨季节气候潮湿，就要生明火。这在当时是一种低温长烘用以防潮防霉的贮茶方法。

上述采制工具，只是就当时生产饼茶而言。现在看来，这些采制工具已非常落后，但是任何生产工具都是在当时一定的历史条件下产生的，我们也不能对古人求全责备。

籝①，加追反②。**一曰篮，一曰笼，一曰筥**③。**以竹织之，受五升**④**，或一斗、二斗、三斗者**⑤**，茶人负以采茶也。**籝，《汉书》音盈⑥，所谓"黄金满籝，不如一经"⑦。颜师古云⑧："籝，竹器也，受四升耳。”

【注释】

①籯(yíng):竹编的筐、笼、篮子等盛物器具。

②加追反:“加”与“追”两字的反切音。反,反切,一种传统的注音方法。用两个汉字来注另一个汉字的读音。两个字中,前者称反切上字,后者称反切下字。被切字的声母和清浊跟反切上字相同,被切字的韵母和字调跟反切下字相同。不过古代的四声是平、上、去、入,与现代汉语的四声有一些出入,古今声母也有变化,故反切出来的音与今天的拼音并不相同。

③筥(jǔ):盛物的圆形竹筐。《诗经·召南·采蘋》:“维筐及筥。”毛传曰:“方曰筐,圆曰筥。”

④升:唐代有大升、小升之分,大升约为现在的600毫升,小升约为现在的200毫升。

⑤斗:十升为一斗,唐代一斗约合今6升。

⑥《汉书》:又称《前汉书》,我国第一部纪传体断代史,“前四史”之一。由东汉史学家班固历时二十余年修成,主要记述了上起西汉汉高祖元年(前206),下至新朝王莽地皇四年(23)共二百三十年的史事。包括本纪十二篇、表八篇、志十篇、传七十篇。

⑦黄金满籯,不如一经:《汉书·韦贤传》:“少子玄成,复以明经历位至丞相。故邹鲁谚曰:‘遗子黄金满籯,不如一经。’”意谓遗留给儿子满笼黄金,不如让他学好一部经典。言读书之重要。经,指尊为典范的儒家著作。

⑧颜师古(581—645):名籀(zhòu),字师古,雍州万年(今陕西西安)人,祖籍琅邪临沂(今属山东)。初唐著名学者,学识渊博,尤精训诂,善为文章。著有《匡谬正俗》《急就章注》《汉书注》等。

【译文】

籯，读音为加、追的反切音。又称为篮，或笼，或筥。用竹编织而成，可以容纳五升，也有容纳一斗、二斗、三斗的，是茶农背着采茶用的。籯，《汉书》中注音为“盈”，有所谓“黄金满籯，不如一经”的说法。颜师古说：“籯，是一种竹器，可以容纳四升。”

灶[①]，无用突者[②]。釜[③]，用唇口者[④]。

【注释】

①灶：本指用砖石等砌成，供烹煮食物、烧水的设备。此指烹茶的小炉灶。

②突：烟囱。唐代常用没有烟囱的茶灶制茶，是为了使火力集中于锅底。唐陆龟蒙《茶灶》诗中“无突抱轻岚，有烟映初旭”，即描写了这种没有烟囱的灶。清段玉裁《说文解字注》：“突，今人谓之烟囱。今人高之出屋上，畏其焚栋也。以其颠言谓之突。”

③釜（fǔ）：古代炊器。敛口圜底，或有二耳。其用于鬲，置于灶，上置甑以蒸煮。相当于今天的锅。

④唇口：敞口，锅口边沿向外反出。

【译文】

灶，不要用有烟囱的。釜，要用锅口边沿向外反出的。

甑[①]，或木或瓦，匪腰而泥[②]。篮以箪之[③]，篾以系之[④]。始其蒸也，入乎箪；既其熟也，出乎箪。釜涸，注于甑中[⑤]。甑，不带而泥之[⑥]。又以榖木枝三桠者制之[⑦]，散所蒸芽笋并叶，畏流其膏[⑧]。

【注释】

①甑(zèng):古代蒸饭的器具。底部有许多透蒸汽的孔格,置于鬲上蒸煮,如同现代的蒸锅。

②匪腰而泥:将篚一样形状的甑与釜的连接处用泥封住,以保持热量不散失。匪,同"篚"。指圆形的盛物竹器。

③篮以箄(bì)之:用篮状竹编物放在甑中作隔水器。箄,小笼,覆盖甑底的竹席。

④篾以系之:用竹篾系在箄上,以方便其进出甑口。

⑤釜涸,注于甑中:锅中的水干了以后在甑中注水。

⑥甑,不带而泥之:甑在涂泥时周围不完全涂满。带,围绕。

⑦以榖(gǔ)木枝三桠者制之:用有三条枝桠的榖木制成叉状器物翻动所煮茶叶。榖,木名。又称"构""楮",即构树,落叶乔木。其树皮纤维韧性好,可制桑皮纸。

⑧畏流其膏:避免茶叶中的液汁精华流失。膏,指茶叶中的液汁精华。

【译文】

甑,或用木制,或用陶制,将篚一样形状的甑与釜的连接处用泥封住。在甑内置入竹篮一样的有壁的箄,用竹篾系在箄上。开始蒸的时候,将茶叶放到箄里;等到熟了,再从箄里倒出。锅中的水干了以后,从甑中加水进去。甑,涂泥时周围不完全涂满。又有用三条枝桠的榖木制成叉状器物翻动所煮茶叶,将蒸好的茶芽、茶叶及时摊开散热,避免茶叶中的液汁精华流失。

杵臼①,一曰碓②,惟恒用者佳。

【注释】

①杵臼(chǔ jiù):即木杵和石臼。木杵为棒槌。石臼,此指捣茶专用的茶臼。

②碓(duì):原为木石做成的捣米器具。此指捣茶的器具。

【译文】

杵臼,又称为碓,以经常使用的为好。

规,一曰模,一曰棬[①]。以铁制之,或圆,或方,或花。

【注释】

①棬(quān):制茶之具。

【译文】

规,又称为模,还称为棬。用铁制成,有圆形,方形,花形。

承,一曰台,一曰砧[①]。以石为之。不然,以槐桑木半埋地中,遣无所摇动[②]。

【注释】

①砧(zhēn):捶、砸或切东西的时候垫在底下的器具。

②遣:使,让。

【译文】

承,又称为台,还称为砧。用石头制成。如果不用石头制成,而用槐木、桑木制作,就要把下半截埋进土中,使它不能摇动。

襜[①],一曰衣。以油绢或雨衫、单服败者为之[②]。以襜置承上,又以规置襜上,以造茶也。茶成,举而易之。

【注释】

①襜:制茶工具。这里指铺在砧上的布,用以隔离砧与茶饼。

②油绢：用桐油涂绢绸制成的雨衣。雨衫：雨衣。单服：只有一层的衣服。

【译文】

檐，又称为衣。用油绢或破旧的雨衣、单衣制作而成。将檐放在承上，再将规放在檐上，用来制造压紧的茶饼。茶饼制成后，拿起来，再换另一个。

芘莉[①]，音杷离[②]。一曰籝子[③]，一曰筹筤[④]。以二小竹，长三尺，躯二尺五寸，柄五寸。以篾织方眼，如圃人土罗[⑤]，阔二尺，以列茶也。

【注释】

①芘（pí）莉：芘、莉本为两种草名，此处为制茶过程中将捣拍后的茶饼放在其上晾晒的工具。

②音杷离：《茶经》中注音与今音不同。

③籝（yíng）子：筐、笼一类的盛物竹器。

④筹筤（páng láng）：此处义同芘莉。筹、筤为两种竹名。此指用竹编成的盛茶叶的工具。

⑤圃人：种植蔬菜的农人。土罗：筛土用的筛子。

【译文】

芘莉，读音为“杷离”。又称为籝子，还称为筹筤。用两根长三尺的小竹竿，留出二尺五寸做躯干，剩余五寸做柄。用竹篾在两根竹竿中间织成方眼网，宽二尺，就像种菜人用的筛子，用来放置茶饼。

棨[①]，一曰锥刀。柄以坚木为之，用穿茶也[②]。

【注释】

①棨(qǐ):本指木制的戟状物。此指用以穿茶饼中间孔洞的锥刀,形似戟。

②穿茶:焙干的团茶分斤两贯串,如中国古代的铜钱中有圆孔或方孔,可用线贯穿成串,以便贮蓄或携带,团茶因中间有孔洞,故可穿成一串,较利于运输和销售。

【译文】

棨,又称为锥刀。用坚实的木料做成柄,用来给茶饼穿孔。

扑①,一曰鞭。以竹为之,穿茶以解茶也②。

【注释】

①扑:穿茶饼的绳索、竹条。

②解(jiè):搬运,运送。

【译文】

扑,又称为鞭。用竹条制成,用来把茶饼穿成串,以便于搬运。

焙①,凿地深二尺,阔二尺五寸,长一丈。上作短墙②,高二尺,泥之。

【注释】

①焙(bèi):原指用微火烘烤。这里指烘烤茶饼用的土炉。

②短墙:矮墙。

【译文】

焙,在地上挖深二尺、宽二尺五寸、长一丈的坑。坑上面砌二尺高的矮墙,用泥涂抹。

贯[1]，削竹为之，长二尺五寸。以贯茶焙之。

【注释】

①贯：贯穿茶饼用以焙茶的长竹条。

【译文】

贯，用竹子削制而成，长二尺五寸。烘焙茶饼时用来贯穿茶饼。

棚，一曰栈。以木构于焙上，编木两层，高一尺，以焙茶也。茶之半干，升下棚；全干，升上棚。

【译文】

棚，又称为栈。它是置于焙上的两层木架，高一尺，用来烘烤茶饼。茶饼半干时，放到棚的下层；全干时，放到棚的上层。

穿，音钏。江东、淮南剖竹为之[1]；巴川峡山[2]，纫穀皮为之[3]。江东以一斤为上穿，半斤为中穿，四两、五两为小穿。峡中以一百二十斤为上穿[4]，八十斤为中穿，五十斤为小穿。“穿”字旧作“钗钏”之“钏”字[5]，或作“贯串”。今则不然，如“磨、扇、弹、钻、缝”五字，文以平声书之，义以去声呼之[6]，其字，以“穿”名之。

【注释】

①江东：即江南东道。唐开元十五道之一。唐开元二十一年(733)分江南道置，简称江东道。治苏州(今江苏苏州)。相当今江苏南部和浙江、福建两省地。淮南：即淮南道。唐贞观十道、开元十五道之一。贞观元年(627)置，辖境相当今淮河以南、长江以

北，东至海，西至湖北广水、应城、汉川等地。开元二十一年(733)置淮南道采访处置使，治所在扬州(今属江苏)。

②巴川峡山：指四川东部、湖北西部地区，即今湖北宜昌至重庆奉节的三峡两岸。唐人称三峡以下的长江为巴川，又称蜀江。

③纫：捻线，搓绳。巴川峡山一带把榖树皮搓成绳来穿茶饼。

④峡中：指重庆、湖北境内的三峡地带。

⑤钗钏：钗簪与臂镯。泛指妇人的饰物。

⑥文以平声书之，义以去声呼之：古汉语中某些字有多种读音，每一种读音代表的字义不同，而声母、韵母均相同，只是声调不同，也被称为“四声别义”。

【译文】

穿，读音为“钏”。江东、淮南一带劈开竹竿制成；巴川峡山一带搓捻榖树皮制成。江东把一斤重的穿称为上穿，半斤的称为中穿，四两、五两的称为小穿。峡中一带则把一百二十斤的称为上穿，八十斤的称为中穿，五十斤的称为小穿。“穿”字，先前作“钗钏”的“钏”字，或作“贯串”的“串”字。现在则不是这样，就像“磨、扇、弹、钻、缝”五字一样，写在文章中是用平声字的字形，读去声表示动词的意义，这里把它叫做“穿”。

育[①]，以木制之，以竹编之，以纸糊之。中有隔，上有覆，下有床，傍有门，掩一扇。中置一器，贮煻煨火[②]，令煴煴然[③]。江南梅雨时[④]，焚之以火。育者，以其藏养为名。

【注释】

①育：此处指储藏饼茶的器具。

②煻煨(táng wēi)：热灰，可以煨物。

③煴煴(yūn)：火势微弱貌。

④梅雨：指初夏江淮流域持续较长的阴雨天气，正值梅子黄熟，故称。

【译文】

育，用木制成框架，用竹篾编织外围，再用纸糊上。中间隔开，上有盖，下有托盘，旁边有门，并且掩上一扇。在育中间放一器皿，盛有热灰，让火势微弱。江南梅雨季节时，气候潮湿，就要生明火。育，因为有保藏茶饼的作用而命名。

三之造

【题解】

本章论述了茶叶的采摘时间、采制方法以及成品茶的外形特征与品质鉴别方法。

“凡采茶，在二月、三月、四月之间”，首先谈到茶叶的采摘期。唐历与现今的农历基本相同，相当于现今公历的三月中下旬至五月中下旬之间，也是我国大部分产茶区春茶采摘季节。唐李郢《茶山贡焙歌》有“春风三月贡茶时”，唐白居易《谢李六郎中寄新蜀茶》有“红纸一封书后信，绿芽十片火前春”，唐李德裕《忆平泉杂咏·忆茗芽》有“谷中春日暖，渐忆掇茶英。欲及清明火，能销醉客醒”，唐李咸用《谢僧寄茶》有“倾筐短甑蒸新鲜，白纻眼细匀于研。砖排古砌春苔干，殷勤寄我清明前”。这些诗中所提到的“春风三月”“火前”“清明火”“清明前”等，这些时间节点都与《茶经》所说“凡采茶，在二月、三月、四月之间”相吻合。

“茶之笋者，生烂石沃土”，这与《一之源》中“其地，上者生烂石”紧密呼应。

“茶之笋者……，长四五寸，……凌露采焉。茶之芽者，发于藂薄之上，……选其中枝颖拔者采焉”，这是茶叶的采摘标准，“长四五寸”“颖拔”方可采摘。如唐皮日休《茶中杂咏·茶笋》诗中有“褎然三五寸，生必依岩洞”，唐陆龟蒙《茶笋》诗中有“所孕和气深，时抽玉茗短”，两人都提到茶叶的采摘标准，就是指生长茶笋和茶芽的新梢，长到三至五寸或像玉茗那样长短时，就可以采摘了。

“凌露采焉”，即带露采茶，为了保证鲜叶带有露水，必须在日出前完成采茶。如宋赵汝砺《北苑别录》：“采茶之法，须是侵晨，不可见日。晨则夜露未晞，茶芽肥润。见日则为阳气所薄，使芽之膏腴内耗，至受水而不鲜明。”即采摘茶叶的时间，必定要在黎明，不可见到太阳。清晨茶叶上夜间的露水未干，茶芽肥嫩圆润。一旦见到太阳就会被阳气所迫，使得茶芽的茶汁膏腴有所损耗，等到受水时就不鲜明清澈。“有雨不采，晴有云不采”，从当时手工制茶的条件来讲，采摘时间与茶叶品质有极大的关系。晴天无云可采，适当的温度以及湿度是手工制茶最基本的环境要求。

“采之、蒸之、捣之、拍之、焙之、穿之、封之”与“自采至于封七经目”，这是制作饼茶的生产流程，这与《二之具》所列采茶、蒸茶、捣茶、拍茶、焙茶、穿茶、封茶等生产工具相互印证，使读者能够一目了然。

“茶有千万状”，陆羽运用了大量形象化的词汇，把饼茶分为“胡人靴”“犎牛臆”“浮云出山”“轻飙拂水”“陶家之子”“新治地”“竹箨”“霜荷”八个等级。前六种都是精美上等的优质茶，后两种为贫瘠、枯老的坏茶。由此可知陆羽对于饼茶品质的鉴别是很有研究的，他使用朴素的叙述方法，说明了制造技术与品质的辩证关系。

“茶之否臧，存于口诀”，这表明当时已有口诀鉴别饼茶品质的好坏，但口诀是什么？《茶经》没有写出来，只有留待后人去探索了。

凡采茶，在二月、三月、四月之间。茶之笋者，生烂石沃土，长四五寸，若薇蕨始抽①，凌露采焉②。茶之芽者，发于藂薄之上③，有三枝、四枝、五枝者，选其中枝颖拔者采焉④。其日⑤，有雨不采，晴有云不采。晴，采之、蒸之、捣之、拍之、焙之、穿之、封之，茶之干矣⑥。

【注释】

①薇蕨(jué):薇和蕨。嫩叶皆可作蔬,为贫苦者所常食。此处比喻茶芽初抽时的样子。

②凌露采焉:趁着露水还挂在茶叶上没干时就采茶。

③蘩(cóng)薄:丛生的草木。蘩,聚集,丛生。《淮南子·俶真训》高诱注:"聚木曰丛,深草曰薄。"

④颖拔:挺拔。

⑤其日:这天,当天。

⑥茶之干矣:茶就制作完成了。

【译文】

采茶一般都在二月、三月、四月之间。芽头肥硕长大,状如竹笋的芽叶,生长在岩石风化的肥沃土壤中,长达四五寸,就像薇和蕨刚刚破土而抽的嫩芽,趁着露水还挂在茶叶上没干时就采摘。芽头短促瘦小的芽叶,生长在丛生的草木中,有三枝、四枝、五枝的新梢,选择其中长得挺拔的采摘。当天有雨不采,晴天有云也不采。只有天气晴朗无云时才能采摘,采摘的芽叶再经过上甑蒸熟、用杵臼捣烂、拍压成形、烘焙至干、穿饼成串、包装封好,茶叶就制作完成了。

茶有千万状,卤莽而言[①],如胡人靴者[②],蹙缩然[③];京锥文也[④]。犎牛臆者[⑤],廉襜然[⑥];浮云出山者,轮囷然[⑦];轻飙拂水者[⑧],涵澹然[⑨];有如陶家之子[⑩],罗膏土以水澄泚之[⑪];谓澄泥也。又如新治地者,遇暴雨流潦之所经[⑫]。此皆茶之精腴[⑬]。有如竹箨者[⑭],枝干坚实,艰于蒸捣,故其形籭簁然[⑮]。上离下师[⑯]。有如霜荷者[⑰],茎叶凋沮[⑱],易其状貌,故厥状委悴然[⑲]。此皆茶之瘠老者也。

【注释】

①卤莽而言：粗略地说，大致而言。卤，同“鲁”。

②胡人靴：我国古代北方或西域少数民族常穿的长筒的鞋。

③蹙(cù)缩：皱缩。

④京锥文：大钻子刻划的线纹。京，大。锥，刀锥。文，同“纹”。

⑤犎(fēng)牛臆：比喻茶芽的形状像野牛胸部一样突出拳曲。犎牛，亦名封牛、峰牛。一种颈脊肉隆起的野牛。臆，胸部。

⑥廉襜(chān)：即“簾襜”。簾，帘子。襜，裙子。皆有折皱，以喻波纹。

⑦轮囷(qūn)：屈曲盘绕的样子。

⑧轻飙(biāo)：微风。

⑨涵澹：亦作“涵淡”。形容水波动荡的样子。

⑩陶家之子：烧制陶器的人。

⑪澄泚(cǐ)：沉淀使水清亮。

⑫流潦(lào)：地面流动的积水。潦，积水。

⑬精腴：指精良而肥美之状。

⑭竹箨(tuò)：笋壳。箨，竹笋外一片片的皮。

⑮簁簁(shāi shāi)：毛羽始生的样子。

⑯上离下师：此指“簁簁”的读音，与今音不同。

⑰霜荷：深秋霜露落在荷叶上，形成白膜，叫“霜荷”。

⑱凋沮：凋零败坏。

⑲委悴：枯萎，憔悴，枯槁。

【译文】

茶饼的形状千姿百态，粗略地说，有的像胡人的靴子，皮面皱缩；就像大钻子刻划的线纹。有的像犎牛的胸部，有细微的褶痕；有的像浮云出山，屈曲盘绕；有的像轻风拂水，吹起涟漪；有的像陶匠筛出细土，再用水沉淀出的泥膏那么光滑细腻；陶匠淘洗陶土称澄泥。有的又像新整的土地，被地面流动的积水冲刷而高低不平。这些都是精美上等的茶。有的茶叶像笋壳，枝梗坚硬，很难蒸透捣烂，所以制成的茶饼像簏簁，读音为离师。是说形状像毛羽始生的样子不整齐。有的茶叶像深秋霜露打过的荷叶，茎叶凋零败坏，改变了原来的形状和面貌，因而制成的茶饼枯萎憔悴。这些都是贫瘠、粗老的坏茶、老茶。

自采至于封七经目，自胡靴至于霜荷八等。或以光黑平正言嘉者，斯鉴之下也；以皱黄坳垤言佳者[①]，鉴之次也；若皆言嘉及皆言不嘉者，鉴之上也。何者？出膏者光，含膏者皱；宿制者则黑[②]，日成者则黄；蒸压则平正，纵之则坳垤[③]。此茶与草木叶一也。茶之否臧[④]，存于口诀。

【注释】

①坳垤(ào dié)：原指地势高低不平。此指茶饼表面凹凸不平。

②宿制：隔一夜再焙制。

③纵之：此指蒸压不够紧实。

④否臧(pǐ zāng)：优劣。否，恶。臧，善。

【译文】

从采摘到封装，经过七道工序，从如同胡人靴子皱缩状到类似经霜露打过的荷叶衰萎状，共八个等级。有人把光亮、黑色、平整的看作好茶，这是下等的鉴别方法；把皱缩、色黄、表面凹凸不平的看作好茶，这是次等的鉴别方法；若既能指出茶的佳处，又能道出茶的劣处，这才是最好的鉴别方法。为什么呢？因为压出了茶汁的就光亮，含有茶汁的就皱缩；隔夜制成的色黑，当天制成的色黄；蒸后压得紧的就平整，而压得不紧实的就凹凸不平。这就是茶和草木叶子共同的特点。茶叶品质的优劣，另有口诀来鉴别。

卷中

四之器

【题解】

茶具的出现是茶文化成熟与独立的重要标志之一。本章详细介绍了二十四组共计二十八种全套茶具，每种茶具都写明其制作原料、制作方法、规格及其用途。这些茶具可分为生火用具，包括风炉、灰承、筥、炭挝和火筴；煮茶用具，包括鍑、交床和竹筴等；烤茶、碾茶和量茶用具，包括夹、纸囊、碾、拂末、罗合和则等；盛水、滤水和取水用具，包括水方、漉水囊、瓢和熟盂等；盛盐和取盐用具，包括鹾簋和揭；饮茶用具，包括碗和札；盛器和摆设用具，包括畚、具列和都篮等；清洁用具，包括涤方、滓方和巾等共八类。

风炉，二十四器之首，陆羽亲自设计，造型独特，与古代的鼎形状相似，用铜或铁铸造，有三足两耳。一足上刻有“坎上巽下离于中”。三格中分别铸有离、巽、坎三卦的符号及象征火禽的翟、象征风兽的彪和象征水虫的鱼，这些都是根据《周易》的卦义设计。按照卦的含义，坎主水，巽主风，离主火，其意为煮茶的水放在上面，风从下面吹入，火在中间燃烧。这也是煮茶的基本原理。第二足刻有“体均五行去百疾”。中国古代中医根据木、火、土、金、水五行的属性，联系到人体肝、心、脾、肺、肾五脏，并以五脏为中心，根据五行相生相克的原理，对五脏进行调和，以达到百病不生的愿望。这句话也充分证明了茶具有治“热渴”“凝闷”“脑疼”“目涩”“四支烦”“百节不舒”“消食”“去痰”“少睡”“利水道”“益意思”“轻身”“醒酒”等各种功用。第三足刻有“圣唐灭胡明年铸”。“圣唐灭胡”，即指唐代宗在广德元年(763)依靠郭子仪、李光弼等九位节度使彻底平定历时八年的安史之乱。陆羽于安史之乱后第二年(764)铸造风炉，并在自己设计的风炉上注明这个事件，表明了陆羽对国家兴亡的关注之情以及对社会和平的向往。炉身三个小窗分别书有“伊公”“羹陆”“氏茶”，即所谓“伊公羹、陆氏茶”也。伊公，即商朝开国元勋伊尹。他用“以鼎调羹”“调和五味”的理论治理天下，使得经济繁荣、政治清明。陆羽在此“以鼎调茶”，希望自己能像伊公一样跻入时世政治从而施展匡时济世的向往和抱负。唐耿湋《连句多暇赠陆三山人》中称赞陆羽“一生为墨客，几世作茶仙”，陆羽却吟出“喜是攀阑者，惭非负鼎贤”之句，更加说明陆羽一直有伊公负鼎的政治理想和抱负。对于陆羽所设计的鼎形风炉，唐皮日休、陆龟蒙都曾作有《茶鼎》诗进行描述。

鍑，就是用生铁铸造的大口锅，有方形的锅耳，口沿要宽，脐部要突出，以便火力集中。宋陶穀《清异录》：“富贵汤当以银铫煮之，佳甚。铜铫煮水，锡壶注茶，次之。”宋蔡襄《茶录》：“茶瓶要小者，易于候汤，且点茶注汤有准。黄金为上，若人间以银铁或瓷石为之。”宋徽宗《大观茶论》：“瓶宜金银，大小之制，惟所裁给。”到了宋代，鍑就被铫和瓶所替代了。

碾，“以橘木为之，次以梨、桑、桐、柘为之”。陆羽认为以木制茶碾为好。宋蔡襄《茶录》：“茶碾，以银或铁为之。”宋徽宗《大观茶论》：“罗碾，碾以银为上，熟铁次之。”蔡襄和宋徽宗都主张用银或熟铁制作茶碾，这说明木制茶碾已不适宜碾茶了。

唐李肇《国史补》：“内丘白瓷瓯，端溪紫石砚，天下无贵贱通用之。”其中“内丘白瓷”指的就是邢窑的白瓷。邢窑窑址在今河北邢台内丘县和临城县祁村一带，始于隋唐年间，精于烧制白瓷，与当时南方越窑的青瓷形成“南青北白”的两大制瓷系统。陆羽从“邢窑瓷质地像银，越窑瓷质地像玉”“邢窑瓷质地像雪，越窑瓷质地像冰”“邢窑瓷色白而使茶汤呈红色，越窑瓷色青而使茶汤呈绿色”三个方面认为邢窑白瓷不如越窑青瓷。陆羽除了将邢窑白瓷与越窑青瓷做了对比外，还对唐代六大青瓷窑进行了排序，认为依次为越州窑、鼎州窑、婺州窑、岳州窑、寿州窑、洪州窑。

如上所述，饮茶用具的设计与茶汤的色、香、味都有很大关系，在茶具的取材上，除了要求坚固耐用、古雅美观外，还要求有益于茶汤的色、香、味，至少不要损坏茶汤。茶具多用竹、木、铁等材料，这也与陆羽提倡的“茶宜精行俭德之人”“茶性俭”的饮茶理念遥相呼应。

风炉灰承	筥	炭挝	火筴	鍑
交床	夹	纸囊	碾拂末	罗合
则	水方	漉水囊	瓢	竹筴
鹾簋揭	熟盂	碗	畚	札
涤方	滓方	巾	具列	都篮①

【注释】

①以上所列为茶器名称，小注文是该茶器的附属器物。这里列出了二十五种茶器，依据沈冬梅的说法，文中有“以则置合中”，或许是陆羽将罗合与则计为一器，故与《九之略》中所提的“二十四器”相符。

【译文】

风炉灰承	筥	炭挝	火筴	鍑
交床	夹	纸囊	碾拂末	罗合
则	水方	漉水囊	瓢	竹筴
鹾簋揭	熟盂	碗	畚	札

涤方　　　　滓方　　　巾　　　　　具列　　　都篮

风炉灰承

风炉，以铜、铁铸之，如古鼎形[1]。厚三分，缘阔九分，令六分虚中，致其杇墁[2]。凡三足，古文书二十一字[3]：一足云"坎上巽下离于中"[4]，一足云"体均五行去百疾"[5]，一足云"圣唐灭胡明年铸"[6]。其三足之间，设三窗，底一窗以为通飙漏烬之所[7]。上并古文书六字：一窗之上书"伊公"二字[8]，一窗之上书"羹陆"二字，一窗之上书"氏茶"二字，所谓"伊公羹、陆氏茶"也。置墆㙞于其内[9]，设三格：其一格有翟焉[10]，翟者，火禽也，画一卦曰离；其一格有彪焉[11]，彪者，风兽也，画一卦曰巽；其一格有鱼焉，鱼者，水虫也[12]，画一卦曰坎。巽主风，离主火，坎主水，风能兴火，火能熟水，故备其三卦焉。其饰，以连葩、垂蔓、曲水、方文之类[13]。其炉，或锻铁为之[14]，或运泥为之。其灰承，作三足铁柈抬之[15]。

【注释】

①鼎：古代器物名。其形制常三足两耳，盛行于商、周。早期用于煮盛物品，后用于宗庙祭祀或作铭功记绩的礼器。

②杇墁(wū màn)：涂饰墙壁，粉刷。此指风炉内壁涂泥。

③古文：上古的文字。泛指甲骨文、金文、籀文和战国时通行于六国的文字。

④坎上巽(xùn)下离于中：坎、巽、离均为《周易》卦名。坎象征水，巽象征风，离象征火。煮茶时，水在上部的锅中，风从炉底之下进入助火之燃，火在炉中燃烧。

⑤体均五行去百疾：意为具备五行，能祛除各种疾病。五行，指水、火、木、金、土。我国古代称构成各种物质的五种元素，古人常以此说明宇宙万物的起源和变化。

⑥圣唐灭胡：指唐代宗广德元年(763)彻底平定安禄山、史思明等人的叛乱。明年：第二年，即764年。

⑦飙(biāo)：指风。

⑧伊公：商伊尹的尊称。伊尹，商汤大臣。名伊，一名挚，尹是官名。相传生于伊水，故名。传说他是汤妻陪嫁的奴隶，以烹调之道喻治国之理向商汤进言，得商汤重用。后助汤伐夏桀，被尊为阿衡。用“以鼎调羹”“调和五味”的理论治理天下。

⑨墆㙞(dì niè)：放置于炉膛内架锅用的炉箅子。墆，底。㙞，小山，小山堆。

⑩翟(dí)：长尾的野鸡。我国古代认为野鸡为火禽。

⑪彪：小老虎。我国古代认为虎为风兽。

⑫水虫：水生动物的统称。

⑬连葩：连缀环绕的花朵。垂蔓：垂挂的枝蔓。曲水：曲折的水波纹。方文：方块或几何花纹。

⑭锻铁：打铁锻造。

⑮柈(pán)：同“盘”。

【译文】

风炉，用铜或铁铸造而成，形状像古鼎。炉壁厚三分，炉口边缘宽九分，向炉腔内空出六分，风炉内壁涂抹泥土。风炉的下方共有三足，足上用上古文字铸有二十一个字：一足上写“坎上巽下离于中”，一足上写“体均五行去百疾”，一足上写“圣唐灭胡明年铸”。在三足之间开三个窗口，炉底部开一个洞口用来通风漏灰。三个窗口上书六个上古文字：一个窗口上写“伊公”二字，一个窗口上写“羹陆”二字，一个窗口上写“氏茶”二字，连起来就是“伊公羹、陆氏茶”。炉膛内放置架锅用的炉箅子，其间分三格：一格上画只翟，因为翟是火禽，刻画一离卦；一格上画只彪，因为彪是风兽，刻画一巽卦；一格上画条鱼，因为鱼是水虫，刻画一坎卦。“巽”代表风，“离”代表火，“坎”代表水，风能使火烧旺，火能把水烧开，所以要有这三个卦。炉身上用连缀环绕的花卉、枝蔓、水纹与方形花纹等图案来装饰。风炉有用铁锻造的，也有用泥土烧制的。灰承，是有三只脚的铁盘，用来承接炉灰。

筥[①]

筥，以竹织之，高一尺二寸，径阔七寸。或用藤，作木楦如筥形织之[②]，六出圆眼[③]。其底盖若利箧口[④]，铄之[⑤]。

【注释】

①筥(jǔ)：圆形的盛物竹器。

②楦(xuàn)：泛指填塞物体中空部分的模架。此指制作筥之前先做好的筥形木制模架。

③六出：花开六瓣及雪花六角都叫六出。这里指用竹条编织的六角形的洞眼。

④利箧(qiè)：用小竹篾编成的长方形箱子。

⑤铄(shuò)：熔化，销铄。此处引申为将竹筥底削制得平整光滑。

【译文】

筥，用竹子编织而成，高一尺二寸，直径七寸。也有用藤编制的，先做好筥形木制模架，再用藤条在外面编织出六角形的洞眼。筥的底和盖就像小竹箱子的口，要削制得平整光滑。

炭挝[①]

炭挝，以铁六棱制之。长一尺，锐上丰中[②]，执细。头系一小镊以饰挝也[③]，若今之河陇军人木吾也[④]。或作锤，或作斧，随其便也。

【注释】

①炭挝（zhuā）：碎碳用的铁棍。

②锐上丰中：上头尖中间粗。

③镊（zhǎn）：炭挝上灯盘形的饰物。

④河陇：古代指河西与陇右。相当今甘肃西部地区，大致包括今敦煌、嘉峪关、武威、金昌、张掖、酒泉等地。木吾：木棒名。原本是用以夹车的车辐。晋崔豹《古今注·舆服》："汉朝……御史、校尉、郡守、都尉、县长之类，皆以木为吾焉。用以夹车，故谓之车辐。"吾，假借为"御"，防御。

【译文】

炭挝，用六棱形的铁棒制作。长一尺，上头尖，中间粗，执握处细。握的那头套一个灯盘形的饰物，如同现在河西和陇右地带的军人使用的木棒。有的做成锤形，有的做成斧形，各随其便。

火筴

火筴，一名箸[①]，若常用者，圆直一尺三寸。顶平截，无葱台、勾锁之属[②]。以铁或熟铜制之。

【注释】

①箸（zhù）：筷子。

②无葱台、勾锁之属：没有葱台、勾锁之类的饰物。葱台，"台"字当作"薹"。葱薹，即葱开花时抽出的茎，顶部有圆锥形总苞，疑即是这样的装饰物。勾锁，不详。

【译文】

火筴，又称为箸，就像平常用的筷子一样，圆直形，长一尺三寸。顶端平齐，没有葱薹、勾锁之类的饰物。用铁或熟铜制作。

鍑音辅[①]，或作釜，或作鬴[②]

鍑，以生铁为之。今人有业冶者，所谓急铁[③]，其铁以耕刀之趄炼而铸之[④]。内模土而外模沙。土滑于内，易其摩涤；沙涩于外，吸其炎焰。方其耳，以正令也[⑤]。广其缘，以务远也[⑥]。长其脐，以守中也[⑦]。脐长，则沸中[⑧]；沸中，则末易扬[⑨]；末易扬，则其味淳也。洪州以瓷为之[⑩]，莱州以石为之[⑪]。瓷与石皆雅器也，性非坚实，难可持久。用银为之，至洁，但涉于侈丽[⑫]。雅则雅矣，洁亦洁矣，若用之恒，而卒归于银也[⑬]。

【注释】

①鍑(fù)：古代的一种大口锅。音辅：《茶经》中“鍑”读“辅”音，与今不同。

②鬴(fǔ)：锅。

③急铁：指利用废旧铁器再次冶炼而成的铁制品。

④耕刀之趄(qiè)：损坏了不能再使用的犁头。耕刀，犁头。趄，原本倾斜的意思。此指破损、损坏。

⑤以正令也：使之端正。

⑥广其缘，以务远也：鍑的口沿要宽，以使火力能涵盖全鍑。

⑦长其脐，以守中也：鍑的脐部要突出，以使火力能够集中。

⑧脐长，则沸中：鍑的脐部突出，则水煮开时就可以集中在鍑的中心位置沸腾。

⑨末：指茶末。

⑩洪州：隋开皇九年(589)由豫章郡改置，治所在南昌县(今江西南昌)。大业三年(607)改为豫章郡，唐武德五年(622)复为洪州。

⑪莱州：隋开皇五年(585)以光州改置，治所在莱州(今山东莱州)。大业初改为东莱郡。唐武德四年(621)复为莱州，天宝初又改为东莱郡。乾元初复为莱州。

⑫侈丽：奢侈华丽。

⑬而卒归于银也：最终还是用银制的𫓧好。

【译文】

𫓧，用生铁制作。生铁是如今搞冶炼的人说的“急铁”，这是利用损坏了不能再使用的犁头之类的农具炼铸的。铸𫓧时，模具的内壁抹上泥，外壁抹上沙。内壁抹上泥是因为土质细腻光滑，容易磨洗；外壁抹上沙是因为沙质粗糙而使得外壁粗糙，便于吸收火焰热量。锅耳做成方形，使其端正。𫓧的口沿要宽，以使火力能涵盖全𫓧。𫓧的脐部要突出，以使火力能够集中。𫓧的脐部突出，则水煮开时就可以集中在𫓧的中心位置沸腾；水在中心沸腾，则茶末就易沸扬；茶沫沸扬，则茶的味道就更淳厚。洪州用瓷做𫓧，莱州用石做𫓧。瓷𫓧和石𫓧都是高雅别致的器皿，但不坚固，难以长久使用。用银做𫓧，非常清洁，但稍显奢侈华丽。雅致固然雅致，清洁确实清洁，但若要长久使用，最好还是用银制的。

交床①

交床，以十字交之，剜中令虚②，以支𫓧也。

【注释】

①交床：胡床的别称，一种有靠背、能折叠的坐具。此处借指用来放置𫓧的架子。

②剜(wān):挖,刻。

【译文】

交床,把木架十字交叉,挖空中间,用来放置茶鍑。

夹

夹,以小青竹为之,长一尺二寸。令一寸有节,节已上剖之,以炙茶也[①]。彼竹之筱[②],津润于火,假其香洁以益茶味[③],恐非林谷间莫之致。或用精铁、熟铜之类,取其久也。

【注释】

①炙茶:烘焙茶叶。

②筱(xiǎo):小竹,细竹。

③津润于火,假其香洁以益茶味:小青竹在火上烤炙,表面就会渗出清香干净的竹液和香气,有助于茶香。

【译文】

夹,用小青竹制成,长一尺二寸。选一头一寸处有竹节的,自节以上剖开,用来夹着茶饼在火上烤炙。这样的小青竹在火上烤炙,表面就会渗出清香干净的竹液和香气,有助于茶香,但不是山林溪谷间恐怕难以弄到这种小青竹。夹也有用精铁或熟铜制作的,是考虑到经久耐用。

纸囊

纸囊,以剡藤纸白厚者夹缝之[①],以贮所炙茶,使不泄其香也。

【注释】

①剡(shàn)藤纸:以产于剡县(今浙江嵊州)而得名。剡藤纸薄、

轻、韧、细、白,莹润光泽,质地精良。

【译文】

纸囊,用两层颜色白、质地厚的剡藤纸缝制而成,用来贮放烘焙好的茶叶,使茶的香味不散失。

碾拂末①

碾,以橘木为之,次以梨、桑、桐、柘为之②。内圆而外方。内圆,备于运行也;外方,制其倾危也。内容堕而外无余木③。堕,形如车轮,不辐而轴焉④。长九寸,阔一寸七分。堕径三寸八分,中厚一寸,边厚半寸,轴中方而执圆⑤。其拂末,以鸟羽制之。

【注释】

①拂末:扫集碾中茶粉的用具。用鸟的羽毛制成。

②柘(zhè):木名。落叶灌木或小乔木。叶可饲蚕,木质坚韧,可制弓。

③堕:木制的碾轮。

④不辐而轴焉:没有辐条而有车轴。辐,辐条。插入轮毂以支撑轮圈的细条。轴,轮轴。穿在轮子中间的圆柱形物件。

⑤轴中方而执圆:轴的中段呈方形,而手执的部分呈圆柱形。

【译文】

碾,最好用橘木制作,其次用梨木、桑木、桐木、柘木制作。碾内圆而外方。内圆,以便运转;外方,为防止倾倒。碾槽内放置碾轮而再无空隙。木制的碾轮,形状像车轮,但没有辐条只有车轴。轴长九寸,宽一寸七分。木碾轮的直径三寸八分,中间厚一寸,边缘厚半寸,轴的中段呈方形,而手执的部分呈圆柱形。拂末,用鸟的羽毛制作。

罗合[1]

罗末，以合盖贮之，以则置合中[2]。用巨竹剖而屈之，以纱绢衣之[3]。其合，以竹节为之，或屈杉以漆之。高三寸，盖一寸，底二寸，口径四寸。

【注释】

①罗合：筛分和贮放碾碎饼茶粉末的用具。罗是罗筛，用剖开的大竹弯成圆圈状，底部蒙上纱或绢。合即盒，用竹节或杉木制成，外涂油漆。

②则：即茶则。古代烹试茶时量取茶末入汤的量具。

③纱绢：挺括细薄的丝织品的通称。衣：覆盖。

【译文】

用罗筛筛出的茶末放在盒中盖好贮存，并将茶则也放在盒中。将剖开的大竹弯成圆圈状，底部蒙上纱或绢。盒，用竹节制成，或用杉树片弯曲成圆形涂上油漆制成。盒高三寸，盖一寸，底高二寸，直径四寸。

则

则，以海贝、蛎蛤之属[1]，或以铜、铁、竹匕策之类[2]。则者，量也，准也，度也。凡煮水一升，用末方寸匕[3]。若好薄者减之，嗜浓者增之，故云则也。

【注释】

①海贝：海中有壳软体动物的总称，其壳古代曾用作货币。蛎蛤（lì gé）：牡蛎的别名。

②匕：古代的一种取食器具，长柄浅斗，形状像汤勺。策：古代用以

计算的筹子（小竹片）。

③方寸匕：古代量取药末的器具名。其形状如刀匕，大小为古代一寸正方，故名。唐孙思邈《千金要方》卷一："方寸匕者，作匕正方一寸，抄散，取不落为度。"

【译文】

则，用海贝、牡蛎之类的贝壳，或用铜、铁、竹制作的匕、策之类充当。"则"是度量的标准、依据。一般烧一升的水，要用一方寸匕的茶末。如果喜欢喝淡茶，就减少一点茶末；喜欢喝浓茶，就增加一点茶末，因此称作"则"。

水方①

水方，以椆木、槐、楸、梓等合之②，其里并外缝漆之，受一斗。

【注释】

①水方：煮茶、煮水时使用的贮水用具。

②椆（chóu）木：常绿乔木。木质坚重，耐寒。楸（qiū）：落叶乔木。木材质地致密，可做器具。梓：落叶乔木。木材可供建筑及制造器物之用。

【译文】

水方，用椆、槐、楸、梓等木材制作，里面和外面的缝都加涂油漆，容水量一斗。

漉水囊①

漉水囊，若常用者。其格，以生铜铸之，以备水湿，无有苔秽腥涩意②。以熟铜苔秽，铁腥涩也。林栖谷隐者③，或用之竹木。木与竹非持久涉远之具，故用之生铜。其囊，织青竹以卷之，裁碧缣以缝之[4]，纽翠钿以缀之[5]，又作绿油囊以贮之[6]。圆径五寸，柄一寸五分。

【注释】

①漉(lù)水囊：过滤水用的袋子。漉，过滤。

②苔秽：指铜与氧化合的化合物，因其呈绿色，色如苔藓，故称。腥涩：即铁腥涩。铁氧化后产生的性状。

③林栖谷隐：指在山林隐居。亦指隐居的人。

④碧缣(jiān)：青绿色的细绢。缣，双丝的细绢。

⑤纽翠钿(diàn)：纽缀上翠钿以为装饰。翠钿，用翠玉制成的首饰或装饰物。

⑥绿油囊：绿油绢做的袋子，有防水功能。

【译文】

漉水囊，同平常使用的一样。它的框架用生铜铸成，生铜湿后不会产生绿苔一样的铜锈及铁腥味道。因为用熟铜容易生铜锈，用铁易生铁腥味道。在山林隐居的人，也有用竹或木作框架的。但竹木制品都不耐用，又不便携带远行，因此还是要用生铜。滤水的袋子，先用青竹篾丝编织并卷曲成袋形，再裁剪青绿色的细绢缝制，纽缀上翠玉以为装饰，又用防水的绿油绢做个袋子贮存漉水囊。漉水囊直径五寸，柄长一寸五分。

瓢

瓢，一曰牺杓[1]。剖瓠为之[2]，或刊木为之[3]。晋舍人杜育《荈赋》云[4]："酌之以匏[5]。"匏，瓢也。口阔，胫薄，柄短。永嘉中[6]，余姚人虞洪入瀑布山采茗[7]，遇一道士，云："吾，丹丘子[8]，祈子他日瓯牺之余[9]，乞相遗也[10]。"牺，木杓也。今常用以梨木为之。

【注释】

①牺杓(sháo):唐代煎茶时舀水注汤的茶具,即瓢或木杓的合称。杓,同“勺”。

②瓠(hù):草本植物瓠瓜,果实即葫芦。

③刊:刻,雕刻。

④杜育《荈赋》:我国最早的茶诗赋作品。第一次完整地记载了茶叶种植、生长环境、采摘时节的劳动场景、烹茶、选水、茶具的选择和饮茶的效用等。原文已佚。杜育(?—311),字方叔,西晋襄城(今属河南)人。少聪颖,时号神童。及长,美风姿,有才藻,又号“杜圣”。曾任中书舍人、国子祭酒。

⑤匏(páo):葫芦的一种,即匏瓜。

⑥永嘉:西晋怀帝年号(307—312)。

⑦余姚:余姚县,秦置,唐属越州,今浙江余姚。虞洪:《搜神记》中的人物。

⑧丹丘子:指来自丹丘仙乡的仙人。丹丘,神话中的神仙所居之地,昼夜长明。

⑨瓯(ōu)牺之余:喝剩的茶。瓯牺,饮茶用的杯勺。

⑩遗(wèi):赠与。

【译文】

瓢,又称为牺杓。把葫芦剖开制成,或是用树木挖制而成。晋中书舍人杜育的《荈赋》说:“用匏舀取。”匏,就是瓢。匏口宽阔,瓢身薄,柄短。西晋永嘉年间,余姚人虞洪到瀑布山采茶,遇见一道士,道士说:“我是丹丘子,希望你以后把杯杓中喝剩的茶送我点儿喝。”牺,就是木勺。现在常用的多以梨木制成。

竹筴[①]

竹筴,或以桃、柳、蒲葵木为之,或以柿心木为之。长一尺,银裹两头。

【注释】

①竹筴(jiā):唐代煎茶时用于环击汤心的击拂茶具,即宋代以后所用的茶匕、茶箸。

【译文】

竹筴,有用桃木、柳木、蒲葵木制成,也有用柿心木制成。长一尺,用银包裹两头。

鹾簋揭[①]

鹾簋,以瓷为之,圆径四寸,若合形。或瓶或罍[②],贮盐花也[③]。其揭,竹制,长四寸一分,阔九分。揭,策也[④]。

【注释】

①鹾簋(cuó guǐ):古代煮茶时放盐的器皿。鹾,盐。簋,古代盛物的圆形器皿。揭:取盐用的长竹片。

②罍(léi):古代一种盛酒的容器。小口,广肩,深腹,圈足,有盖,多用青铜或陶制成。

③盐花:盐霜,细盐粒。

④策:古代用竹片或木片记事著书,成编的叫做策。此处指取盐用的长竹片。

【译文】

鹾簋,用瓷制成,直径四寸,像盒子形状。也有作瓶形或罍形的,用来贮存细盐粒。揭,用竹片制成,长四寸一分,宽九分。揭,是取盐用的长竹片。

熟盂[①]

熟盂,以贮熟水。或瓷或砂,受二升。

【注释】

①熟盂:贮存开水的器皿,瓷或陶制。

【译文】

熟盂,用来盛贮开水。有瓷制也有陶制,容量二升。

碗

碗,越州上[①],鼎州次[②],婺州次[③],岳州次[④],寿州、洪州次[⑤]。或者以邢州处越州上[⑥],殊为不然。若邢瓷类银,越瓷类玉,邢不如越一也;若邢瓷类雪,则越瓷类冰,邢不如越二也;邢瓷白而茶色丹,越瓷青而茶色绿,邢不如越三也。晋杜育《荈赋》所谓:"器择陶拣,出自东瓯[⑦]。"瓯,越也。瓯,越州上。口唇不卷,底卷而浅,受半升已下。越州瓷、岳瓷皆青,青则益茶,茶作白红之色。邢州瓷白,茶色红;寿州瓷黄,茶色紫;洪州瓷褐,茶色黑。悉不宜茶。

【注释】

①越州:隋大业元年(605)改吴州置,治所在会稽县(今浙江绍兴)。大业三年(607)改为会稽郡。唐武德四年(621)复改越州,天宝、至德间又改会稽郡。乾元元年(758)复改越州。越州

在唐、五代、宋元以产秘色瓷器著名,瓷体透明,是青瓷中的绝品。此指越州窑。

②鼎州:唐曾经有二鼎州。一为唐武德元年(618)改凤林郡置,治弘农县(今河南灵宝)。贞观八年(634)废。二为武周天授二年(691)置,治云阳(今陕西泾阳北云阳镇)。久视元年(700)废。唐天祐三年(906)复置,治美原(今陕西富平东北美原镇)。此指鼎州窑。

③婺(wù)州:隋开皇九年(589)分吴州置,治所在吴宁县(今浙江金华)。大业初改为东阳郡。唐武德四年(621)复置婺州。天宝元年(742)又改东阳郡,乾元元年(758)复为婺州。此指婺州窑。

④岳州:隋开皇九年(589)改巴州置,治所在巴陵县(今湖南岳阳)。大业初改为罗州,寻改为巴陵郡。唐武德四年(621)又改为巴州,六年(623)复为岳州。天宝元年(742)改为巴陵郡,乾元元年(758)复为岳州。此指岳州窑。

⑤寿州:隋开皇九年(589)置,治所在寿春县(今安徽寿县)。大业三年(607)改为淮南郡。唐武德三年(620)复为寿州。天宝元年(742)改为寿春郡,乾元元年(758)复为寿州。此指寿州窑。

⑥邢州:隋开皇十六年(596)置,治所在龙冈县(今河北邢台)。大业三年(607)改为襄国郡。唐武德元年(618)复为邢州。天宝元年(742)改为巨鹿郡,乾元元年(758)复为邢州。此指邢州窑。

⑦东瓯:亦称瓯越,为越族的一支。《史记·东越列传》:"孝惠三年,举高帝时越功,曰闽君摇功多,其民便附,乃立摇为东海王,都东瓯,世俗号为东瓯王。"后世遂以东瓯为温州或浙南地区的别称。

【译文】

碗,以越州窑出产的品质最好,鼎州窑、婺州窑、岳州窑出产的品质稍次,寿州窑、洪州窑出产的品质较差。有人认为邢州窑比越州窑的好,我认为完全不是这样。如果说邢窑瓷质地像银,那么越窑瓷质地就像玉,这是邢窑瓷不如越窑瓷的第一点;如果说邢窑瓷质地像雪,那么越窑瓷质地就像冰,这是邢窑瓷不如越窑瓷的第二点;邢窑瓷色白而使茶汤呈红色,越窑瓷色青而使茶汤呈绿色,这是邢窑瓷不如越窑瓷的第三点。晋杜育《荈赋》说:“挑拣陶瓷器皿,好的出自东瓯。”瓯,就是越州。茶瓯,越州窑出产的最好。口沿不卷边,底卷边而浅,容量半升以下。越州瓷、岳州瓷都是青色,青色能增益茶汤色泽,使茶汤呈白红色。邢州瓷白,茶汤呈红色;寿州瓷黄,茶汤呈紫色;洪州瓷褐,茶汤呈黑色。这些都不适宜盛茶。

畚①

畚,以白蒲卷而编之②,可贮碗十枚。或用筥。其纸帊以剡纸夹缝令方③,亦十之也。

【注释】

①畚(běn):原指用蒲草或竹篾编织的盛物器具。此处指放碗的器具。

②白蒲:白色的蒲草。亦称莞、苻蓠、莞蒲、菖蒲等。

③纸帊(pà):茶碗的纸套子。帊,帛二幅或三幅为帊,亦作衣服解。

【译文】

畚,用白蒲草卷编制成,可盛放十只碗。也有用筥作畚的。纸帊,用两层剡藤纸,夹缝成方形,也可盛放十只碗。

札

札,缉栟榈皮①,以茱萸木夹而缚之②,或截竹束而管之,若巨笔形。

【注释】

①缉：析植物皮搓捻成线。栟榈(bīng lǘ)：木名，即棕榈。

②茱萸：植物名。香气辛烈，可入药。古俗农历九月九日重阳节，佩茱萸能祛邪辟恶。

【译文】

札，将棕榈皮拆取搓捻成线，用茱萸木夹住捆紧，或截取一段竹子像笔管一样绑缚而成，就像大毛笔的形状。

涤方

涤方，以贮涤洗之余。用楸木合之，制如水方，受八升。

【译文】

涤方，盛放洗涤后剩余的水。用楸木做成盒形，制作方法和水方一样，容量八升。

滓方

滓方，以集诸滓，制如涤方，处五升。

【译文】

滓方，用来盛各种茶渣，制作方法和涤方一样，容量五升。

巾

巾，以纯布为之[①]，长二尺，作二枚，互用之，以洁诸器。

【注释】

①纯(shī)布：粗厚似布的丝织物。

【译文】

巾，用粗绸子制作，长二尺，制作两块，交替使用，以清洁各种茶具。

具列

具列，或作床[①]，或作架。或纯木、纯竹而制之，或木或竹，黄黑可扃而漆者[②]。长三尺，阔二尺，高六寸。具列者，悉敛诸器物，悉以陈列也。

【注释】

①床：此处指安放器物的平板或架子。

②可扃（jiōng）：可以关上锁住。扃，从外关闭门户的门闩。

【译文】

具列，有的做成床形，有的做成架形。有的纯用木制，有的纯用竹制，也有木竹兼用的，漆作黄黑色，有门可关。长三尺，宽二尺，高六寸。其所以称为具列，是因为可以收集、贮放陈列全部器具。

都篮

都篮，以悉设诸器而名之。以竹篾内作三角方眼，外以双篾阔者经之，以单篾纤者缚之[①]，递压双经[②]，作方眼，使玲珑。高一尺五寸，底阔一尺，高二寸，长二尺四寸，阔二尺。

【注释】

①纤：细。

②经：织布时用梭穿织的竖纱，编织物的纵线，与“纬”相对。

【译文】

都篮，因能装下所有器具而得名。用竹篾编成，里面编成三角形或方形的眼，外面用两道宽篾作经线，用单细篾交错地编压在两道经向的宽竹篾上，编成方眼，使它精巧细致。都篮高一尺五寸，底宽一尺，高二寸，长二尺四寸，宽二尺。

卷下

五之煮

【题解】

本章详细论述了炙烤饼茶的方法和炙烤饼茶的燃料，烹茶的水和烹茶的方法以及如何饮用茶水。

首先用火炙烤饼茶。“慎勿于风烬间炙，熛焰如钻，使炎凉不均”，这是对炙烤饼茶的环境提出的要求，因为通风会使飞迸的火焰就像钻头一样，从而使饼茶烤炙受热不均匀。“持以逼火，屡其翻正”，说明炙烤饼茶的温度要高，但要经常翻动，以免使饼茶“炎凉不均”。“状虾蟆背”，这是炙烤时饼茶表面发生的变化。当再次炙烤时，如果制茶时是用火烘干的，以烤到冒热气为止；如果是太阳晒干的，以烤到柔软为止。炙烤好的饼茶要“承热用纸囊贮之”，使其“精华之气无所散越”，可见炙茶这一程序对茶有着焙香的作用。宋蔡襄《茶录》：“茶或经年，则香色味皆陈。煮时先于净器中以沸汤渍之，刮去膏油去声，一两重即止。乃以钤钳之，用微火炙干，然后碎碾。若当年新茶，则不用此说。”由于宋代在制茶过程中已把茶叶研透，所以只有陈茶才需要“微火炙干”，新茶“则不用此说”了。

炙烤饼茶的燃料，最好用木炭，其次用火力强劲的木柴。沾染膻腥油腻的木炭、带有油脂的木柴及朽坏的木器都不能用于煮茶，因为这样煮出来的茶水会有“劳薪之味”。烹茶的水，明张大复《梅花草堂笔谈》

提到："茶性必发于水，八分之茶遇十分之水，茶亦十分矣。八分之水试十分之茶，茶只八分耳。"由此可见水对茶的重要性。陆羽认为"山水上、江水次、井水下"，只要选择得当，皆可为煮茶之水。而山水"乳泉、石池慢流者"为上，"瀑涌湍漱"不能饮用；江水要取远离人类活动区域的，这样不至于被污染；井水要取自使用多的井里的，这样才能常换常新。唐张又新《煎茶水记》记载刘伯刍将天下适合泡茶的水分为七等；陆羽品评天下山水，将适合泡茶的水分为二十等。清王士祯《古夫于亭杂录》认为刘伯刍、陆羽二人只是跬步于江南数百里内之水，并未见长江以北之水，像济南著名的就有七十二泉。用这些泉水烹茶，品质都不在惠山泉水之下。

煮水时先把水放入鍑中烧开。陆羽将水烧开沸腾分为三个程度："沸如鱼目，微有声"为第一沸；"缘边如涌泉连珠"为第二沸；"腾波鼓浪"为第三沸。前两沸是烧水，后一沸是煮茶。在第二沸时，舀出一瓢水，再用竹筴在沸水中转圈搅动，用茶则取适量的茶末从旋涡中心倒入。过一会儿，沸水就像奔腾的波涛水沫飞溅，再把刚才舀出的水掺入，使水不再沸腾，以保养水面生成的汤花。

煮好后就用瓢舀茶，当水第一次煮沸时，要把浮沫上一层像黑云母样的膜状物去掉，否则饮用时茶味道不好。此后，从锅里舀出的第一道水称为"隽永"，通常贮放在熟盂里，以备孕育茶汤精华和止沸之用。一般烧水一升，可分作五碗，要使各碗沫饽均匀，否则五碗茶的滋味也就不一样了。茶需"乘热连饮"，这样才不会使"精英随气而竭"了。

本章最后提出的"茶性俭，不宜广"的观点，也与《一之源》"茶宜精行俭德之人"的饮茶理念遥相呼应。

凡炙茶，慎勿于风烬间炙，熛焰如钻①，使炎凉不均。持以逼火，屡其翻正，候炮普教反。出培塿②，状虾蟆背，然后去火五寸。卷而舒，则本其始又炙之。若火干者，以气熟止；

日干者，以柔止。

【注释】

①熛(biāo)焰：飞迸的火焰。

②炮(páo)：古烹饪法的一种。原指用烂泥等裹物烧烤，此指用火烘烤。培𪣻(lǒu)：本作“部娄”，小土丘。此指突起的小疙瘩。

【译文】

凡炙烤饼茶，注意不要在通风的余火上烤，因为飞迸的火焰就像钻头一样，使饼茶烤炙受热不均匀。烤炙时要夹着饼茶靠近火，不停地翻动，等到饼茶表面烤出突起的像蛤蟆背上的小疙瘩时，炮，读音为普教二字的反切音。然后离火五寸。当卷曲的饼茶又舒展开，再按先前的办法烤一次。如果制茶时是用火烘干的，以烤到冒热气为止；如果是太阳晒干的，以烤到柔软为止。

其始，若茶之至嫩者，蒸罢热捣，叶烂而牙笋存焉。假以力者，持千钧杵亦不之烂，如漆科珠[①]，壮士接之，不能驻其指[②]。及就，则似无禳骨也[③]。炙之，则其节若倪倪如婴儿之臂耳[④]。既而，承热用纸囊贮之，精华之气无所散越[⑤]，候寒末之。末之上者，其屑如细米；末之下者，其屑如菱角。

【注释】

①漆科珠：涂漆的珠子。漆，涂漆。科，同“颗”。

②驻：停留，拿住。

③禳(ráng)：同“穰”。禾茎中白色柔软的部分。

④倪倪：幼弱。

⑤散越：犹涣散外越。

【译文】

开始制茶时，如果是很鲜嫩的茶叶，蒸后趁热舂捣，叶子捣烂了芽尖仍然完整。如果只用蛮力，拿千钧重的杵也捣不烂它，这就如再有劲的人也很难用手指拿稳接牢涂漆的珠子一样。捣好之后的茶叶，好像一条茎梗也没有了。烤炙之后，就会像幼弱婴儿的手臂一样绵软。烤好后趁热用纸袋装起来，使它的香气不致散失，等茶冷却后再碾成细末。上等的茶末，其碎屑如细米；下等的茶末，其碎屑如菱角状。

其火，用炭，次用劲薪①。谓桑、槐、桐、枥之类也②。其炭，曾经燔炙③，为膻腻所及④，及膏木、败器⑤，不用之。膏木为柏、桂、桧也⑥。败器，谓朽废器也。古人有劳薪之味⑦，信哉！

【注释】

①劲薪：指比较坚硬的木柴，燃烧时间较长，火力较强，故名“劲薪”。

②枥：同“栎”。

③燔(fán)炙：指烤肉。

④膻腻：膻腥油腻的食物。

⑤膏木：富含油脂的树木。败器：朽坏腐烂的木器。

⑥柏：柏树。常绿乔木。木材质地坚硬，可用来做建筑材料等。桂：桂花树。常绿乔木。树皮可做健胃剂，又可调味。桧(guì)：即圆柏。常绿乔木。木材桃红色，有香气。

⑦劳薪之味：指用废旧或不适宜的木材烧煮，会使食物产生不好的味道。《晋书·荀勖传》：“(勖)尝在帝坐进饭，谓在坐人曰：‘此是劳薪所炊。’咸未之信。帝遣问膳夫，乃云：‘实用故车脚。’举世伏其明识。”按，木轮车以运载，而车脚最吃力，用以为薪，故称“劳薪”。

【译文】

烤茶的火,最好用木炭,其次用火力较强的木柴。如桑木、槐木、桐木、枥木之类。曾经烤过肉,染上膻腥油腻气味的炭,以及富含油脂的树木与朽坏腐烂的木器,都不能用来烤茶。膏木为柏木、桂木、桧木之类。败器,指朽坏腐烂的木器。古人有所谓"劳薪之味"的说法,确实如此。

其水,用山水上,江水中,井水下。《荈赋》所谓:"水则岷方之注①,挹彼清流②。"其山水,拣乳泉、石池慢流者上③。其瀑涌湍漱④,勿食之,久食,令人有颈疾⑤。又多别流于山谷者,澄浸不泄⑥,自火天至霜郊以前⑦,或潜龙蓄毒于其间⑧,饮者可决之,以流其恶,使新泉涓涓然,酌之。其江水,取去人远者。井,取汲多者。

【注释】

①岷方之注:岷江流淌的清水。

②挹:同"挹",汲取。

③乳泉:指钟乳石上的滴水。

④瀑涌湍漱:飞溅翻涌的急流。

⑤颈疾:颈部疾病。

⑥澄:清澈而不流动。

⑦火天:夏天。五行火主夏,故称。霜郊:疑为霜降。节气名。

⑧潜龙:古人认为龙蛇居于水中,称为潜龙。

【译文】

煮茶的水,以山上的水最好,其次是江河的水,井水最差。如同《荈赋》所说的:"舀取岷江流淌的清水。"山上的水,最好选取钟乳石上的滴水和石池中缓慢流淌的水。飞溅翻涌的急流水不要饮用,经常喝这种水会使人产生颈部疾病。还有一些停蓄于山谷的水，水虽清澈而不流动，从炎热夏天到霜降之前，也许会有龙蛇之类潜伏其中，水质污染有毒，饮用时应先挖开缺口，使污秽有毒的水流走，新的泉水涓涓而来，然后酌取。江河水，要到远离人居住的地方去取。井水，要从经常汲水的井中汲取。

其沸，如鱼目[①]，微有声，为一沸；缘边如涌泉连珠，为二沸；腾波鼓浪，为三沸。已上水老，不可食也。初沸，则水合量调之以盐味，谓弃其啜余[②]。啜，尝也，市税反，又市悦反。无乃䶗䶣而钟其一味乎[③]？上古暂反，下吐滥反，无味也。第二沸，出水一瓢，以竹筴环激汤心，则量末当中心而下。有顷，势若奔涛溅沫，以所出水止之，而育其华也。

【注释】

①鱼目：刚刚沸腾的水泡像鱼眼。

②弃其啜余：将尝过剩下的水倒掉。

③䶗䶣（gàn tàn）：没有味道。

【译文】

煮水时，刚刚沸腾的水泡像鱼眼，有轻微的响声，称为“一沸”；锅的边缘水泡连珠般地往上冒，称为“二沸”；沸水像波浪翻腾时，称为“三沸”。再继续煮，水就煮老了，不宜饮用。刚开始沸腾时，估算水量放适当的食盐调味，将尝过剩下的水倒掉。啜，就是尝，读音为市税二字的反切音，又读音为市悦二字的反切音。切莫因水无味而只喜欢盐这种味道。䶗读音为古暂二字的反切音，䶣读音为吐滥二字的反切音，䶗䶣意无味。第二沸时，舀出一瓢水，再用竹筴在沸水中转圈搅动，用茶则取适量的茶末从旋涡中心倒入。过一会儿，沸水就像奔腾的波涛水沫飞溅，再把刚才舀出的水掺入，使水不再沸腾，以保养水面生成的汤花。

凡酌，置诸碗，令沫饽均[①]。字书并《本草》[②]：饽，均茗沫也。蒲笏反。沫饽，汤之华也。华之薄者曰沫，厚者曰饽，细轻者曰花。如枣花漂漂然于环池之上，又如回潭曲渚青萍之始生[③]，又如晴天爽朗有浮云鳞然[④]。其沫者，若绿钱浮于水渭[⑤]，又如菊英堕于樽俎之中[⑥]。饽者，以滓煮之，及沸，则重华累沫，皤皤然若积雪耳[⑦]。《荈赋》所谓"焕如积雪，烨若春藪"[⑧]，有之。

【注释】

①沫饽：茶水煮沸时产生的浮沫。

②字书：古时称解释文字形音义的著作为字书。此指当时已有的字典，如《说文解字》《广韵》《切韵》《开元文字音义》等。

③回潭：回旋流动的潭水。曲渚(zhǔ)：曲折的小洲。渚，水中小块陆地。青萍：水生植物。浮萍的别称。

④浮云鳞然：鱼鳞状的云。

⑤绿钱：指苔藓。因其青圆似钱，故名。晋崔豹《古今注》下《草木》："空室中无人行则生苔藓，或紫或青，名曰圆藓，又曰绿藓，亦曰绿钱。"

⑥菊英：菊花。不结果的花叫英。樽俎(zǔ)：古代盛酒食的器皿。樽以盛酒，俎以盛肉。

⑦皤皤(pó)然：原指头发白，此处形容白色的茶沫。

⑧烨若春藪(fū)：灿烂的像春天的花。烨，光辉，灿烂。藪，花叶舒展的样子。

【译文】

饮茶时，要多放置几个碗，让茶水煮沸时产生的浮沫均匀地分配到各个碗中。字书并《本草》说：饽是茶沫。读音为蒲笏二字的反切音。这些浮沫，就是茶汤中的精华。薄的叫沫，厚的叫饽，细轻的叫花。茶花就像枣花在圆形的水池中浮动，又像回旋流动的潭水与曲折的小洲间新生的浮萍，又像晴朗天空中的鱼鳞状浮云。茶沫，就像苔藓浮在水边，又如菊花飘落在杯中。茶饽，煮茶渣滓沸腾后表面形成的层层汤花茶沫，白白的像积雪一样。《荈赋》中讲汤花"明亮似积雪，光彩如春花"，的确有这样景象。

第一煮水沸，而弃其沫之上有水膜如黑云母①，饮之则其味不正。其第一者为隽永，徐县、全县二反②。至美者曰隽永。隽，味也。永，长也。味长曰隽永。《汉书》：蒯通著《隽永》二十篇也③。或留熟盂以贮之，以备育华救沸之用。诸第一与第二、第三碗次之，第四、第五碗外，非渴甚莫之饮。凡煮水一升，酌分五碗。碗数少至三，多至五；若人多至十，加两炉。乘热连饮之，以重浊凝其下，精英浮其上。如冷，则精英随气而竭，饮啜不消亦然矣。

【注释】

①黑云母：矿物名，云母属于硅酸盐类矿物。晶体常成假六方片状，集合体为鳞片状，薄片有弹性。玻璃光泽，半透明，有白色、黑色、深浅不同的绿色或褐色等。黑云母属于其中一种。

②徐县、全县二反：隽读音有徐县二字反切音、全县二字反切音两种。

③蒯（kuǎi）通著《隽永》二十篇也：《汉书·蒯通传》："通论战国时说士权变，亦自序其说，凡八十一首，号曰《隽永》。"与此处所说二十篇有出入。蒯通，本名蒯彻，因避武帝刘彻讳，史称蒯通。秦末汉初范阳（今河北定兴）人。陈胜起义后，派武臣北攻赵地，他

劝说范阳令徐公归降，使武臣不战而下三十余城。后又劝说韩信攻取齐地，并劝他离叛刘邦自立为王，独立发展其势力，韩信不听，遂佯狂离去。惠帝时，为丞相曹参宾客。

【译文】

水第一次煮开时，要把浮沫上一层像黑云母样的膜状物去掉，不然饮用其味道不佳。此后，从锅里舀出的第一道水，味美味长，称为隽永，隽有徐县二字的反切音、全县二字的反切音两种读法。最美的味称为隽永。隽，味道。永，长久。味道长久就是隽永。《汉书》中说蒯通著《隽永》二十篇。或者将其贮放在熟盂里，以备孕育茶汤精华和止沸之用。其后舀出第一、第二、第三碗，茶汤味道略差一些，第四、第五碗之外的茶汤，要不是太渴就不值得饮用了。一般烧水一升，可分作五碗。碗的数量少则为三，多则为五；如果人多至十人，则加煮两炉。要趁热连续饮用，因为重浊的茶渣凝聚在下面，精华飘浮在上面。如果茶一凉，精华部分就随热气散失消竭，就连喝也是一样的。

茶性俭，不宜广，广则其味黯澹①。且如一满碗，啜半而味寡，况其广乎！其色缃也②，其馨𩡺也③。香至美曰𩡺，𩡺音使。其味甘，槚也；不甘而苦，荈也；啜苦咽甘，茶也。《本草》云："其味苦而不甘，槚也；甘而不苦，荈也。"

【注释】

①黯澹：即"暗淡"。阴沉，昏暗。此处指茶味淡薄。

②缃（xiāng）：浅黄色。

③𩡺（sǐ）：香美。与原文注音不同。

【译文】

茶性俭约，水不宜多放，水多则茶的味道就淡薄。就像一满碗茶汤，喝了一半，味道就觉得淡了，何况水加多了呢！茶汤呈浅黄色，味道香美。香味至美称为𩡌,𩡌读音为使。味道甘甜的是槚,不甜而苦的是荈,入口时有苦味而咽下去又感到甘甜的是茶。《本草》说:“味道苦而不甜的是槚,甘甜而不苦的是荈。”

六之饮

【题解】

本章详细论述了饮茶的现实意义、饮茶的风俗和饮茶的方式方法。

人类以及所有生活在天地间的飞禽走兽，都要依靠喝水、吃食来维持生命。陆羽认为，茶不是一般的止渴饮料，也不同于酒精饮料，而是一种在生理和心理上“荡昏寐”，起提神除睡作用的饮料。

传说茶作为饮料始于神农，周公以文字记载而为后人所知。春秋时齐国的晏婴，汉代的扬雄、司马相如，三国时吴国的韦曜，晋代的刘琨、张载、陆纳、谢安、左思等人都喜欢饮茶。唐朝京城西安、东都洛阳以及荆州、渝州一带，“比屋”而饮，饮茶之风非常盛行。

“饮有粗茶、散茶、末茶、饼茶”，这是在《茶经》写作年代存在的各种茶叶形态。这些茶经过伐枝取叶、蒸煮、焙烤、捶捣等程序进行加工，放到瓶缶中，用开水冲泡，称为“痷茶”；还有掺杂葱、姜、枣、橘皮、茱萸、薄荷等物混合煮饮很长时间的茶羹汤。陆羽认为用上述两种方法调制的茶汤无异于倒在沟渠里的废水。

陆羽认为，天地间的万物，都有其精妙之处。人类所擅长的，仅仅是那些浅显易做的事情而已。但茶对人而言，却是一件极不容易做到精妙的事情。因为从制茶到饮茶有九大难题：一是茶叶的采摘、制造，二是饼茶的鉴别，三是煮茶的器具，四是烤炙饼茶所用的柴火，五是煮茶水质的选择，六是茶饼的烤炙，七是茶末的碾碎，八是茶汤的煎煮，九是茶汤的品饮。从茶的制造难到品饮难，其实最难是在用心。只有解决了制茶到饮茶的九大难题，才能明白陆羽《茶经》的深奥意境和事理。

陆羽对茶味的要求是“珍鲜馥烈”，也就是香味浓美。陆羽对饮茶人数与茶碗设置的数量有明确要求，这表明他饮茶的目的在于“品”茶，是将饮茶看作精神上的享受。

翼而飞①，毛而走②，呿而言③，此三者俱生于天地间，饮啄以活④，饮之时义远矣哉！至若救渴，饮之以浆⑤；蠲忧忿⑥，饮之以酒；荡昏寐⑦，饮之以茶。

【注释】

①翼而飞：长翅膀能飞的飞禽。

②毛而走：长毛能跑的走兽。

③呿(qù)而言：张口能说话的人类。呿，张口。

④饮啄：饮水啄食。语出《庄子·养生主》：“泽雉十步一啄，百步一饮，不蕲畜乎樊中。”引申为吃喝，生活。

⑤浆：古代酿制的一种带酸味的饮料。后引申泛指饮料。

⑥蠲(juān)忧忿：消除忧虑悲忿。蠲，消除。

⑦荡昏寐：消除昏沉困倦。荡，消除，洗涤。

【译文】

长翅膀能飞的飞禽，长毛能跑的走兽，张口能说话的人类，这三者都生存于天地间，依靠饮水啄食来维持生命，可见饮的时间漫长，意义深远。为了解渴，需要饮浆；为了消除忧虑悲忿，需要喝酒；为了消除昏沉困倦，需要喝茶。

茶之为饮,发乎神农氏[1],闻于鲁周公[2]。齐有晏婴[3],汉有扬雄、司马相如[4],吴有韦曜[5],晋有刘琨、张载、远祖纳、谢安、左思之徒[6],皆饮焉。滂时浸俗[7],盛于国朝,两都并荆渝间[8],以为比屋之饮[9]。

【注释】

①神农氏:又称炎帝,号神农氏,又号魁隗氏、连山氏、列山氏。传说中的上古三皇之一。他用木制作耒、耜,教民农业生产。又传他曾尝百草,发现药材,教人治病。因有后人伪作的《神农本草》等书流传,其中提到茶,故云"发乎神农氏"。

②闻:闻名,出名。

③晏婴(?—前500):字平仲,莱之夷维(今山东高密)人。春秋时齐国大夫,历仕齐灵公、庄公、景公三世。曾多次奉命出使,以能言善辩著称。现存的《晏子春秋》一书一般认为是战国时人辑其言行编成。

④司马相如(前179—前117):字长卿,蜀郡成都(今属四川)人。因慕蔺相如为人,遂改此名。西汉著名辞赋家。现存《子虚赋》《上林赋》《长门赋》等。

⑤韦曜(yào,约204—273):原名昭,避晋讳改,字弘嗣。吴郡云阳(今江苏丹阳)人。东吴四朝重臣。撰《吴书》《国语注》《洞纪》《官职训》《辨释名》等。

⑥刘琨(270—318):字越石,中山魏昌(今河北无极)人。他出身士族,少好老庄,早年与石崇、陆机等人为友,以文章依附于权贵贾谧,时称"二十四友"。张载:字孟阳,安平(今属河北)人。与弟张协、张亢都以文学著称,并称"三张"。远祖纳:即陆纳(约326—395),字祖言,吴郡吴县(今江苏苏州)人。少有清操,贞厉绝俗。累迁黄门侍郎、本州别驾、尚书吏部郎,出为吴兴郡太守。

陆羽与之同姓，尊为远祖，故称远祖纳。谢安（320—385）：字安石，陈郡阳夏（今河南太康）人。太元八年（383）前秦苻坚军南下，为征讨大都督，指挥弟谢石、侄谢玄力拒，获淝水之战大胜。卒赠太傅，谥文靖。左思（约250—305）：字太冲，临淄（今属山东）人。其《三都赋》颇被当时称颂，造成"洛阳纸贵"。

⑦滂时浸俗：指形成社会风气。滂，滂沱，雨势盛大的样子。浸，浸淫。

⑧两都：指唐朝京城长安（今陕西西安）和东都洛阳。荆：荆州，西汉武帝置，为"十三刺史部"之一。东汉治汉寿县（今湖北常德东北）。其后屡经迁移，东晋时定治江陵县（今湖北江陵）。唐上元元年（674）升为江陵府。渝：渝州，隋开皇元年（581）以楚州改名，治所在巴县（今重庆巴南）。大业初改为巴郡。唐武德元年（618）复为渝州，天宝初改为南平郡，乾元初仍为渝州。唐代荆渝一带诸州皆产茶。

⑨比屋之饮：家家户户都饮茶。比屋，一家挨着一家。

【译文】

茶作为饮料，起源于神农氏，周公旦作了文字记载而为世人所知。春秋时齐国的晏婴，汉代的扬雄、司马相如，三国时吴国的韦曜，晋代的刘琨、张载、陆纳、谢安、左思等人都喜欢饮茶。然而饮茶逐渐成为社会风气，则在本朝达于鼎盛，在京城长安、东都洛阳以及荆州、渝州一带，更是家家户户都饮茶。

饮有粗茶、散茶、末茶、饼茶者①。乃斫、乃熬、乃炀、乃舂②，贮于瓶缶之中，以汤沃焉，谓之痷茶③。或用葱、姜、枣、橘皮、茱萸、薄荷之等④，煮之百沸，或扬令滑，或煮去沫，斯沟渠间弃水耳，而习俗不已。

【注释】

①粗茶:指芽叶较粗老,加工较粗糙的茶叶。散茶:未压制成片、团的茶叶。末茶:加工后形成的茶类,是一种成品茶,宋代又称食茶。饼茶:以形状似饼而得名。

②斫(zhuó):伐枝取叶。熬:蒸煮茶叶。炀(yàng):焙烤茶叶。舂:捶捣茶叶,碾磨成粉。

③痷(ān)茶:古代饮茶术语。将茶末放在瓶缶中用开水冲泡后饮用。

④薄荷:多年生草本植物,茎有四棱,叶子对生,花呈红、白或淡紫色,茎和叶子有清凉的香味,可以入药,或用于食品。

【译文】

饮用的茶有粗茶、散茶、末茶、饼茶。将茶经过伐枝取叶、蒸煮、焙烤、捶捣等程序加工,放到瓶缶中,用开水冲泡,称为"痷茶"。或同葱、姜、枣、橘皮、茱萸、薄荷等物长时间混煮,或将茶汤扬起使之柔滑,或在煮时去掉茶沫,这样的茶无异于倒在沟渠里的废水,但是这种习俗却流传不止。

於戏!天育万物,皆有至妙。人之所工,但猎浅易。所庇者屋,屋精极;所著者衣,衣精极;所饱者饮食,食与酒皆精极之。茶有九难:一曰造,二曰别,三曰器,四曰火,五曰水,六曰炙,七曰末,八曰煮,九曰饮。阴采夜焙,非造也;嚼味嗅香,非别也;膻鼎腥瓯[①],非器也;膏薪庖炭[②],非火也;飞湍壅潦[③],非水也;外熟内生,非炙也;碧粉缥尘[④],非末也;操艰搅遽[⑤],非煮也;夏兴冬废,非饮也。

【注释】

①膻鼎腥瓯(ōu):沾染了腥膻气味的锅碗。

②膏薪：含油脂丰富的木柴。明屠隆《考槃馀事》："汤最恶烟，非炭不可……若暴炭膏薪，浓烟蔽室，实为茶魔。"庖炭：厨房里沾染了油腥气味的炭。

③飞湍：飞奔的急流。壅潦：停滞的积水。潦，雨后积水。

④碧粉缥尘：指较差的茶末的颜色呈青绿与青白色。缥，青白色，浅青色。

⑤操艰搅遽：操作不熟练，搅动太急。

【译文】

唉！天生万物，都有它最精妙之处。人们所擅长的，仅仅涉及那些浅显易做的事而已。人居住的是房屋，房屋构造精致极了；人所穿的是衣服，衣服做的精美极了；人所充饥饱腹的是饮食，食物和酒都精美极了。而茶要做到精致却有九大难题：一是制造，二是鉴别，三是器具，四是取火，五是择水，六是烤炙，七是研末，八是烹煮，九是品饮。阴天采摘夜间焙烤，是制造不当；凭咀嚼辨味，鼻闻辨香，是鉴别不当；用沾染了腥膻气味的锅碗盛饮，是器具不当；用含油脂丰富的柴和沾染了油腥气味的炭，是取火不当；用飞奔的急流和停滞的积水，是用水不当；茶饼烤得外熟内生，是烤炙不当；把茶研磨成青绿或青白色的茶末，是研末不当；操作不熟练，搅动太急，是烹煮不当；夏天饮茶而冬天不饮茶，是饮用不当。

夫珍鲜馥烈者[①]，其碗数三。次之者，碗数五。若座客数至五，行三碗；至七，行五碗；若六人以下，不约碗数，但阙一人而已[②]，其隽永补所阙人。

【注释】

①珍鲜馥烈：指香味浓美的好茶。

②阙一人：指故意缺少一碗茶。

【译文】

香味浓美的好茶，一炉只能煮三碗。味道稍次一些的茶，也只能一炉煮五碗。假如座上达到五位客人，就舀出三碗分饮；达到七人，就舀出五碗分饮；假如是六人以下，就不必估量碗数，只要按缺少一人的就行，用“隽永”来补给那一个人。

七之事

【题解】

本章比较全面地收集了自上古到唐代以来的字书、医药书、史书、小说、诗文、地志、经方等各类书籍中有关茶事的资料四十八则，按其内容可分为医药、史料、诗词歌赋、神异、注释、地理和其他七类，大体上按朝代先后汇集和排列，这在当时实属不易。这些保存下来的茶文献资料能够让人看到中国茶文化的多姿多彩，对全面了解中国茶文化有着非常重要的意义。

医药类主要包括《神农食经》《凡将篇》《与兄子南兖州刺史演书》《食论》《食忌》《杂录》《本草纲目》《枕中方》和《孺子方》等九种文献中有关茶的记述。其中司马相如《凡将篇》直接将茶列为药物类，《枕中方》和《孺子方》将茶列为方药中的一味。《食忌》和《杂录》说茶能使人羽化及轻身换骨，这对茶的药用效果有些夸大，近乎神异了。真正论及茶的药用功效的只有《神农食经》《与兄子南兖州刺史演书》《食论》《本草》四种文献，其主要功效为“令人有力，悦志”“解惯闷”“益意思”“治瘘疾，利小便，去痰渴热，少睡”和“下气清食”，与《一之源》中曾提到的茶具有的六种药用功效基本一致。

史料类包括《晏子春秋》《吴志·韦曜传》《晋中兴书》《晋书》《世说》《艺术传》《江氏家传》《续名僧传》《宋录》《后魏录》和《晋四王起事》等十

一种文献，分别记述了晏婴与茗菜、孙皓赐茶代酒、陆纳以茶果待客、桓温以茶果宴客、任瞻问茶、单道开饮茶苏、法瑶饮茶、西园卖茶、昙济道人设茶茗、王肃好茗饮和黄门以瓦盂盛茶上惠帝等事迹。晏婴、陆纳、桓温以茶代饭及以茶待客都代表了其节俭的生活，这也正与《茶之煮》中“茶性俭”相呼应。明陈继儒《小窗幽记》记载：“热汤如沸，茶不胜酒；幽韵如茶，酒不胜茶。茶类隐，酒类侠。”巧妙比喻了茶与酒的关系。孙皓赐茶代酒，从而开辟了“以茶代酒”的先河，自此“以茶代酒”不仅成为了一种社会风尚，而且还是追求健康、传承文化的体现。魏晋时期，随着佛教在东土的传播，关于僧人饮茶也有了记载，如唐房玄龄等《晋书·艺术列传》曾记载敦煌人单道开在昭德寺修行时，每日饮茶苏一二升而已；释道悦《续名僧传》曾记载法瑶以茶代饭之事。唐冯贽《云仙杂记》：“觉林寺僧志崇制茶有三等：待客以惊雷荚，自奉以萱草带，供佛以紫茸香。”可见唐时寺庙，坐禅饮茶已经蔚然成风，以茶供佛也在寺院成为固定禅规。明乐纯《雪庵清史》开列了居士每日必须做的事，其中清课有焚香、煮茗、习静、寻僧、奉佛、参禅、说法、作佛事、翻经、忏悔、放生等等。把煮茗放到功课的第二位，足可看出禅门对茶的崇尚。

诗词歌赋类主要包括左思《娇女诗》、张孟阳《登成都楼诗》、孙楚《歌》、王微《杂诗》、鲍照妹令晖《香茗赋》等。

神异类主要包括《搜神记》《神异记》《续搜神记》《异苑》《广陵耆老传》等五种文献，分别记述了夏侯恺死后饮茶、虞洪以茶祭祀仙人获大茗、秦精采茗遇毛人、陈务妻以茶祭奠古墓、老姥卖茶等故事。其中虞洪以茶祭祀仙人获大茗与陈务妻以茶祭奠古墓，直接影响到唐代以后以茶祭神以及多种祭祀礼仪。宋朱熹《祭汪尚书文》：“从表侄宣教郎主管台州崇道观朱熹，谨以香茶清酌，致祭于近故端明殿学士尚书汪公之灵。”以茶致祭已被朱熹写入《家礼》之中了。

注释类包括从《尔雅》《方言》《尔雅注》《本草》四部书中摘录有关茶的名称的资料。

其他类包括《广雅》《司隶教》《食檄》、南齐世祖武皇帝萧赜遗诏、梁刘孝绰谢晋安王饷米等启、《桐君录》等六种文献，分别记述了有关茶事故实。

地理类包括《七诲》《坤元录》《括地图》《吴兴记》《夷陵图经》《永嘉图经》和《茶陵图经》等八种文献，介绍了南中，辰州溆浦县无射山，临遂县茶溪，乌程县温山，黄牛、荆门、女观、望州等山，永嘉县白茶山，山阳县茶坡，茶陵等产茶地。本章关于各个产茶地的记载，自然开启了“八之出”的篇章。

三皇[①]：炎帝神农氏。

【注释】

①三皇：关于三皇的提法，历来争论比较大，大致说来有这样一些说法：伏牺、女娲、神农（《春秋元命苞》）；伏牺、神农、祝融（《白虎通·号篇》）；伏牺、神农、共工（《通鉴外记·引》）；伏牺、神农、燧人（《白虎通·德论》）；伏牺、神农、黄帝（《玉函山房》辑佚书引《礼稽命征》）；轩辕、神农、赫胥（《越绝书》引战国时人风胡子语）。从“三皇”至“皇朝：徐英公勣”在体例上类似“纲目”。

【译文】

三皇：炎帝神农氏。

周：鲁周公旦，齐相晏婴。

【译文】

周朝：鲁国周公姬旦，齐国国相晏婴。

汉:仙人丹丘子,黄山君[①],司马文园令相如[②],扬执戟雄。

【注释】

①黄山君:传说中的人物。晋葛洪《神仙传》:“黄山君者,修彭祖之术,年数百岁,犹有少容。亦治地仙,不取飞升。彭祖既去,乃追论其言,为《彭祖经》。”

②司马文园令相如:即司马相如。司马相如曾任孝文园令,即汉文帝之陵的陵园令。陵园令是掌管陵园扫除之事的小官。

【译文】

汉朝:仙人丹丘子,黄山君,孝文园令司马相如,执戟郎扬雄。

吴:归命侯[①],韦太傅弘嗣[②]。

【注释】

①归命侯:即三国时吴国末代皇帝孙皓(242—283)。孙皓,字元宗,一名彭祖,字皓宗。天纪四年(280),晋军六路攻吴,大将王濬兵抵建业,孙皓遂出降,赐号归命侯。后死于洛阳。

②韦太傅弘嗣:即三国时吴韦曜。

【译文】

三国吴:归命侯孙皓,太傅韦曜。

晋:惠帝[①],刘司空琨,琨兄子兖州刺史演[②],张黄门孟阳,傅司隶咸[③],江洗马统[④],孙参军楚[⑤],左记室太冲,陆吴兴纳,纳兄子会稽内史俶[⑥],谢冠军安石,郭弘农璞,桓扬州温[⑦],杜舍人育,武康小山寺释法瑶[⑧],沛国夏侯恺[⑨],余姚虞洪，北地傅巽[⑩]，丹阳弘君举[⑪]，乐安任育长[⑫]，宣城秦精[⑬]，敦煌单道开[⑭]，剡县陈务妻[⑮]，广陵老姥[⑯]，河内山谦之[⑰]。

【注释】

①惠帝：晋惠帝司马衷(259—306)，字正度。晋武帝次子，低能，历史上以痴呆皇帝著称。在位后期，各皇族为争夺中央政权互相残杀，发生“八王之乱”，后被司马越毒死。

②琨兄子兖州刺史演：刘演(？—320)，字始仁，刘琨侄。西晋中山魏昌(今河北定州)人。初辟太尉掾，除尚书郎，袭父爵定襄侯。东海王越引为主簿。迁太子中庶子，出为阳平太守。奔刘琨，为魏郡太守。琨将讨石勒，任为行北中郎将、兖州刺史，镇廪丘(今山东郓城)。建兴四年(316)，石勒使石虎攻拔廪丘，遂奔段文鸯军，屯于厌次(今山东阳信)。后为石勒所破，被杀。

③傅司隶咸：傅咸(239—294)，字长虞。北地泥阳(今陕西耀县)人。武帝时，任尚书左丞等官。惠帝时，曾任司隶校尉等职，刚直有节概，为官清廉，奏免高官多人。能诗文，所作语多规戒，文采不足。

④江洗马统：江统(？—310)，字应元。陈留圉县(今河南杞县)人。袭父爵，除山阴令。元康年间为华阴令，迁中郎，转太子洗马。后为兖州别驾。累官至黄门侍郎、散骑常侍、领国子博士。

⑤孙参军楚：孙楚(约218—293)，字子荆。太原中都(今山西平遥)人。因性情傲岸，年四十余始参镇东军事，复参石苞骠骑军事，王骏聘为参军。历任梁县令、卫将军司马、冯翊太守等职。工诗能文。明人辑《孙冯翊集》传世。

⑥纳兄子会稽内史俶：陆俶，陆纳兄长的儿子，曾任会稽内史。

⑦桓扬州温：桓温(312—373)，字元子，一作符子。谯国龙亢(今安徽怀远)人。娶晋明帝南康长公主为妻。官至大司马，曾任荆州

刺史、扬州牧等职。

⑧武康：县名。西晋太康元年(280)改永康县置，治所在今浙江德清武康镇。小山寺：又称翠峰寺，建于晋太康三年(282)至南朝永初元年(420)间，其址在今德清县龙山乡漾口村后。曾是武康历史最早、规模最大的寺院，相传毁于元代。释法瑶：南朝宋时高僧，永嘉时南渡，驻吴兴武康小山寺十九年，元徽年间圆寂，年七十六。著有《涅槃》《法华》《大品》《胜鬘》等义疏。

⑨沛国夏侯恺：晋干宝《搜神记》："夏侯恺，字万仁，因病死。宗人儿苟奴素见鬼。见恺数归，欲取马，并病其妻，著平上帻，单衣，入坐生时西壁大床，就人觅茶饮。"沛国，今江苏沛县一带。

⑩北地傅巽：傅巽，字公悌。北地泥阳(今陕西耀县)人。建安中为东曹掾，拜尚书郎，赐爵关内侯。黄初中，官至侍中、尚书。著有《七诲》《槐树赋》《蚊赋》等。

⑪丹阳弘君举：晋人。《佩文韵府》引弘君举《食檄》："催厨人作茶饼，熬油煎葱，沥茶以绢。"丹阳，今属江苏镇江。

⑫乐安任育长：即晋人任瞻，名士，字育长。乐安(今山东博兴)人。历任谒者仆射、都尉、天门太守等职。

⑬宣城秦精：《续搜神记》中的人物。宣城，即今安徽宣城。

⑭敦煌单道开：东晋十六国时期僧人。据《高僧传》卷九等载，俗姓孟，敦煌(今属甘肃)人。少即怀栖隐之志，诵佛经四十余万言。后赵建武十二年(346)至邺都(今河北临漳)，时人传为仙侣，石虎资给甚丰。太宁元年(349)与弟子南渡，东晋升平三年(359)至江南建业(今江苏南京)。不久南下，入罗浮山结茅而居。后卒于山中。

⑮剡(shàn)县陈务妻：南朝时人刘敬叔《异苑》中的人物。剡县，即今浙江嵊州。

⑯广陵老姥：《广陵耆老传》中的人物。广陵，即今江苏扬州。

⑰河内山谦之(420—470):南朝宋河内郡(今河南沁阳)人。孝武帝初年官奉朝请,撰《宋书》。文帝元嘉中何承天草创《宋书》纪、传及《天文》《律历》二志,止于武帝时,所缺纪、传、志由其补续,未成而卒。另撰有《吴兴记》《丹阳记》等。

【译文】

晋朝:晋惠帝司马衷,司空刘琨,琨侄兖州刺史刘演,黄门侍郎张载,司隶校尉傅咸,太子洗马江统,参军孙楚,记室左思,吴兴陆纳,纳兄子会稽内史陆俶,冠军将军谢安,弘农太守郭璞,扬州牧桓温,中书舍人杜育,武康小山寺释法瑶,沛国夏侯恺,余姚虞洪,北地傅巽,丹阳弘君举,乐安任瞻,宣城秦精,敦煌单道开,剡县陈务妻,广陵老姥,河内山谦之。

后魏[1]:瑯琊王肃[2]。

【注释】

①后魏:即北魏(386—534)。是鲜卑族拓跋珪建立的政权,也是南北朝时期北朝第一个王朝。为别于此前的曹魏政权,因此别称为"后魏"或"北魏"。

②瑯琊王肃:瑯琊,亦作"琅邪"。王肃(464—501),字恭懿。北魏琅邪(今山东临沂)人。初仕南齐,为著作郎。永明十一年(493),因父奂为南朝齐武帝萧赜所杀,遂奔北魏。得孝文帝器重,受命改革旧俗,定朝仪国典,制官品百司,综合南北二系统之礼仪制度。后受遗诏为尚书令,与咸阳王元禧等同为宰辅。封昌国县开国侯。持节都督淮南诸军事、扬州刺史。景明二年(501),卒于寿春,追赠侍中、司空公,谥号宣简。

【译文】

后魏:瑯琊王肃。

宋[①]:新安王子鸾,鸾兄豫章王子尚[②],鲍照妹令晖[③],八公山沙门昙济[④]。

【注释】

①宋:即南朝宋(420—479)。东晋大将刘裕420年代晋称帝,国号宋,建都建康(今江苏南京)。南朝第一个朝代,479年为南齐所代。

②新安王子鸾,鸾兄豫章王子尚:皆为南朝宋武帝刘裕之子。子鸾为宋武帝第八子,封新安王;子尚为第二子,封豫章王。《茶经》底本此处称子尚为"鸾弟",据《宋书》记载,当是子尚为兄。《茶经》记述恐有误,据《宋书》改。

③鲍照妹令晖:鲍照(约414—466),字明远。东海(今山东苍山)人。家世寒微,少有文思。曾以诗为临川王刘义庆赏识,任国侍郎,后为始兴王刘濬侍郎。孝建中除海虞令,迁太子博士,兼中书舍人,出为秣陵令。大明中转永嘉令,后任临海王刘子顼前军参军,世称"鲍参军"。有《鲍参军集》。鲍令晖,鲍照之妹,南朝宋女诗人。活动时期在宋孝武帝大明末年前后。鲍照有《请假启》,其中讲到"实惟一妹,存没永诀,不获计见,封瘗泉壤",则鲍令晖似已于宋孝武帝末年去世。

④八公山:一名肥陵山。在今安徽寿县北,南滨东淝河,西、北面临淮河。东晋太元八年(383)淝水之战时,前秦苻坚登寿阳城(今安徽寿县)望八公山草木,以为晋兵,即此。沙门:梵语的音译。出家的佛教徒的总称。昙济:河东(今山西永济)人。十三岁出家,住寿阳八公山东山寺,善成实论。大明二年(458)奉诏入都,住中兴寺,时开讲筵,四众倾动。著有《六家七宗论》。

【译文】

南朝宋:新安王刘子鸾,刘子鸾的兄长豫章王刘子尚,鲍照的妹妹鲍令晖,八公山的僧人昙济。

齐[①]:世祖武帝[②]。

【注释】

①齐:即南朝齐(479—502),萧道成在479年取代刘宋所建立,国号齐,定都建康(今江苏南京),史称南齐,又称萧齐。502年被萧衍建立的梁取代。

②世祖武帝:即齐武帝萧赜(440—493)。字宣远,小名龙儿。南朝齐第二位皇帝,483—493年在位。卒谥武帝,庙号世祖。

【译文】

南朝齐:世祖武帝萧赜。

梁[①]:刘廷尉[②],陶先生弘景[③]。

【注释】

①梁:即南朝梁(502—557),萧衍于502年取代南齐而建立,又称萧梁,定都建康(今江苏南京)。557年被陈霸先建立的陈取代。

②刘廷尉:即刘孝绰(481—539),本名冉,小字阿士。彭城(今江苏徐州)人。七岁能文,十四岁代父草诏诰,号"神童"。梁天监初年(502),起家著作佐郎,迁太子舍人,兼尚书水部郎。后累官员外散骑常侍,兼廷尉卿。大同五年(539)卒于秘书监任上。梁元帝萧绎亲为撰《黄门侍郎刘孝绰墓志铭》。

③陶先生弘景:陶弘景(456—536),字通明。丹阳秣陵(今江苏南京)人。齐武帝永明十年(492),上表辞官,归隐于句容茅山,中山立馆,自号"华阳隐居"。梁武帝萧衍早年与他交游,及即帝位,经常向他咨询国家大事,时人因号为"山中宰相"。死后谥曰"贞白先生"。著有《神农本草经集注》《肘后百一方》等。

【译文】

南朝梁:廷尉刘孝绰,陶弘景。

皇朝[1]:徐英公勣[2]。

【注释】

①皇朝:指唐朝。

②徐英公勣:即李勣(594—669),本姓徐,名世勣,字懋功,曹州离狐(今山东东明)人。降唐后,李渊赐姓李,为避李世民讳,改单名勣,故称李勣。李世民即位后,拜并州(今山西太原)都督。贞观三年(629),与李靖西破突厥,改封英国公。

【译文】

唐朝:英国公徐勣。

《神农食经》[1]:茶茗久服,令人有力、悦志[2]。

【注释】

①《神农食经》:传说为炎帝神农所撰,实为西汉儒生托名神农氏所作,已佚。

②悦志:心情愉悦。

【译文】

《神农食经》记载:长期饮茶,可使人有气力、心情愉悦。

周公《尔雅》:槚,苦荼。

【译文】

周公《尔雅》记载:槚,就是苦荼。

《广雅》云[1]:荆巴间采叶作饼,叶老者,饼成,以米膏出之[2]。欲煮茗饮,先炙令赤色,捣末,置瓷器中,以汤浇覆之,用葱、姜、橘子芼之[3]。其饮醒酒,令人不眠。

【注释】

①《广雅》:三国魏张揖缉补《尔雅》的训诂学著作。因其所撰意在增广《尔雅》,因此名为《广雅》。隋代为避隋炀帝杨广讳,曾改名《博雅》。张揖,字稚让。清河(今属河北)人。魏明帝太和中为博士。他精通文字训诂,另著有《埤苍》《古今字诂》等书。

②米膏:米糊。

③芼(mào):杂,拌和。

【译文】

《广雅》记载:荆州、巴州一带采摘叶作茶饼,叶子老的,制作时要加些米糊才能制成。若要煮茶喝,先烤炙茶饼呈红色,再捣成末放入瓷器中,用沸水冲泡,再用葱、姜、橘子等搅拌。饮茶可以醒酒,也使人兴奋难以入睡。

《晏子春秋》[1]:婴相齐景公时[2],食脱粟之饭[3],炙三弋五卵[4],茗菜而已[5]。

【注释】

①《晏子春秋》:又名《晏子》。共八卷,包括内篇六卷、外篇两卷。书中反映了晏婴的生平事迹和他的政治、哲学思想。

②齐景公:春秋时齐国国君。姜姓,名杵臼,前547—前490年在位。

③脱粟:亦称"免粟"。仅脱去壳皮之粗米,亦泛指粗粮。

④三弋五卵:弋,禽类。卵,禽蛋。三、五为虚数词,几样。

⑤茗菜：有两种解释。一种认为晏婴所食应为苔菜，亦称蜀芹、楚葵、水蓟菜等。生于阴崖湖泽近水处，状似赤芍药，叶绿，背紫，茎、叶、实均类荞麦，江淮间采以为食。一种认为古人以茶为菜，因而得名。此处形容晏婴生活俭朴。章炳麟《俞先生传》："衣不过大布，进禨不过茗菜。"

【译文】

《晏子春秋》记载：晏婴任齐景公的国相时，吃的是粗粮，三五样烧烤的禽鸟禽蛋，茗菜而已。

司马相如《凡将篇》[①]：乌喙[②]，桔梗[③]，芫华[④]，款冬[⑤]，贝母[⑥]，木蘖[⑦]，蒌[⑧]，芩草[⑨]，芍药[⑩]，桂[⑪]，漏芦[⑫]，蜚廉[⑬]，雚菌[⑭]，荈诧[⑮]，白敛[⑯]，白芷[⑰]，菖蒲[⑱]，芒消[⑲]，莞椒[⑳]，茱萸。

【注释】

①《凡将篇》：字书。汉司马相如作，以三字或七字为一句。《隋书·经籍志》作一卷。已佚。

②乌喙（huì）：中药附子的别称，以其块茎形似乌之嘴而得名。喙，鸟兽等的嘴。

③桔梗：多年生草本植物，叶子卵形或卵状披针形，花暗蓝或暗紫色。根可入药，有宣肺、祛痰、排脓等功用。

④芫（yuán）华：落叶灌木。叶小椭圆形，花小色紫，可供观赏。花蕾含芫花素，可供药用。

⑤款冬：多年生草本植物。严冬开花。叶似葵而大，花黄色，可入药。

⑥贝母：多年生草本植物。叶子长形，似韭，花黄绿色，下垂像钟。鳞茎入药有止咳祛痰等作用。

⑦木蘖（bò）：亦作黄柏、黄蘖。落叶乔木。木材坚硬，茎可制黄色

染料。树皮可入药，有清热、解毒等作用。

⑧蒌(lóu)：蒌菜。蔓生有节，味辛而香。

⑨芩(qín)草：古书上指芦苇一类多年生草本植物。根黄色，中医入药，有清热祛湿等作用。

⑩芍药：多年生草本。根药用，有活血散瘀、凉血止痛等效。

⑪桂：常绿乔木。树皮可做健胃剂，又可调味。

⑫漏芦：又名野兰、鬼油麻、狼头花。多年生草本植物。根及根状茎入药，有清热、解毒、排脓、消肿和通乳的功效。

⑬蜚廉：即飞廉。二年或多年生草本植物。性平，味微苦。可散瘀止血，清热利湿。

⑭雚(huán)菌：一种菌类植物，可入药。明李时珍《本草纲目·菜之五·雚菌》(集解)引苏恭曰："雚菌今出渤海芦苇泽中碱卤地，自然有此菌尔，非鹳屎所化生也。其菌色白轻虚，表里相似，与众菌不同。疗蛔有效。"

⑮荈诧：均为古茶字。"诧"字使用早于"茶"，指粗制之茶。

⑯白敛：即白蔹。攀缘藤本，块根纺锤形。块根入药，主治痈肿等症。

⑰白芷：香草名。根入药，有镇痛作用，古以其叶为香料。

⑱菖蒲：多年生水生草本，有香气。全草为提取芳香油、淀粉和纤维的原料。根茎亦可入药。民间在端午节常用来和艾叶扎束，挂在门前。

⑲芒消：亦作"芒硝"。即硫酸钠。多产于含盐卤的湖泽地带。工业上用于制造玻璃、苏打等。中医学上称为"朴消"，用于治疗肠胃实热积滞、大便燥结、痰热壅积等症。

⑳莞(guān)椒：吴觉农主编《茶经述评》推测为"华椒"之误。华椒，即花椒。在宋代，有以椒入茶煎饮的。

【译文】

司马相如《凡将篇》在药物类记载：乌喙，桔梗，芫华，款冬，贝母，木蘖，蒌，芩草，芍药，桂，漏芦，蜚廉，雚菌，荈诧，白敛，白芷，菖蒲，芒消，莞椒，茱萸。

《方言》[①]：蜀西南人谓茶曰蔎。

【注释】

①《方言》：全称《辅轩使者绝代语释别国方言》，汉扬雄撰。该书仿照《尔雅》体例，汇集古今各地同义词语，并注明通行范围，可供方言对照，是研究我国古代词汇的珍贵典籍。

【译文】

扬雄《方言》记载：蜀地西南人称茶为蔎。

《吴志·韦曜传》[①]：孙皓每飨宴[②]，坐席无不率以七胜为限[③]，虽不尽入口，皆浇灌取尽。曜饮酒不过二升，皓初礼异，密赐茶荈以代酒。

【注释】

①《吴志》：此指西晋陈寿所撰《三国志》中的《吴书》部分，共二十卷。

②飨(xiǎng)宴：宴饮。

③胜：通“升”。

【译文】

《三国志·吴书·韦曜传》记载：孙皓每次宴饮，座中的人都要至少饮酒七升，即使不能全喝下去，也都要把酒全倒进嘴里，表示喝完。韦曜酒量不超过二升，孙皓当初很照顾他，暗地里赐茶以代替酒。

《晋中兴书》[①]:陆纳为吴兴太守时,卫将军谢安尝欲诣纳,《晋书》云[②]:纳为吏部尚书。纳兄子俶怪纳无所备,不敢问之,乃私蓄十数人馔。安既至,所设唯茶果而已。俶遂陈盛馔[③],珍羞必具[④]。及安去,纳杖俶四十,云:"汝既不能光益叔父[⑤],奈何秽吾素业[⑥]?"

【注释】

①《晋中兴书》:南朝宋郗绍撰。纪传体,记东晋一代史事。久佚。清黄奭、汤球、王仁俊及近人陶栋都有辑本传世。郗绍,高平(今属山东)人。《南史·徐广传》:"时有高平郗绍亦作《晋中兴书》,数以示何法盛。法盛有意图之,谓绍曰:'卿名位贵达,不复俟此延誉。我寒士,无闻于时,如袁宏、干宝之徒,赖有著述,流声于后,宜以为惠。'绍不与。至书成,在斋内厨中。法盛诣绍,绍不在,直入窃书。绍还失之,无复兼本,于是遂行何书。"何法盛据郗绍本,撰成《晋中兴书》七十八卷(一作八十卷)。

②《晋书》:一百三十卷,唐房玄龄等二十余人奉敕编撰。记事上起西晋武帝泰始元年(265),下迄东晋恭帝元熙二年(420),共一百五十六年的历史。房玄龄(579—648),一说名乔。齐州临淄(今属山东)人。任秦王李世民王府记室,协助筹谋统一,官至尚书左仆射,监修国史,后封为梁国公。

③盛馔(zhuàn):丰盛的饭食。

④珍羞:亦作"珍馐"。珍美的肴馔。

⑤光益:增光。

⑥素业:清白的操守。

【译文】

《晋中兴书》记载:陆纳任吴兴太守时,卫将军谢安曾想拜访陆纳,

《晋书》记载:陆纳为吏部尚书。陆纳的侄子陆俶奇怪陆纳什么也没准备,但又不敢问他,便私自准备了十多人的饭食。谢安来后,陆纳仅仅摆出茶和果品招待而已。陆俶于是摆上丰盛的饭食,各种珍美的肴馔都有。等到谢安走后,陆纳打了陆俶四十棍,说:"你既不能为你叔父我增加光彩,为什么还要玷污我清白的操守呢?"

《晋书》:桓温为扬州牧,性俭,每宴饮,唯下七奠柈茶果而已[①]。

【注释】

①下:摆出。奠:同"饤(dìng)"。指盛食物盘碗的量词。柈:同"盘"。

【译文】

《晋书》记载:桓温任扬州牧时,性好节俭,每次请客宴饮,只摆出七盘茶与果品而已。

《搜神记》[①]:夏侯恺因疾死。宗人字苟奴察见鬼神[②],见恺来收马,并病其妻。著平上帻、单衣[③],入坐生时西壁大床,就人觅茶饮。

【注释】

①《搜神记》:又称《搜神录》《搜神异记》《搜神传记》等,二十卷,晋干宝撰。《搜神记》计大小故事四百五十四条。所记多为神怪灵异,但也保存了一些优秀的神话传说和民间故事。干宝(?—336),字令升。新蔡(今属河南)人。元帝时任佐著作郎、领国史,因家贫求为山阴令,后迁为始安太守、散骑常侍。另著有《晋纪》二十卷。

②宗人：同族之人。

③平上帻(zé)：亦称“平巾帻”。魏晋以来武官所戴的一种平顶头巾。至隋，侍臣及武官通服之。

【译文】

《搜神记》记载：夏侯恺因病去世。同族之人苟奴能够看见鬼神，他看见夏侯恺来取马匹，并使他的妻子也染上病。苟奴看见他头戴平顶头巾，穿单衣，进屋坐在生前常坐的靠西墙的大床上，并向人讨茶喝。

刘琨《与兄子南兖州刺史演书》云[①]：前得安州干姜一斤[②]，桂一斤，黄芩一斤[③]，皆所须也。吾体中愦闷[④]，常仰真茶，汝可置之。

【注释】

①南兖州：东晋元帝侨立兖州于京口(今江苏镇江)。南朝宋永初元年(420)改名南兖州。元嘉八年(431)移治广陵县(今江苏扬州)。

②安州：古地名，今湖北安陆。唐李泰《括地志》云：“安州，安陆县城，本春秋时郧国城。”

③黄芩(qín)：多年生草本植物。根黄色，中医用做清凉解热剂。

④愦(kuì)闷：烦闷。

【译文】

刘琨《与兄子南兖州刺史演书》写道：日前收到你寄的安州干姜一斤，桂一斤，黄芩一斤，都是我所需要的。我心中烦闷时，常常依赖好茶来提神解闷，你可以为我多置办一些。

傅咸《司隶教》曰[①]：闻南方有以困蜀妪作茶粥卖[②]，为廉事打破其器具[3]，又卖饼于市。而禁茶粥以困蜀姥，何哉？

【注释】

①《司隶教》：司隶校尉的指令。司隶校尉为职掌律令、举察京师百官的官职。教，古时上级对下级的一种文书名称，犹如近代的指令。

②妪(yù)：老妇人。茶粥：烧煮的浓茶。因其表皮呈稀粥之状，故称。

③廉事：不详，应为某级官吏。

【译文】

傅咸《司隶教》记载：听说南方有蜀地老妇人煮了茶粥售卖，廉事把她的器皿打破了，后来她又在市中卖饼。禁止卖茶粥而使蜀地老妇人陷入困境，这是为什么呢？

《神异记》[1]：余姚人虞洪，入山采茗，遇一道士，牵三青牛，引洪至瀑布山，曰："予，丹丘子也。闻子善具饮，常思见惠[2]。山中有大茗，可以相给。祈子他日有瓯牺之余，乞相遗也。"因立奠祀。后常令家人入山，获大茗焉。

【注释】

①《神异记》：志怪小说集，所记皆神怪物异之事，西晋王浮著。王浮，曾为道士，后为祭酒。尝与沙门帛远相抗论，屡屈，遂作《老子化胡经》，诬谤佛法。

②惠：恩惠。

【译文】

《神异记》记载：余姚人虞洪进山采茶，遇见一道士，牵着三头青牛，他引虞洪到瀑布山，说："我是丹丘子。听说你善于煮茶喝，我常想得到你的恩惠。山中有大茶树，可以供你采摘。希望你以后把杯杓中喝剩的茶送我点儿喝。"虞洪于是立祠祭祀道士。后来他常叫家人进山，果然找到大茶树。

左思《娇女诗》[①]：吾家有娇女，皎皎颇白皙。小字为纨素[②]，口齿自清历[③]。有姊字蕙芳，眉目粲如画。驰骛翔园林[④]，果下皆生摘。贪华风雨中，倏忽数百适[⑤]。心为茶荈剧，吹嘘对鼎䥶[⑥]。

【注释】

①左思《娇女诗》：据《贵人左棻墓志》："兄思，字泰冲，兄子髦，字英髦，兄女芳字惠芳，兄女媛字纨素。"在《娇女诗》中，左思描写了惠芳、纨素顽皮可爱的形象。原诗五十六句，此处所引仅原诗十二句，且与原诗在次序、用字上颇有不同处。

②小字：小名，乳名。

③清历：分明，清楚。

④驰骛(wù)：奔走。

⑤倏忽：顷刻。指极短的时间。适：往。

⑥䥶(lì)：或作"鬲"，一种与鼎同类的烹饪器。

【译文】

西晋左思《娇女诗》云：我家有娇女，长得很白净。妹妹小名叫纨素，口齿很伶俐。姐姐叫蕙芳，眉目美如画。奔跑园林中，果子未熟就摘下。爱花风雨中，跑出跑进上百次。看见煮茶心高兴，对着茶炉猛吹气。

张孟阳《登成都楼诗》云[1]：借问扬子舍[2]，想见长卿庐[3]。程卓累千金[4]，骄侈拟五侯[5]。门有连骑客[6]，翠带腰吴钩[7]。鼎食随时进[8]，百和妙且殊[9]。披林采秋橘[10]，临江钓春鱼。黑子过龙醢[11]，果馔逾蟹蝑[12]。芳茶冠六清[13]，溢味播九区[14]。人生苟安乐，兹土聊可娱[15]。

【注释】

①张孟阳《登成都楼诗》：又作《登成都白菟楼诗》，西晋张载作。此处引诗为该诗的后半部分。

②扬子舍：即扬雄在成都的住宅草玄堂。

③长卿庐：即司马相如娶卓文君后回到成都居住的地方。

④程卓：西汉程郑和卓王孙两家迁徙蜀郡临邛以后，因冶铸而成巨富。

⑤五侯：即公、侯、伯、子、男五等诸侯，亦指同时封侯的五人。后泛指权贵豪门。《汉书·元后传》："(汉成帝)封舅谭为平阿侯、商成都侯、立红阳侯、根曲阳侯、逢时高平侯。"五人同日封，故世谓"五侯"。

⑥门有连骑客：形容门前熙熙攘攘，且往来皆权贵。

⑦翠带：镶着翠玉的腰带。吴钩：春秋吴人善铸钩，故称。后也泛指利剑。晋左思《吴都赋》："军容蓄用，器械兼储；吴钩越棘，纯钧湛卢。"

⑧鼎食：列鼎而食，形容富贵人家豪华奢侈的生活。

⑨百和：形容烹调的佳肴多种多样。和，烹调。

⑩披林：此谓分开林木。

⑪黑子：不详。龙醢(hǎi)：用龙肉做成的肉酱。此指极美的食品。醢，用肉、鱼等制成的酱。

⑫蟹蝑(xū):蟹酱。

⑬六清:即六饮。《周礼·天官冢宰·膳夫》:"凡王之馈……饮用六清。"郑玄注:"六清,水、浆、醴、醇、医、酏。"孙诒让正义:"此即《浆人》之'六饮'也。"后用以泛指饮料。

⑭九区:九州。《尚书·禹贡》作冀、兖、青、徐、扬、荆、豫、梁、雍;《尔雅·释地》有幽、营州而无青、梁州;《周礼·夏官·职方》有幽、并州而无徐、梁州。后以"九州"泛指天下,全中国。

⑮兹土:此土。

【译文】

张载《登成都楼诗》大意说:请问当年扬雄的屋舍在何处?司马相如的故居又是哪般模样?昔日程郑、卓王孙两大豪门巨富,骄奢淫逸,可比王侯之家。他们的门前经常是车水马龙贵客盈门,宝剑佩挂在镶着翠玉的腰带上。家中列鼎而食,佳肴种类繁多精妙无双。秋天走进林中采摘柑橘,春天在江边把竿垂钓。黑子的美味胜过龙肉酱,瓜果做的菜肴鲜美胜过蟹酱。清香的茶在各种饮料中可称第一,它那美味在天下享有盛名。如果人生只是苟且地寻求安乐,那这块乐土还是可以供人们尽情享乐的。

傅巽《七诲》[①]:蒲桃宛柰[②],齐柿燕栗,峘阳黄梨[③],巫山朱橘[④],南中茶子[⑤],西极石蜜[⑥]。

【注释】

①《七诲》:七,文体名,或称"七体",为赋体的另一种形式。源于西汉枚乘的《七发》。

②蒲桃宛柰(nài):蒲地所产的桃和宛地所产的柰。蒲,今山西永济。宛,今河南南阳。柰,柰子,亦称"花红""沙果"。

③峘(héng)阳:峘,同"恒"。恒阳,一为恒山之南,二为今河北曲阳。

④朱橘：橘子。橘成熟后常呈红色，故称。

⑤南中：指川南和云贵一带。

⑥西极：西边的尽头。谓西方极远之处。此指长安以西的疆域。石蜜：一指用甘蔗炼成的糖。明李时珍《本草纲目·果之五·石蜜》："石蜜，即白沙糖也。凝结作饼块如石者为石蜜。"二为野蜂在岩石间所酿的蜜。《本草纲目·虫之一·蜂蜜》(集解)引陶弘景曰："石蜜即崖蜜也，在高山岩石间作之，色青，味小酸，食之心烦，其蜂黑色似虻。"

【译文】

傅巽《七诲》记载：蒲地的桃子，宛地的柰子，齐地的柿子，燕地的板栗，恒阳的黄梨，巫山的橘子，南中的茶子，西极的石蜜。

弘君举《食檄》：寒温既毕[①]，应下霜华之茗[②]。三爵而终[③]，应下诸蔗、木瓜、元李、杨梅、五味、橄榄、悬豹、葵羹各一杯[④]。

【注释】

①寒温：指问候冷暖起居。

②霜华之茗：指漂浮着白色茶沫的上等茶汤。

③三爵：三杯酒。爵，雀形酒杯。

④诸蔗：甘蔗。木瓜：落叶灌木或小乔木。叶椭圆，花分红白，果实亦称为木瓜，呈椭圆形。性温，色黄，气香，可食，亦可供药用。元李：可能是李的一种。杨梅：常绿乔木。核果球形，表面有粒状突起，味酸甜，可食。五味：即五味子。有南五味和北五味之分。南产者色红，北产者色黑。以果实入药，主治肺虚咳喘、盗汗、遗精等。橄榄：果树名。亦以称其果实。常绿乔木。果实呈椭圆形，又名青果，可食，味略苦涩而又芳香，亦可入药。悬豹：

不详。吴觉农《茶经述评》以为似为“悬钩”，形近之误。悬钩，山莓的别名。明李时珍《本草纲目·草之七·悬钩子》(释名)引陈藏器曰:“茎上有刺如悬钩，故名。”葵羹:冬葵做的羹汤。冬葵，一二年生草本，茎叶可食用，也可入药，能清热利湿。

【译文】

弘君举《食檄》记载:见面嘘寒问暖之后，应该先献上漂浮着白色茶沫的上等茶汤。客人饮三杯之后，应该再陈上甘蔗、木瓜、元李、杨梅、五味、橄榄、悬钩、葵羹各一杯。

孙楚《歌》①:茱萸出芳树颠②，鲤鱼出洛水泉③。白盐出河东④，美豉出鲁渊⑤。姜、桂、茶荈出巴蜀，椒、橘、木兰出高山。蓼苏出沟渠⑥，精稗出中田⑦。

【注释】

①《歌》:《太平御览》卷八六七引作《出歌》。

②芳树:泛指佳木、花木。

③洛水:古水名。即今河南洛河。

④河东:晋河东郡，属司州。境内的解州(今山西运城西南)、安邑(今山西运城东北)以产池盐著名。

⑤美豉(chǐ):上等的豆豉。鲁渊:指鲁地的湖泽。

⑥蓼(liǎo):蓼属植物的泛称。一年生或多年生草本植物，花小，白色或浅红色，生长在水边或水中。叶味辛，可用以调味。苏:即紫苏，又名桂荏。一年生草本植物，茎方形，花淡紫色，种子可榨油，嫩叶可以吃，叶、茎和种子均可入药。

⑦精稗(bài):亦称“精粺”。精米。

【译文】

孙楚《歌》记载:茱萸出在佳木顶，鲤鱼产在洛水泉。白盐出产河东郡，美豉出于鲁地的湖泽。姜、桂、茶出产在巴蜀，椒、橘、木兰出产在高山。蓼苏长在沟渠里，精米产于稻田中。

华佗《食论》[①]：苦茶久食，益意思。

【注释】

①华佗(约 141—208)：一名旉，字元化。沛国谯(今安徽亳州)人。东汉末著名医学家。幼好学，不求仕，潜心研究医术，精通内、外、儿、妇产、皮肤、针灸各科，最长于外科，能作腹部开刀与缝合手术，发明麻醉剂“麻沸散”用来减轻病人的痛苦，创制“五禽戏”以增强体质。

【译文】

华佗《食论》记载：长期饮用苦茶，有益于提高思维能力。

壶居士《食忌》[①]：苦茶久食，羽化[②]。与韭同食，令人体重。

【注释】

①壶居士：一说为壶公。传说中的仙人。北魏郦道元《水经注·汝水》：“昔费长房为市吏，见王壶公悬壶郡市，长房从之，因而自远同入此壶，隐沦仙路。”

②羽化：道家指飞升成仙。

【译文】

壶居士《食忌》记载：长期饮用苦茶，能使人有飘飘欲仙的感觉。茶与韭菜同时食用，会使人增加体重。

郭璞《尔雅注》云：树小似栀子[①]，冬生叶可煮羹饮。今呼早取为荼，晚取为茗，或一曰荈，蜀人名之苦荼。

【注释】

①栀子：常绿灌木或小乔木。春夏开白花，香气浓烈，可供观赏。夏秋结果实，生青熟黄，可做黄色染料。也可入药，性寒味苦，为解热消炎剂。

【译文】

郭璞《尔雅注》记载：茶树矮小像栀子，冬季叶不凋零，所生叶可以煮成羹汤饮用。如今把早采摘的称为荼，晚采摘的称为茗，或称为荈，蜀地的人称为苦荼。

《世说》[①]：任瞻，字育长。少时有令名[②]，自过江失志[③]。既下饮，问人云："此为荼？为茗？"觉人有怪色，乃自分明云："向问饮为热为冷。"

【注释】

①《世说》：即《世说新语》，八卷，南朝宋刘义庆集门下文士采集前人著述而成。书中记载东汉至东晋许多人物的言行、轶事，极具史料及文学价值。刘义庆（403—444），字季伯。彭城（今江苏徐州）人。刘宋宗室，袭封临川王，曾任荆州、江州及南兖州刺史等职，另著有《徐州先贤传》《幽明录》等。

②令名：美好的声誉。

③过江：西晋被前赵刘聪灭掉后，晋皇室南渡长江，定都建康，史称东晋。西晋旧臣多渡过长江投靠东晋，任瞻也随之投靠，称为过江。失志：恍恍惚惚，失去神智。

【译文】

《世说新语》记载：任瞻，字育长。年少时有美好的声誉，自过江之后便神志不清。有一次饮茶时，他问人说："这是茶？还是茗？"感觉到旁人有不解的表情，便自己辩解说："刚才是问茶是热的还是凉的。"

《续搜神记》[①]：晋武帝世[②]，宣城人秦精，常入武昌山采茗[③]。遇一毛人，长丈余，引精至山下，示以丛茗而去。俄而复还，乃探怀中橘以遗精。精怖，负茗而归。

【注释】

①《续搜神记》：古志怪小说集，又称《搜神后记》《搜神续记》《搜神录》，十卷，旧题东晋陶潜撰。然书中多陶潜死后事，疑为伪托。

②晋武帝：即司马炎（236—290），晋朝开国皇帝。咸熙二年（265）袭父爵晋王，数月后逼迫魏元帝曹奂禅位给自己，国号晋，建都洛阳，改元泰始。咸宁五年（279），司马炎命杜预、王濬等人分兵伐吴，于次年灭吴，统一全国。太熙元年（290）病逝，谥号武皇帝，庙号世祖，史称晋武帝。

③武昌山：在今湖北鄂州南。相传三国吴孙权都鄂，欲以武而昌，因以为名。

【译文】

《续搜神记》记载：晋武帝时，宣城人秦精，常去武昌山采茶。一次遇见一个毛人，一丈多高，引秦精到山下，把一丛丛茶树指给他看后才离开。过了一会儿又回来，从怀中掏出橘子送给秦精。秦精很害怕，背了茶就回去了。

《晋四王起事》[①]：惠帝蒙尘还洛阳[②]，黄门以瓦盂盛茶上至尊[3]。

【注释】

①《晋四王起事》:四卷,晋卢綝撰。该书主要记述晋惠帝征成都王司马颖而军败荡阴之事。卢綝,范阳涿县(今河北涿州)人。官至尚书郎。

②惠帝蒙尘:西晋惠帝时,发生“八王之乱”。永宁元年(301),赵王司马伦篡位,迁惠帝于金墉城(今河南洛阳东)。光熙元年(306),惠帝才回到洛阳,不久被毒死。蒙尘,古时指皇帝被驱逐出宫廷,在外流亡。

③黄门:宦官,太监。因东汉黄门令、中黄门诸官皆为宦官充任,故称。至尊:此指晋惠帝。

【译文】

《晋四王起事》记载:晋朝八王之乱时,惠帝在外面流亡回到洛阳,宦官用陶碗盛了茶汤献给惠帝喝。

《异苑》[1]:剡县陈务妻,少与二子寡居,好饮茶茗。以宅中有古冢,每饮,辄先祀之。二子患之,曰:“古冢何知?徒以劳意!”欲掘去之,母苦禁而止。其夜,梦一人云:“吾止此冢三百余年,卿二子恒欲见毁,赖相保护,又享吾佳茗,虽潜壤朽骨[2],岂忘翳桑之报[3]!”及晓,于庭中获钱十万,似久埋者,但贯新耳。母告二子,惭之。从是祷馈愈甚。

【注释】

①《异苑》:志怪小说集,十卷,南朝宋刘敬叔撰。《异苑》书名仿刘向《说苑》,即异事之苑。书中搜罗异事力求广泛,却以晋代异事

为大宗。刘敬叔(390—470),彭城(今江苏徐州)人。东晋时起家中兵参军,安帝义熙(405—418)中,曾为刘毅郎中令,又为刘道怜骠骑参军。宋文帝元嘉初,为给事黄门侍郎。

②潜壤:地下,深土。

③翳(yì)桑之报:翳桑,古地名。春秋时晋赵盾曾在翳桑救了将要饿死的灵辄,后来晋灵公欲杀赵盾,灵辄扑杀恶犬,救出赵盾。后世称此事为"翳桑之报"。

【译文】

《异苑》记载:剡县陈务的妻子,年轻时带着两个儿子守寡,她喜欢饮茶。因为宅院里有一座古墓,每次饮茶总先奉祭。两个儿子感到厌烦,说:"古墓能知道什么?白白浪费心力而已!"想把古墓挖掉,经母亲苦苦劝说才作罢。这天夜里,陈务的妻子梦见一人说:"我住在这墓里三百多年了,你的两个儿子总想毁平它,全靠你的保护,又拿好茶供我享用,我虽然是深埋地下的枯骨,但怎么能忘恩而不回报呢?"等到天亮,在院子里得到了十万铜钱,像是埋了很长时间的,但穿钱的绳子是新的。母亲把这件事告诉两个儿子,他们都很惭愧。从此更加虔诚地向古墓祭祷。

《广陵耆老传》①:晋元帝时有老姥②,每旦独提一器茗,往市鬻之③,市人竞买。自旦至夕,其器不减。所得钱散路傍孤贫乞人,人或异之。州法曹絷之狱中④。至夜,老姥执所鬻茗器,从狱牖中飞出⑤。

【注释】

①《广陵耆老传》:作者及年代不详。当是记载广陵一地人物故实的书。

②晋元帝：即司马睿（276—323），字景文。西晋灭亡后，在王导等人拥立下即帝位，定都建康（今江苏南京），改元建武，自此史称东晋。

③鬻（yù）：卖。

④法曹：古代司法官署。亦指掌司法的官吏。絷（zhí）：拘禁，束缚。

⑤牖（yǒu）：窗户。

【译文】

《广陵耆老传》记载：晋元帝时有一老妇人，每天早晨独自提一器皿茶到集市上去卖，集市上的人竞相购买。从早到晚，那器皿中的茶也不减少。她把卖茶得的钱都分给路旁孤苦贫寒的人和乞丐，人们对她的行为感到奇怪。州中掌司法的官吏把她捆起来，关进监狱。到了夜里，老妇人手提卖茶的器皿，从监狱窗户中飞了出去。

《艺术传》[①]：敦煌人单道开，不畏寒暑，常服小石子。所服药有松、桂、蜜之气，所饮茶苏而已[②]。

【注释】

①《艺术传》：指房玄龄《晋书·艺术列传》。陆羽引文不是照录全文，在文字上略有出入。

②茶苏：用茶和紫苏做成的饮料。

【译文】

《晋书·艺术列传》记载：敦煌人单道开，不怕严寒和酷暑，经常服食小石子。所服的药有松、桂、蜜的香气，饮用的只是茶和紫苏做成的饮料罢了。

释道说《续名僧传》[①]：宋释法瑶，姓杨氏，河东人。元嘉中过江[②]，遇沈台真[③]，请真君武康小山寺[④]。年垂悬车[⑤]，饭所饮茶。大明中[⑥]，敕吴兴礼致上京[⑦]，年七十九。

【注释】

①释道说《续名僧传》：南朝梁僧宝唱曾撰《名僧传》，三十一卷，记梁以前历代名僧。《续名僧传》当为后人续宝唱之书。释道说，疑为“释道悦”之讹，道悦是隋末唐初的著名僧人。

②元嘉：南朝宋文帝年号（424—453）。

③沈台真：即沈演之（397—449），字台真。南朝宋吴兴武康（今浙江德清）人。家世为将。举秀才，为嘉兴令，有能名。元嘉十七年（440），为右卫将军。文帝命与左卫将军范晔共掌禁旅，同参机密，加侍中。后告发晔等谋反，又赞同文帝伐林邑（今越南中南部），为帝所信重，历任吏部尚书，领太子右卫率。

④武康小山寺：在今浙江德清。

⑤年垂悬车：汉班固《白虎通·致仕》：“臣年七十，悬车致仕者，臣以执事趋走为职，七十阳道极，耳目不聪明，跂踦之属，是以退老去，避贤者路，所以长廉远耻也。悬车，示不用也。致仕者，致其事于君。”古时以年七十告老还乡，居家悬车。此处指释法瑶的年龄。

⑥大明：南朝宋孝武帝年号（457—464）。

⑦上京：古代对国都的通称。

【译文】

释道悦《续名僧传》记载：南朝宋僧法瑶，本姓杨，河东人。元嘉年间过江，遇见了沈演之，请沈演之到武康小山寺。那时法瑶已年近七十，常以茶代饭。大明年间，皇上下诏让吴兴官吏隆重地把他送到京城，那时他七十九岁。

宋《江氏家传》[1]：江统，字应元，迁愍怀太子洗马[2]，尝上疏，谏云："今西园卖醯、面、蓝子、菜、茶之属[3]，亏败国体[4]。"

【注释】

①《江氏家传》：已佚。《隋书·经籍志》称七卷，江祚等撰；《旧唐书·经籍志》称七卷，江统撰；《新唐书·艺文志》称七卷，江饶撰。

②愍(mǐn)怀太子：即司马遹(278—300)，字熙祖，小字沙门。惠帝子，生前被立为太子，为贾后所杀。谥号"愍怀"。洗马：古代官名，即太子洗马。秦始置。汉时亦作"先马"。秦汉时为太子的侍从官，出行时为前导，故名。

③醯(xī)：醋。

④国体：国家或朝廷的体统、体面。

【译文】

宋《江氏家传》记载：江统，字应元，升任愍怀太子洗马，曾经上疏，谏道："现在西园卖醋、面、蓝子、菜、茶之类，有损朝廷体统。"

《宋录》[1]：新安王子鸾、豫章王子尚诣昙济道人于八公山[2]。道人设茶茗，子尚味之，曰："此甘露也，何言茶茗？"

【注释】

①《宋录》：《隋书·经籍志》未著录，《隋书·经籍志》著录有梁谢绰撰《宋拾遗》十卷，《旧唐书·经籍志》作《宋拾遗录》，未知是否即此书。

②昙济道人：晋宋之际的著名佛教徒。著有《六家七宗论》，对两晋时期佛教般若各学派均有评述。昙济曾在八公山东山寺住了很

长时间。道人，泛指学道、修道之人。

【译文】

《宋录》记载：新安王刘子鸾、豫章王刘子尚到八公山拜访昙济道人。昙济道人设茶招待他们，刘子尚品尝后说："这是甘露，怎么能说是茶呢？"

王微《杂诗》[①]：寂寂掩高阁，寥寥空广厦。待君竟不归，收领今就槚[②]。

【注释】

①王微（415—443）：字景玄，琅邪临沂（今属山东）人。少好学，善属文。工书画，兼解音律、医方、卜筮、数术之学。屡征不起。著有《文集》与《叙画》五篇。此处引诗为节录。

②收领：疑为"收颜"之误。就槚：有两种解释，一说去饮茶，一说去死。槚，楸树。因楸树常和松、柏一起种在坟墓前，故可代坟墓。此处取饮茶意。

【译文】

王微《杂诗》写道：静悄悄掩上高阁的门，冷清清的大厦空荡荡。久久等待随军的丈夫却迟迟不回来，只得强收泪颜孤独地去饮茶度日。

鲍照妹令晖著《香茗赋》。

【译文】

鲍照的妹妹鲍令晖写了篇《香茗赋》。

南齐世祖武皇帝遗诏[①]：我灵座上慎勿以牲为祭[②]，但设饼果、茶饮、干饭、酒脯而已[③]。

【注释】

①南齐世祖武皇帝遗诏:《南史·齐本纪》是如此记载的:"灵上慎勿以牲为祭。祭惟设饼、茶饮、干饭、酒脯而已。"文字与此略有不同。遗诏,皇帝临终时所发的诏书。

②灵座:即灵位。指新丧既葬,供神主的几筵。

③酒脯:酒和干肉。后亦泛指酒肴。《周礼·秋官司寇·司盟》:"既盟,则为司盟共祈酒脯。"

【译文】

南齐世祖武皇帝的遗诏中称:我的灵位上切记不要杀牲作祭品,只须摆上饼果、茶饮、干饭、酒脯就可以了。

梁刘孝绰《谢晋安王饷米等启》[①]:传诏李孟孙宣教旨[②],垂赐米、酒、瓜、笋、菹、脯、酢、茗八种[③]。气苾新城,味芳云松[④];江潭抽节,迈昌荇之珍[⑤];疆埸擢翘,越葺精之美[⑥]。羞非纯束野麐,裛似雪之驴[⑦];鲊异陶瓶河鲤[⑧],操如琼之粲[⑨]。茗同食粲,酢类望柑[⑩]。免千里宿舂,省三月种聚[⑪]。小人怀惠[⑫],大懿难忘[⑬]。

【注释】

①刘孝绰(481—539):彭城(今江苏徐州)人。初为著作佐郎,后为秘书监。明人辑有《刘秘书集》。晋安王:即梁简文帝萧纲(503—551),字世缵,南兰陵(今江苏常州)人。梁武帝萧衍第三子。天监五年(506)受封为晋安王,中大通三年(531)被立为皇太子。太清三年(549),侯景作乱,梁武帝被囚饿死,萧纲即位。

大宝二年(551)为侯景所害。著有《昭明太子传》《礼大义》《老子义》《庄子义》等。饷:馈赠。

②传诏:传达诏命的官员。教旨:上对下的告谕。

③垂赐:上对下的给予。菹(zū):酸菜,腌菜。酢(cù):同“醋”。

④气苾(bì)新城,味芳云松:米气味芳香,像新城米一样;酒芳香四溢,犹如松树高入云霄。苾,芳香。新城,今浙江富阳。

⑤江潭抽节,迈昌荇(xìng)之珍:此句形容笋、菹两种食物味美超过菖荇。江潭,江边。昌,通“菖”。即菖蒲。多年生水生草本,有香气。全草为提取芳香油、淀粉和纤维的原料。根茎亦可入药。荇,荇菜。多年生水生草本,嫩茎可食,全草入药。

⑥疆埸(yì)擢翘,越葺精之美:从田园里采摘最好的农作物,加倍的美味。疆埸,田边地界。大的叫疆,小的叫埸。擢,选拔,挑选。翘,出众,出挑。葺精,加倍的好。

⑦羞非纯(tún)束野麏(jūn),裛(yì)似雪之驴:送来的肉脯,虽然不是白茅包扎的獐鹿肉,却是包裹精美的雪白干肉脯。羞,珍馐。纯束,捆扎。《诗经·召南·野有死麕》:“野有死麕,白茅纯束。”麏,同“麇”,獐子。裛,缠裹。

⑧鲊(zhǎ):盐腌的鱼。河鲤:黄河出产的鲤鱼,味道鲜美。

⑨操:拿,抓在手里。粲:古称上等的米。

⑩酢(cù)类望柑:馈赠的醋像看着柑橘就感到酸味一样的好。

⑪免千里宿舂,省三月种聚:这是刘孝绰总括地说赏赐的八种食物可以用好几个月,不必自己去筹措收集了。反向化用《庄子·逍遥游》“适百里者宿舂粮,适千里者三月聚粮”语意。宿舂,本指隔夜舂米备粮。后以“宿舂”指少量的粮食。

⑫怀惠:谓感念长上的恩惠。《论语·里仁》:“君子怀刑,小人怀惠。”

⑬懿(yì):美,善。

【译文】

梁刘孝绰《谢晋安王饷米等启》文中说：传诏官李孟孙宣示了您的告谕，赏赐给我米、酒、瓜、笋、腌菜、肉干、醋、茶等八种食品。米气味芳香像新城米一样，酒味飘香，犹如松树直上云霄；江边初生的竹笋，胜过菖蒲、荇菜之类的珍馐；田间挑选的瓜菜，超越上好的美味。虽然不是白茅包扎的獐鹿肉，却是包裹精美的雪白干肉脯；腌鱼比陶瓶养的黄河鲤鱼还要美味，大米如美玉般晶莹。茶叶也十分精良，醋像看着柑橘就感到酸味一样的好。有如此丰盛的食物可以食用很久，不用再筹措干粮了。我感念您给我的恩惠，您的大德我永生难忘。

陶弘景《杂录》①：苦茶轻身换骨，昔丹丘子、黄山君服之。

【注释】

①《杂录》：《太平御览》卷八六七引作《新录》，其余不详。

【译文】

陶弘景《杂录》记载：苦茶能使人身体轻便，脱胎换骨，从前丹丘子、黄山君都饮用它。

《后魏录》①：瑯琊王肃仕南朝②，好茗饮、莼羹③。及还北地，又好羊肉、酪浆④。人或问之："茗何如酪？"肃曰："茗不堪与酪为奴。"

【注释】

①《后魏录》：书名。不详，待考。

②南朝：420 年东晋灭亡，刘宋取代东晋，在中国南方地区相继出现了宋、齐、梁、陈四个政权，史称"南朝"。

③莼(chún)羹：莼菜做的羹。莼，即莼菜。又名凫葵。多年生水草，叶片椭圆形，浮水面。茎上和叶的背面有黏液。花暗红色，嫩叶可做汤菜。

④酪浆：牛、羊等动物的乳汁。

【译文】

《后魏录》记载：瑯琊王肃在南朝做官时，喜欢饮茶，喝莼菜做的羹。等回到北方，又喜欢吃羊肉、喝羊奶。有人问他："茶和奶酪比怎么样？"王肃说："茶不能与奶酪相比，茶不配给奶酪做奴仆。"

《桐君录》[①]：西阳、武昌、庐江、晋陵好茗[②]，皆东人作清茗[③]。茗有饽，饮之宜人。凡可饮之物，皆多取其叶，天门冬、拔葜取根[④]，皆益人。又巴东别有真茗茶[⑤]，煎饮令人不眠。俗中多煮檀叶并大皂李作茶[⑥]，并冷。又南方有瓜芦木，亦似茗，至苦涩，取为屑茶饮，亦可通夜不眠。煮盐人但资此饮，而交、广最重[⑦]，客来先设，乃加以香芼辈[⑧]。

【注释】

①《桐君录》：又名《桐君药录》《桐君采药录》，三卷，托名桐君撰。记述药用植物根、茎、叶、花、实之形色，花期果期，并观察叶之刺、根之汁、皮之纹理等细微鉴别点。桐君，传说为黄帝时医师。曾采药于浙江桐庐的东山，结庐桐树下。人问其姓名，则指桐树示意，遂被称为桐君。

②西阳：两晋南北朝时西阳郡，在今湖北黄冈。武昌：两晋南北朝时武昌郡，在今湖北鄂州。庐江：两晋南北朝时庐江郡，在今安徽舒城。晋陵：两晋南北朝时晋陵郡，在今江苏常州。

③东人：东家，主人。清茗：清茶。

④天门冬:多年生攀援草本。中医入药,有润肺止咳,养阴生津的功效。菝葜(qiā):又名金刚根、王瓜草等。祛风湿,利尿,解毒。

⑤巴东:即巴东郡。东汉建安六年(201)改固陵郡置,治所在鱼复县(今重庆奉节东)。

⑥大皂李:即鼠李。木名。落叶灌木或小乔木。种子油作润滑油,果肉入药,解热、泻下、治瘰疬等。树皮和叶可提拷胶,树皮和果亦可作黄色染料,木材可制器具并可雕刻。

⑦交、广:交州和广州。交州,东汉建安八年(203)改交州刺史部置,治所在广信县(今广西梧州)。建安十五年(210)移治番禺县(今广东广州)。三国吴黄武五年(226)分为交、广二州,交州治龙编县(今越南河北仙游东)。

⑧香芼辈:各种香草佐料。

【译文】

《桐君录》记载:西阳、武昌、庐江、晋陵等地人都喜欢饮茶,主人家会用清茶招待客人。茶有汤花浮沫,喝了对人有好处。通常可作饮料的植物,大多采用它的叶子,而天门冬、菝葜却是用其根部,也对人有好处。此外,巴东地区有一种真正的茗茶,煎煮喝了使人睡不着觉。还有习俗把檀木叶和大皂李叶煎煮当茶,两者都很清凉爽口。另外,南方有瓜芦树,外形很像茶,味道特别苦涩,磨成细末后当茶喝,也可以使人整夜不眠。煮盐的人全靠喝这种瓜芦饮料,交州和广州一带最喜欢这种茶饮,客人来了都先奉上,还要添加各种香草佐料。

《坤元录》[①]:辰州溆浦县西北三百五十里无射山[②],云蛮俗当吉庆之时[③],亲族集会歌舞于山上。山多茶树。

【注释】

①《坤元录》:《宋史·艺文志》记其为唐魏王李泰撰,共十卷。宋王

应麟《玉海》卷十五认为此书"即《括地志》也，其书残缺，《通典》引之"。

②辰州：隋开皇九年(589)改武州置，治龙檦县(今湖南洪江市西北黔城镇)，旋移治沅陵县(今属湖南)。以境内辰溪得名。无射山：无射，周景王时钟名，可能此山像钟而名。

③蛮俗：蛮地风俗。

【译文】

《坤元录》记载：辰州溆浦县西北三百五十里，有无射山，据说蛮地风俗，遇到喜庆的时候，同宗族的人聚会在山上歌舞。山上有很多茶树。

《括地图》[①]：临遂县东一百四十里有茶溪[②]。

【注释】

①《括地图》：著者不详，主要记载虚幻的地理博物传说，原书有图。

②临遂县：当作"临蒸县"。宋王象之《舆地纪胜》卷五五引《括地志》："临蒸县百余里有茶溪。"临蒸，今湖南衡阳。

【译文】

《括地图》记载：在临蒸县以东一百四十里有条茶溪。

山谦之《吴兴记》[①]：乌程县西二十里有温山[②]，出御荈[③]。

【注释】

①《吴兴记》：南朝宋山谦之撰，一卷，已散佚。

②乌程县：今浙江湖州。温山：即今浙江湖州白雀乡与龙溪交界的弁山。唐颜真卿《石柱记》："弁山有金井玉涧乳窦温泉。"因而得

名温山。

③御荈：即温山御荈。晋及南北朝时湖州名茶。

【译文】

山谦之《吴兴记》记载：乌程县西二十里有温山，出产上贡的御茶。

《夷陵图经》①：黄牛、荆门、女观、望州等山②，茶茗出焉。

【注释】

①《夷陵图经》：一部关于夷陵地方的地理著作。夷陵，郡名。隋大业三年(607)改峡州置。

②黄牛：即黄牛山。一名黄牛峡。在今湖北宜昌西长江西陵峡中段南岸。北魏郦道元《水经注·江水》："江水又东径黄牛山。下有滩，名曰黄牛滩，南岸重岭叠起，最外高崖间有石，色如人负刀牵牛，人黑牛黄，成就分明。"荆门：即荆门山。在今湖北宜都西北长江南岸，与虎牙山隔江相对，为古代楚地要塞。《水经注·江水》："江水又东历荆门、虎牙之间。荆门在南，上合下开，暗彻山南。"女观：即女观山。在今湖北宜都西北。《水经注·江水》："夷道县……县北有女观山，厥处高显，回眺极目。古老传言，昔有思妇，夫官于蜀，屡衍秋期，登此山绝望，忧感而死，山木枯悴，鞠为童枯。乡人哀之，因名此山为女观焉。"望州：即望州山。在今湖北枝城西南。《水经注·夷水》："夷水……与丹水出西南望州山，山形竦峻，峰秀甚高。东北白岩壁立，西南小演通行。登其顶，平可有三亩许，上有故城，城中有水，登城望见一州之境，故名望州山。"

【译文】

《夷陵图经》记载：黄牛、荆门、女观、望州等山，都出产茶叶。

《永嘉图经》[①]:永嘉县东三百里有白茶山。

【注释】

①《永嘉图经》:一部关于永嘉郡的地理著作。永嘉郡,东晋太宁元年(323)置,治所在永宁县(今浙江温州)。隋开皇中废。天宝元年改温州为永嘉郡,治所在永嘉(今浙江温州),乾元元年(758)寻废。

【译文】

《永嘉图经》记载:永嘉县以东三百里有白茶山。

《淮阴图经》[①]:山阳县南二十里有茶坡[②]。

【注释】

①《淮阴图经》:一部关于淮阴地方的地理著作。

②山阳:江苏淮安的旧称。

【译文】

《淮阴图经》记载:山阳县以南二十里有茶坡。

《茶陵图经》云[①]:茶陵者,所谓陵谷生茶茗焉。

【注释】

①《茶陵图经》:一部关于茶陵的地理著作。茶陵,西汉置茶陵县,故治在今湖南茶陵东北。晋因之,属荆州湘东郡。隋省入湘潭,唐复置,属衡州,移治今湖北茶陵。

【译文】

《茶陵图经》记载:茶陵,就是山陵峡谷间生长着茶的意思。

《本草·木部》：茗，苦茶。味甘苦，微寒，无毒。主瘘疮[①]，利小便，去痰渴热，令人少睡。秋采之苦，主下气消食。注云："春采之。"

【注释】

①瘘（lòu）：瘘管，人体内因发生病变久则成脓而溃漏生成的管子。疮：疮疖，多发生溃疡。

【译文】

《本草·木部》记载：茗，就是苦茶。味甘苦，性微寒，没有毒性。主治瘘疮，能利尿，去痰，解渴，散热，使人减少睡眠。秋天采摘有苦味，能通气，助消化。原注说："春天采摘。"

《本草·菜部》：苦菜，一名荼，一名选，一名游冬[①]，生益州川谷山陵道旁[②]，凌冬不死[③]。三月三日采，干。注云："疑此即是今荼，一名荼，令人不眠。"《本草注》："按《诗》云'谁谓荼苦'[④]，又云'堇荼如饴'[⑤]，皆苦菜也。陶谓之苦荼，木类，非菜流。茗，春采谓之苦搽。途遐反。"

【注释】

①游冬：一种苦菜。味苦，入药，生于秋末经冬春而成，故名。

②益州：西汉元封五年（前106）置，为十三州刺史部之一。王莽改为庸部。公孙述改为司隶校尉。东汉复为益州，治所在雒县（今四川广汉北）。东汉以后辖境缩小。隋大业三年（607）改为蜀郡。唐武德元年（618）复为益州。

③凌冬：越冬，过冬。

④谁谓荼苦：《诗经·邶风·谷风》："谁谓荼苦，其甘如荠。"大意

为：谁说茶味儿太苦，比起我承受的苦涩，它就像荠菜一般甜。

⑤堇(jǐn)荼如饴：《诗经·大雅·绵》："周原朊朊，堇荼如饴。"大意为：周的原野肥沃又宽广，堇菜、苦荼菜都长得发甜。堇，堇菜，野菜名，苦味。荼，苦菜。饴，用麦芽熬制的糖浆。

【译文】

《本草·菜部》记载：苦菜，又称为荼，又称为选，又称为游冬，生长在益州一带河谷、山陵和道路旁，经过冬天也不会冻死。三月三日采摘，焙干。陶弘景注："这可能就是现在所称的茶，又称为荼，喝了使人不能入睡。"《本草注》云："按《诗经》所说'谁谓荼苦'，又说'堇荼如饴'，指的都是苦菜。陶弘景所说的苦荼，是木本植物，不是菜类。茗，春季采称为苦搽。搽读音为途、遐的反切音。"

《枕中方》[1]：疗积年瘘，苦茶、蜈蚣并炙，令香熟，等分，捣筛，煮甘草汤洗，以末傅之。

【注释】

①《枕中方》：又称《神枕方》，古代养生书。一卷，唐孙思邈撰。主要论修身养性、学道求仙之法，如自慎、禁忌、导引、行气、守一及饵药等。孙思邈(581—682)，京兆华原(今陕西铜川)人。唐医药学家、道士，被后人尊称为"药王"。另著有《备急千金要方》《千金翼方》等。

【译文】

《枕中方》记载：治疗多年的瘘疾，把苦茶和蜈蚣一同烤炙，烤熟并发出香气，分成相等的两份，捣碎后过筛成末，另煮甘草水清洗患处，再用细末外敷。

《孺子方》[①]：疗小儿无故惊蹶[②]，以苦茶、葱须煮服之。

【注释】

①《孺子方》：小儿医书，具体不详。

②惊蹶：儿科常见急诊，临床多表现为肢体节律性运动和昏迷。

【译文】

《孺子方》记载：治疗小孩不明原因的惊蹶，用苦茶和葱须煎水服用。

八之出

【题解】

本章论述了唐代全国名茶产地，但陆羽的论述并不完整，因为野生茶树的原产地云南就没有列入。据《茶经》所列，唐代产茶地共有山南、淮南、浙西、剑南、浙东、黔中、江南、岭南等八个道、四十三个州郡、四十四个县。

其中山南、江南、淮南、剑南、岭南五道为唐太宗贞观元年(627)所设十道之名，黔中为开元二十一年(733)唐玄宗所设开元十五道之名，浙西、浙东不在贞观十道和开元十五道之列，而是采用唐乾元元年(758)所置浙江西道和浙江东道方镇名，这两个方镇原属江南道。这八道遍及现今湖北、湖南、陕西、河南、安徽、浙江、江苏、四川、重庆、贵州、江西、福建、广东、广西等十四个省(市)，基本与现今中国产茶地一致(云南除外，当时属南诏国)，由此可见唐代茶叶的生产区域已非常之广。日本学者布目潮渢先生考证《茶经·八之出》所列产茶州县地名均为758—761年所改，因此推断《茶经》初稿形成于761年以前。

陆羽对山南、淮南、浙西、浙东、剑南五道，不仅详细列出产茶州名、县名或地名，还把茶叶品质分为“上、次、下、又下”四个等级进行评价。陆羽在《一之源》中曾将选用茶叶的困难与选用人参相比，当时也把人参分为四等。上等产于上党，中等产于百济、新罗，下等产于高丽，产于泽州、易州、幽州、檀州的为等外。这些地方大概是陆羽实地考察以及亲身体验的地区。从茶叶产区小注文中可以看到，陆羽对于湖州、常州描述较为详细。唐代宗大历二年(767)至三年(768)间，陆羽常在常州义兴县(今江苏宜兴)君山一带访茶品泉，建议常州刺史李栖筠上贡阳羡茶。大历七年(772)，颜真卿任湖州刺史，由此湖州文坛饮茶吟诗等茶事活动达到了高潮。大历八年(773)三月，陆羽应颜真卿之邀重修《韵海镜源》，在此期间陆羽接触到大量新的文献资料，有助于补充修订《茶经》中关于历史、文学、医药、人物等相关的资料。直至大历十二年(777)，颜真卿离任湖州，陆羽才又开始了新的游历生活。

建中三年(782)，陆羽移居江西。贞元五年(789)后，陆羽入岭南节度使李复幕府担任幕僚。陆羽对黔中、江南、岭南三道十一州茶叶产区没有详细介绍，只列产茶州名，记“未详”“往往得之，其味极佳”，茶也未分等级。由此推测陆羽在写作此书时，还未曾到过并进行实地考察。熟悉就详细记载，不熟就记“未详”，这也再次体现陆羽客观诚实的科学态度。

本章除了论述唐代茶叶产地和各地不同茶叶的品质外，还包含了陆羽考察茶事以及撰写《茶经》的一些信息，在研读《茶经》时当有意想不到的收获。

山南①：以峡州上②，峡州生远安、宜都、夷陵三县山谷③。襄州、荆州次④，襄州生南漳县山谷⑤，荆州生江陵县山谷⑥。衡州下⑦，生衡山、茶陵二县山谷⑧。金州、梁州又下⑨。金州生西城、安康二县山谷⑩。梁州生褒城、金牛二县山谷⑪。

【注释】

①山南：即山南道。唐贞观十道之一，贞观元年(627)置，因在终南

山(今秦岭)、太华山(今华山)之南而得名。辖境相当今四川、重庆嘉陵江流域以东,陕西秦岭、甘肃嶓冢山以南,河南伏牛山西南,湖北涢水以西,自重庆至湖南岳阳之间的长江以北地区。开元二十一年(733)分为山南东道、山南西道。

②峡州:一作硖州。北周武帝改拓州置,因扼三峡之口得名。今湖北宜昌。

③远安、宜都、夷陵三县:皆在今湖北宜昌。远安,即今远安县。宜都,即今宜都市。夷陵,即今夷陵区。

④襄州:西魏恭帝元年(554)改雍州置,治所在襄阳县(今湖北襄樊汉水南襄阳城)。《元和郡县图志》卷二一"襄州"条:"因州南襄水为名。"隋大业三年(607)改为襄阳郡。唐武德四年(621)复为襄州。天宝元年(742)改为襄阳郡。乾元元年(758)复为襄州。

⑤南漳县:西魏置重阳县,北周改重阳为思安县,隋开皇十八年(598)改为南漳县,以境内古南漳水(今漳水)得名。唐贞观八年(634)省南漳入义清。开元十八年(730)复置南漳县,属襄州。即今湖北南漳。

⑥江陵县:秦置江陵县。《大明一统志·湖广荆州府志名胜》:"近地无高山,所有皆陵阜之属,故名江陵。"又清光绪《荆州府志》称江陵"以地临江,故名"。秦汉为南郡治。唐、宋为江陵府治。即今湖北江陵。

⑦衡州:隋开皇九年(589)置,治所在衡阳县(今湖南衡阳),以衡山得名。大业初改为衡山郡。唐武德四年(621)复为衡州。天宝元年(742)改为衡阳郡,乾元元年(758)复为衡州。

⑧衡山:即衡山县。唐天宝八年(749)改湘潭县置,属衡阳郡。治所在今湖南衡山县东。

⑨金州:唐武德年间改西城郡为金州,治西城县(今陕西西康)。天宝初改为安康郡,至德二年(757)改为汉南郡,乾元元年(758)复

为金州。梁州:三国魏景元四年(263)分益州置,治所在沔阳县(今陕西勉县),其后治所屡有迁徙。隋大业三年(607)废,唐武德元年(618)复置。天宝元年(742)改为汉中郡,乾元元年(758)复为梁州,兴元元年(784)升为兴元府。

⑩西城、安康二县:皆在今陕西安康。西城,即今平利县。安康,即今汉阴县。

⑪褒城、金牛二县:皆在今陕西汉中。褒城,即今勉县之褒城镇。金牛,即今宁强大安镇金牛驿村。

【译文】

山南道:以峡州所产的茶为上品,峡州茶产于远安、宜都、夷陵三县山谷中。**襄州和荆州所产的茶居其次**,襄州茶产于南漳县山谷中,荆州茶产于江陵县山谷中。**衡州所产的茶差一些**,衡州茶产于衡山、茶陵两县山谷中。**金州和梁州所产的茶又差一些**。金州茶产于西城、安康两县山谷中。梁州茶产于褒城、金牛两县山谷中。

淮南[①]**:以光州上**[②],生光山县黄头港者[③],与峡州同。**义阳郡、舒州次**[④],生义阳县钟山者[⑤],与襄州同;舒州生太湖县潜山者[⑥],与荆州同。**寿州下**[⑦],盛唐县生霍山者[⑧],与衡山同也。**蕲州、黄州又下**[⑨]。蕲州生黄梅县山谷[⑩],黄州生麻城县山谷[⑪],并与金州、梁州同也。

【注释】

①淮南:即淮南道。唐贞观十道、开元十五道之一。贞观元年(627)置,辖境相当今淮河以南、长江以北,东至海,西至湖北广水、应城、汉川等地。开元二十一年(733)置淮南道采访处置使,治所在扬州(今属江苏)。

②光州:南朝梁置,治所在光城县(今河南光山)。隋大业初改弋阳郡。唐武德三年(620)复为光州,治所在光山县(今河南光山),太极元年(712)移治定城县(今河南潢川)。

③光山县:光州属县。隋开皇十八年(598)置,治今河南光山。因县西北有浮光山得名。

④义阳郡:隋大业三年(607)改文州为义阳郡。治所平阳县亦改为义阳县。唐初改为申州。天宝元年(742)复改义阳郡。乾元元年(758)又改为申州。舒州:唐武德四年(621)改同安郡置,治所在怀宁县(今安徽潜山)。天宝元年(742)复为同安郡。唐肃宗至德二载(757)改为盛唐郡,乾元元年(758)复为舒州。

⑤义阳县:隋开皇三年(583)改平阳县置,治今河南信阳南。为义阳郡治。钟山:山名。在今河南信阳东南。

⑥太湖县:唐属舒州。今安徽太湖县。潜山:又称皖山、皖公山、天柱山。在今安徽潜山市西北。

⑦寿州:隋开皇九年(589)置,治所在寿春县(今安徽寿县)。大业三年(607)改为淮南郡。唐武德三年(620)复为寿州。天宝元年(742)改为寿春郡,乾元元年(758)复为寿州。

⑧盛唐县:唐开元二十七年(739)改霍山县置,治今安徽六安。霍山:山名。即今安徽霍山县西南天柱山。

⑨蕲(qí)州:南朝陈改罗州置,治所在齐昌县(今湖北蕲春西北罗州城)。隋大业三年(607)改为蕲春郡。唐复改为蕲州。黄州:隋开皇五年(585)改衡州置,治南安县(今湖北黄冈北)。大业初改永安郡。唐初仍为黄州。天宝元年(742)改为齐安郡。乾元元年(758)仍为黄州。

⑩黄梅县:隋开皇初改永兴县为新蔡县,十八年(598)又改新蔡县为黄梅县。唐沿之。《大明一统志》:“黄州府黄梅山,在黄梅县西四十里。其山多梅,故名。隋以此山名县。”即今湖北黄梅。

⑪麻城县：隋开皇十八年(598)改信安县置，属黄州。唐沿之。治所在今湖北麻城东。

【译文】

淮南道：以光州所产的茶为上品，产于光州光山县黄头港的茶与峡州茶品质相同。**义阳郡、舒州所产的茶居其次**，产于义阳县钟山的茶与襄州茶品质相同，舒州产于太湖县潜山的茶与荆州茶品质相同。**寿州所产的茶差一些**，产于盛唐县霍山的茶与衡山茶品质相同。**蕲州、黄州所产的茶又差一些**。蕲州的茶产于黄梅县山谷中，黄州的茶产于麻城县山谷中，均与金州、梁州所产茶的品质相同。

浙西[①]：以湖州上[②]，湖州生长城县顾渚山谷[③]，与峡州、光州同；生山桑、儒师二坞、白茅山、悬脚岭[④]，与襄州、荆州、义阳郡同；生凤亭山伏翼阁飞云、曲水二寺、啄木岭[⑤]，与寿州、常州同。生安吉、武康二县山谷[⑥]，与金州、梁州同。**常州次[⑦]**，常州义兴县生君山悬脚岭北峰下[⑧]，与荆州、义阳郡同；生圈岭善权寺、石亭山[⑨]，与舒州同。**宣州、杭州、睦州、歙州下[⑩]**，宣州生宣城县雅山[⑪]，与蕲州同；太平县生上睦、临睦[⑫]，与黄州同；杭州临安、於潜二县生天目山[⑬]，与舒州同。钱塘生天竺、灵隐二寺[⑭]，睦州生桐庐县山谷[⑮]，歙州生婺源山谷[⑯]，与衡州同。**润州、苏州又下[⑰]**。润州江宁县生傲山[⑱]，苏州长洲县生洞庭山[⑲]，与金州、蕲州、梁州同。

【注释】

①浙西：即浙江西道。唐方镇名。乾元元年(758)置浙江西道节度使，初治昇州(今江苏南京)，后徙治苏州(今江苏苏州)。贞元后治润州(今江苏镇江)，末年又移治杭州(今浙江杭州)。初期辖境包括今江苏、浙江、安徽、江西四省各一部分；贞元后确定为

润、苏、常、杭、湖、睦六州，相当今江苏长江以南、茅山以东及浙江新安江以北地区。

②湖州：隋仁寿二年(602)置，治乌程县(今浙江湖州)。大业初废。唐武德四年(621)复置。

③长城县：西晋太康三年(282)分乌程县置，属吴兴郡。治所在富陂村(今浙江长兴县东)。《元和郡县图志》卷二五“长城县”条：“昔阖闾使弟夫槩居此，筑城狭而长，因以为名。”顾渚山：在今浙江长兴县西北顾渚村。自唐贞元以来，顾渚紫笋被列为贡茶，至明、清而经久不衰，今仍为全国名茶。

④山桑、儒师：地名，在顾渚山附近。唐皮日休《茶籯》诗：“筤篣晓携去，蓦个山桑坞。”《茶人》诗：“庭从橛子遮，果任獳师虏。”白茅山：茅，同“茆”，即白茆山。(同治)《湖州府志》卷一九记其在浙江长兴县西北七十里。悬脚岭：山名，在今浙江长兴县西北。因以其岭脚下垂，故名。

⑤凤亭山：《嘉庆一统志》卷二八九：“凤亭山，在长兴县西北四十里。陆羽曰茶生凤亭山伏翼阁者，味与寿州同，即此。”伏翼阁：《明一统志》卷四十：“伏翼涧在长兴县西三十九里，涧中多产伏翼。”伏翼阁当在此处。飞云：飞云寺。《太平寰宇记》卷九四：“飞云山在县西二十里，高三百五十尺。……宋元徽五年置飞云寺。”曲水：曲水寺。具体不详。唐刘商有《曲水寺枳实》诗：“枳实绕僧房，攀枝置药囊。洞庭山上橘，霜落也应黄。”当指同一处。啄木岭：明徐献忠《吴兴掌故集》言其在长兴县西北六十里，山多啄木鸟。

⑥安吉县：东汉中平二年(185)分故鄣县南乡置安吉县。治今安吉县南孝丰镇。唐武德七年(624)并入长城县(今浙江长兴)。麟德元年(664)再置，属湖州。

⑦常州：隋开皇九年(589)改晋陵郡置，治所在常熟县(今江苏常熟

西北)。《元和郡县图志》卷二五"常州"条:"隋于常熟县置常州,因县为名。"后移治晋陵县(今江苏常州)。大业初改为毗陵郡。唐武德三年(620)复为常州。垂拱二年(686)又分晋陵县西界置武进县,同为州治。天宝初改为晋陵郡,乾元初复为常州。

⑧义兴县:隋开皇九年(589)改阳羡县置,治今江苏宜兴。君山:旧名荆南山。即今江苏宜兴西南铜官山。《太平寰宇记》卷九二"宜兴县"条:"君山在县南二十里。旧名荆南山,在荆溪之南。故名。"

⑨善权寺:《江南通志》卷四五称善权寺在宜兴县南五十里,始建于南朝齐建元二年(480)。石亭山:明王世贞《石亭山居记》称石亭山在阳羡城南五里。

⑩宣州:隋开皇九年(589)改宣城郡置,治所在宛陵县(今安徽宣城)。大业初改为宣城郡。唐武德三年(620)复为宣州。天宝元年(742)改为宣城郡。乾元元年(758)复为宣州。杭州:隋开皇九年(589)置。初治余杭县(今浙江杭州余杭区西南余杭镇),后移治钱唐县(今浙江杭州)。大业初改余杭郡。唐武德四年(621)复置杭州,六年(623)废,七年(624)又置。天宝元年(742)又改余杭郡。乾元元年(758)复为杭州。睦州:隋仁寿三年(603)置,治所在新安县(今浙江淳安县西千岛湖威坪岛附近)。大业三年(607)改遂安郡,徙治雉山县(今浙江淳安西千岛湖南山岛附近)。唐武德四年(621)复为睦州。七年(624)改为东睦州,八年(625)复改睦州。万岁通天二年(697)移治建德县(今浙江建德东北梅城镇)。天宝元年改为新定郡,乾元元年又复为睦州。歙(shè)州:隋开皇九年(589)置,治所在海宁县(今安徽休宁东万安镇)。大业三年(607)改为新安郡。隋末移治歙县(今安徽歙县)。唐武德四年(621)复为歙州,治所仍在歙县。天宝元年(742)改为新安郡。乾元元年(758)又改为歙州。

⑪宣城县:隋大业初改宛陵县置,在今安徽宣城。雅山:一作鸦山。在今安徽宁国县境。《太平寰宇记》卷一〇三"宁国县"条:"鸦山出茶,尤为时贵。《茶经》云,味与蕲州同。"《舆地纪胜》卷一九"宁国府"条谓鸦山"在宁国县西北三十里"。《旧志》多沿此说,并称接广德界,不确。今宁国县西南方塘乡潘茶村有鸦坑山,西接高峰,产茶有名,当指此山。

⑫太平县:唐天宝十一载(752)析泾县置。即今安徽黄山太平县。上睦、临睦:唐太平县二地名。

⑬临安:唐垂拱四年(688)复置临安县,即今杭州临安。於潜:西汉置,治今浙江临安西於潜镇。天目山:一名浮玉山,即今浙江西北部天目山。呈东北—西南走向,为长江与钱塘江水系分水岭。《元和郡县图志》卷二五:天目山"有两峰,峰顶各一池,左右相对,名曰天目"。

⑭钱塘:南朝时改钱唐县置,隋开皇十年(590)为杭州治,大业初为余杭郡治,唐初复为杭州治,在今浙江杭州。天竺:即天竺寺。在浙江杭州灵隐寺南面山中。有上、中、下三天竺寺之分。上天竺名法喜寺,中天竺名法净寺,下天竺名法镜寺。灵隐:即灵隐寺。在浙江杭州西湖西北灵隐山麓,因山得名。东晋咸和元年(326)印度僧人慧理始建。

⑮桐庐县:三国吴黄武五年(226)分富春县置,唐武德四年(621)为严州治,七年(624)州废,仍属睦州。开元二十六年(738)徙今桐庐县治。即今浙江桐庐。

⑯婺源:唐开元二十八年(740)析歙州休宁、饶州乐平县地置婺源县,属歙州。因地近婺水(今乐安河)之源而得名婺源。即今江西婺源。

⑰润州:隋开皇十五年(595)置,大业三年(607)废。唐武德三年(620)复置,治所在丹徒县(今江苏镇江)。天宝元年(742)改为

丹阳郡。乾元元年(758)复为润州。苏州:隋开皇九年(589)改吴州置,治吴县(今江苏苏州)。以姑苏山得名。大业初复为吴州,后改吴郡。唐武德四年(621)又改苏州。

⑱江宁县:西晋太康二年(281)改临江县置,隋开皇十年(590)移治冶城(今江苏南京城内)。唐武德三年(620)改江宁为归化县,贞观九年(635)复为江宁县。乾元元年(758)于县置昇州。上元二年(761)州废,改江宁县为上元县,属润州。今江苏南京江宁。傲山:不详。

⑲长洲:唐武则天万岁通天元年(696)分吴县置,与吴县并为苏州治。治所即今江苏苏州。洞庭山:太湖中东洞庭山和西洞庭山的合称。洞庭东山,简称东山,古称胥母山。在江苏苏州吴中区西南太湖沿岸。西洞庭山,简称西山,古称包山。在江苏苏州吴中区西南太湖中。

【译文】

浙江西道:以湖州所产的茶为上品,湖州产于长城县顾渚山谷中的茶,与峡州、光州茶品质相同;产于山桑、儒师二坞、白茅山、悬脚岭的茶,与襄州、荆州、义阳郡的茶品质相同;产于凤亭山伏翼阁飞云、曲水二寺及啄木岭的茶,与寿州、常州茶品质相同。产于安吉、武康二县山谷的茶,与金州、梁州的茶品质相同。**常州所产的茶居其次**,常州产于义兴县君山悬脚岭北峰下的茶,与荆州、义阳郡的茶品质相同;产于圈岭善权寺、石亭山的茶,与舒州茶品质相同。**宣州、杭州、睦州、歙州所产的茶差一些**,宣州宣城县雅山产的茶,与蕲州茶品质相同;太平县上睦、临睦产的茶,与黄州茶品质相同;杭州临安、於潜二县天目山所产的茶,与舒州茶品质相同。钱塘县天竺、灵隐二寺所产的茶,睦州桐庐县山谷所产的茶,歙州婺源山谷所产的茶,与衡州茶品质相同。**润州、苏州所产的茶又差一些**。润州江宁县傲山所产的茶,苏州长洲县洞庭山所产的茶,与金州、蕲州、梁州茶品质相同。

剑南[①]**：以彭州上**[②]，生九陇县马鞍山、至德寺、棚口[③]，与襄州同。**绵州、蜀州次**[④]，绵州龙安县生松岭关[⑤]，与荆州同；其西昌、昌明、神泉县西山者并佳[⑥]；有过松岭者，不堪采。蜀州青城县生丈人山[⑦]，与绵州同。青城县有散茶、末茶[⑧]。**邛州次**[⑨]，**雅州、泸州下**[⑩]，雅州百丈山、名山[⑪]，泸州泸川者[⑫]，与金州同也。**眉州、汉州又下**[⑬]。眉州丹棱县生铁山者[⑭]，汉州绵竹县生竹山者[⑮]，与润州同。

【注释】

①剑南：即剑南道。唐贞观十道之一。贞观元年（627）置，辖境相当今四川大部，云南澜沧江、哀牢山以东及贵州北端、甘肃文县一带。

②彭州：唐垂拱二年（686）置，治所在九陇县（今四川彭州）。天宝元年（742）改为濛阳郡，乾元元年（758）复为彭州。

③九陇县：北周武成二年（560）改南晋寿县置，属九陇郡。治所在今四川彭州西北。隋属蜀郡。唐为彭州治，移治今四川彭州。马鞍山：宋祝穆《方舆胜览》载彭州西有九陇山，其五曰走马陇，或即《茶经》所言马鞍山。至德寺：宋祝穆《方舆胜览》载彭州有至德山，寺在山中。棚口：又作堋口，在唐宋时期以产茶闻名。五代毛文锡《茶谱》："彭州有蒲村、堋口、灌口，其园名仙崖、石花等，其茶饼小而布嫩芽如六出花者尤妙。"

④绵州：隋开皇五年（585）改潼州置，治巴西县（今四川绵阳东）。大业初改为金山郡。唐武德元年（618）复为绵州。天宝元年（742）改为巴西郡，乾元元年（758）复为绵州。蜀州：唐垂拱二年（686）析益州置，治所在晋原县（今四川崇州）。天宝元年（742）改为唐安郡。乾元元年（758）复为蜀州。

⑤龙安县：唐武德三年(620)置，属绵州。治所在今四川安县东北。天宝初属巴西郡，乾元初属绵州。松岭关：唐置，属龙安县。在今四川北川县西北。唐杜佑《通典》卷一七六“龙安县”条：松岭关“在县西北百七十里”。

⑥西昌：唐永淳元年(682)改益昌县置，属绵州。治所在今四川安县东南花荄镇。天宝初属巴西郡，乾元初复属绵州。昌明：唐先天元年(712)置，治今四川江油南太平镇。属绵州。神泉县：隋开皇六年(586)改西充国县置，属绵州。治所在今四川安县南塔水镇。大业初属金山郡。唐武德初属绵州，天宝初属巴西郡，乾元初属绵州。

⑦青城县：唐开元十八年(730)改清城县置，属蜀州。治所在今四川都江堰市东南徐渡乡杜家墩子。以青城山为名。天宝初属唐安郡，乾元初复属蜀州。丈人山：即青城山。在四川都江堰城区西南。因山形状如城郭得名。

⑧散茶：未压制成片、团的茶叶。末茶：即为加工后形成的茶类，是一种成品茶，宋代又称食茶。

⑨邛(qióng)州：南朝梁置，治所在蒲口顿(今四川邛崃东南)。隋大业二年(606)废。唐武德元年(618)复置。显庆二年(657)移治临邛县(今四川邛崃)。天宝元年(742)改为临邛郡，乾元元年(758)复为邛州。

⑩雅州：隋仁寿四年(604)置，大业三年(607)改为临邛郡。唐武德元年(618)复改雅州。治所严道县(今四川雅安西)。天宝元年(742)改为卢山郡，乾元元年(758)复改为雅州。泸州：南朝梁大同中置，隋改为泸川郡。唐武德元年(618)复为泸州，治泸川县(今四川泸州)。

⑪百丈山：在今四川名山县东北。《旧唐书·地理志》：“百丈县有百丈山。”《太平寰宇记》卷七七“百丈县”条：“《图经》云：有一穴

口,方圆一百尺,深百丈。即汉王阳为益州刺史,行部至此兴叹,因之弃官。唐武德元年置百丈镇。"名山:一名蒙山、鸡栋山。在今四川名山县西。《元和郡县图志》卷三二载"名山在名山县西北一十里"。

⑫泸川:隋大业元年(605)改江阳县置,为泸州治。大业三年(607)为泸川郡治。唐武德元年(618)为泸州治。治所在今四川泸州。

⑬眉州:西魏废帝二年(553)平蜀,次年改青州为眉州,治通义县(今四川眉山)。隋大业初废。唐武德二年(619)复置。天宝、乾元时曾改通义郡。汉州:唐垂拱二年(686)分益州置,治所在雒县(今四川广汉)。天宝元年(742)改为德阳郡,乾元元年(758)复改为汉州。

⑭丹棱县:隋开皇十三年(593)改洪雅县置,属嘉州。唐武德二年(619)属眉州。治所在今四川丹棱。铁山:即铁桶山。在今四川丹棱东南。

⑮绵竹县:隋大业二年(606)改孝水县置,属蜀郡。唐属汉州,治今四川绵竹。竹山:即绵竹山,又称紫岩山。在今四川绵竹西北。

【译文】

剑南道:**以彭州所产的茶为上品**,产于九陇县马鞍山、至德寺、棚口的茶,与襄州茶品质相同。**绵州、蜀州所产的茶居其次**,产于绵州龙安县松岭关的茶,与荆州茶品质相同;产于西昌、昌明、神泉县西山的茶都比较好;过了松岭的茶就不值得采制了。产于蜀州青城县丈人山的茶,与绵州茶品质相同。青城县有散茶、末茶。**邛州所产的茶又其次,雅州、泸州所产的茶差一些**,产于雅州百丈山、名山及泸州泸川的茶,与金州茶品质相同。**眉州、汉州所产的茶又差一些**。产于眉州丹棱县铁山及汉州绵竹县竹山的茶,与润州茶品质相同。

浙东[①]:以越州上[②],余姚县生瀑布泉岭曰仙茗[③],大者殊异,小者与襄州同。**明州、婺州次**[④]，明州貿县生榆荚村[⑤]，婺州东阳县东白山[⑥]，与荆州同。**台州下**[⑦]。台州始丰县生赤城者[⑧]，与歙州同。

【注释】

①浙东：唐方镇名。乾元元年(758)置浙江东道节度使，治越州(今浙江绍兴)。长期领有越、衢、婺、温、台、明、处七州，约今浙江衢江流域、浦阳江流域以东地区。

②越州：隋大业元年(605)改吴州置，治所在会稽县(今浙江绍兴)。大业三年(607)改为会稽郡。唐武德四年(621)复改越州，天宝、至德间又改会稽郡。乾元元年(758)复改越州。

③余姚县：西汉置，治今浙江余姚市余姚镇。属会稽郡。隋开皇九年(589)并入句章县。唐武德四年(621)复置，属越州。

④明州：唐开元二十六年(738)分越州置，治所在鄮县(今浙江鄞县西南鄞江镇)。天宝元年(742)更名余姚郡，乾元元年(758)复为明州。长庆元年(821)迁治今宁波。婺州：隋开皇九年(589)分吴州置，治所在吴宁县(今浙江金华)。大业初改为东阳郡。唐武德四年(621)复置婺州。天宝元年(742)又改东阳郡，乾元元年(758)复为婺州。

⑤貿县：唐属明州，为明州治，五代梁开平二年(908)改称鄞县。在今浙江宁波南。

⑥东阳县：唐垂拱二年(686)析义乌县置，治今浙江东阳吴宁镇。属婺州。东白山：《嘉庆一统志》卷二九九："东白山，在东阳县东北八十里……亦名太白山。"唐李肇《唐国史补》卷下记载唐时名茶称："婺州有东白。"

⑦台州：唐武德五年(622)改海州置，天宝元年(742)改临海郡，治所在临海县(今浙江临海)。乾元元年(758)复改台州。

⑧始丰县：本始平县，晋太康元年(280)因与雍州始平县重名，改为始丰县，治今浙江天台县。属临海郡。隋废。唐武德四年(621)复置，八年废。贞观八年(634)又置，属台州。上元二年(675)改为唐兴县。赤城：浙江台州(今浙江临海)的别称。因境内赤城山而得名。宋陈耆卿撰《嘉定赤城志》，即以此名台州。

【译文】

浙江东道：以越州所产的茶为上品，产于余姚县瀑布泉岭的茶称为仙茗，大叶茶非常特殊，小叶茶与襄州茶品质相同。**明州、婺州所产的茶居其次**，产于明州贸县榆荚村的茶，产于婺州东阳县东白山的茶与荆州茶品质相同。**台州所产的茶差一些**。产于台州始丰县赤城的茶与歙州茶品质相同。

黔中[①]：生思州、播州、费州、夷州[②]。

【注释】

①黔中：即黔中道。唐开元二十一年(733)分江南道西部置，为开元十五道之一。治所在黔州(今重庆彭水苗族土家族自治县)。辖境相当今湖北清江中上游、湖南沅江上游，贵州桐梓、金沙、毕节、晴隆等地以东，重庆綦江、彭水、黔江与广西西林、凌云、东兰、南丹等地。

②思州：唐贞观四年(630)改务州置，治所在务川县(今贵州沿河土家族自治县东北)。天宝元年(742)改为安夷郡，乾元元年(758)复改为思州。播州：唐贞观十三年(639)置，治所在恭水县(今贵州遵义，一说在今贵州绥阳县城附近)。费州：北周宣政元年(578)置，治所即今贵州思南县。唐贞观十一年(637)移涪川县于此，为费州治。天宝初改为涪川郡，乾元初复为费州。夷州：唐武德四年(621)置，贞观元年(627)废。贞观四年(630)复置，移治都上县(今贵州凤冈东南)。十一年(637)移治绥阳县(今贵

州凤冈北绥阳镇)。

【译文】

黔中道:茶出产于思州、播州、费州、夷州。

江南[1]:生鄂州、袁州、吉州[2]。

【注释】

①江南:即江南道。唐贞观十道之一。唐贞观元年(627)置,因在长江之南,故名。辖境相当今浙江、福建、江西、湖南等省及江苏、安徽长江以南,湖北、四川长江以南一部分和贵州东北部地区。开元二十一年(733)分为江南东道、江南西道和黔中道。此指江南西道,唐开元十五道之一。江南西道辖原江南道中部之地,治所在洪州(今江西南昌)。辖境约当今江西、湖南(沅陵以南的沅水流域除外),安徽南部及湖北东部的江南地区及广东连州、阳山与连南壮族瑶族自治县等地。

②鄂州:隋开皇九年(589)改郢州置,治江夏县(今湖北武汉武昌)。取鄂渚为名。袁州:隋开皇十一年(591)置,治所即今江西宜春。大业初改为宜春郡。唐武德四年(621)复为袁州,并以宜春县(今江西宜春)为州治。天宝元年(742)改为宜春郡,乾元元年(758)复为袁州。吉州:隋开皇中改庐陵郡置,治所在庐陵县(今江西吉水县北)。大业初复为庐陵郡。唐武德五年(622)改为吉州。永淳元年(682)与县治庐陵县同徙治今江西吉安。天宝元年(742)改为庐陵郡,乾元元年(758)复为吉州。

【译文】

江南道:茶出产于鄂州、袁州、吉州。

岭南[1]:生福州、建州、韶州、象州[2]。福州生闽县方山之阴也③。

【注释】

①岭南:即岭南道。唐贞观十道、开元十五道之一。以在五岭之南得名。贞观元年(627)置。开元时治广州(今广东广州)。辖境约当今广东、广西壮族自治区大部、云南南盘江以南及越南北部地区。

②福州:唐开元十三年(725)改闽州置,治闽县(今福建福州)。建州:唐武德四年(621)置,治所在建安县(今福建建瓯)。天宝元年(742)改为建安郡,乾元元年(758)复名建州。韶州:隋开皇九年(589)改东衡州置,开皇十一年(591)废。唐贞观元年(627)复改东衡州置,治所在曲江县(今广东韶关西)。天宝元年(742)改为始兴郡,乾元元年(758)复为韶州。象州:隋开皇十一年(591)置,大业二年(606)废。唐武德四年(621)复置,治所在武德县(今广西象州西北),贞观十三年(639)徙治武化县(今广西象州东北)。天宝元年(742)改为象山郡,乾元元年(758)复为象州。

③闽县:隋开皇十二年(592)改原丰县置,为泉州治。治所即今福建福州。大业三年(607)为建安郡治。唐武德六年(623)仍为泉州治。景云二年(711)改为闽州治。开元十三年(725)改为福州治。天宝元年(742)改为长乐郡治,乾元元年(758)复为福州治。贞元五年(789)与侯官县同为福州治。方山:即今福建五虎山。因由福州南望,端方如几,故又名"方山"。

【译文】

岭南道:茶出产于福州、建州、韶州、象州。福州茶产于闽县方山的北坡。

其思、播、费、夷、鄂、袁、吉、福、建、韶、象十一州未详,往往得之，其味极佳。

【译文】

有关思州、播州、费州、夷州、鄂州、袁州、吉州、福州、建州、韶州、象州十一个地区产茶情况不是很清楚，常常能够得到一些茶叶，味道非常好。

九之略

【题解】

本章论述了在一定条件下怎样省略茶叶采制工具和饮茶用具。在《二之具》中，列有采制饼茶的工具十九种；《四之器》中列有煮茶和饮茶的用具二十八种（把都篮除外，风炉和灰承合为一种，碾和拂末合为一种，鹾簋和揭合为一种，即为《九之略》中所说的二十四器）。陆羽认为，在一定的条件下，有的工具和器皿是可以省略的。

"其造具：若方春禁火之时，……则棨、扑、焙、贯、棚、穿、育等七事皆废。"如果正当春季寒食节禁火前后，在野外寺院或山林茶园，众人一起采摘茶叶，当即就地蒸熟，捣碎，用火烘干，那么，棨、扑、焙、贯、棚、穿、育等七种工具就可以省掉了。

在松间石上，则省具列；用干柴鼎锅烧水，则省风炉、灰承、炭挝、火筴和交床；若临近泉水，则省水方、涤方和漉水囊；人少而茶末精可省罗；如果在山岩或山洞，提前把茶烤好研细，则省碾和拂末。在本章所述的全部条件下，瓢、碗、竹筴、札、熟盂、鹾簋等器具都用筥装，连都篮也可以省去。

陆羽虽为隐士，却常常心系庙堂，有匡时济世的向往和抱负。陆羽所提出采茶、制茶、饮茶用具的规范化，是对身处庙堂之上的人们而言的。对于身处山林之中者，则讲究运用茶具的灵活性，器具足用即可。

从本章中可以看到陆羽对现采、现制、现煮、现饮的热爱，也可看到在松间、岩上、洞中所谓高雅之士的饮茶风尚。

陆羽最后以“但城邑之中，王公之门，二十四器阙一，则茶废矣”的文字，强调城市之中，王公贵族之家，如果二十四种煮茶器皿缺少一样，这样茶道就废了。王公贵族整套茶具的缺一不可与闲云野鹤的种种省略器具形成巨大的反差。

其造具：若方春禁火之时[①]，于野寺山园丛手而掇[②]，乃蒸，乃舂，乃拍，以火干之，则棨、扑、焙、贯、棚、穿、育等七事皆废。

【注释】

①禁火：旧俗寒食停炊称“禁火”。南朝梁宗懔《荆楚岁时记》：“去冬节一百五日即有疾风甚雨，谓之寒食，禁火三日。”

②丛手而掇：众人一起采摘茶叶。

【译文】

造茶的工具：如果正当春季寒食节禁火时，在野外寺院或山林茶园，众人一起采摘茶叶，当即就地蒸熟，捣碎，拍打，用火烘干，那么，棨、扑、焙、贯、棚、穿、育等七种工具就可以省掉了。

其煮器：若松间石上可坐，则具列废。用槁薪、鼎鬲之属，则风炉、灰承、炭挝、火筴、交床等废。若瞰泉临涧[①]，则水方、涤方、漉水囊废。若五人已下，茶可末而精者，则罗废。若援藟跻岩[②]，引絙入洞[③]，于山口炙而末之，或纸包、盒贮，则碾、拂末等废。既瓢、碗、筴、札、熟盂、鹾簋悉以一筥盛之，则都篮废。但城邑之中，王公之门，二十四器阙一，则茶废矣。

【注释】

①瞰泉临涧：靠近泉水临近溪涧。

②援藟（lěi）跻（jī）岩：攀援着藤蔓登上山岩。藟，藤。跻，登，升。

③引絙（gēng）入洞：拉着大绳索进入山洞。絙，粗绳索。

【译文】

煮茶用具：如果在松林间有石可放置茶具，那么具列就可以不用。如果用干柴、鼎锅之类烧水，那么风炉、灰承、炭挝、火筴、交床等等都可不用。如果靠近泉水临近溪涧，那么水方、涤方、漉水囊也可以不用。如果是五人以下出游，茶又可研磨得比较精细，那就不必用罗筛了。倘若攀援着藤蔓登上山岩，或拉着粗绳索进入山洞，便先在山口把茶烤好研细，或用纸包、盒子装好，那么碾、拂末也可以不用。如果瓢、碗、火筴、札、熟盂、鹾簋等都放在一个筥内，都篮也可以不用。但是，在城市之中，王公贵族之家，如果二十四种煮茶器皿中缺少一样，茶道就废了。

十之图

【题解】

本章要求将全书内容分幅在白绢上写录下来，以方便张挂在室内观看。“陈诸座隅”“目击而存”，这样茶的起源、采制工具、制茶之法、煮饮器具、煮茶之法、饮茶之法、茶事历史、产地以及茶具的省略方式等，便随时都可以看到，记在心里。这样在制茶和品饮时便可得心应手。陆羽提出此要求，表明了他对《茶经》一书的自信与期待。

以绢素或四幅或六幅[①]，分布写之，陈诸座隅[②]，则茶之源、之具、之造、之器、之煮、之饮、之事、之出、之略，目击而存[③]，于是《茶经》之始终备焉。

【注释】

①以绢素或四幅或六幅：此处的图写张挂，不是专门有图，而是指把《茶经》本文写在素绢上挂起来。《四库全书提要》说：“其曰图者，乃谓统上九类写绢素张之，非有别图。其类十，其文实九也。”绢素，未曾染色的白绢。

②座隅：座位的旁边。隅，角落。

③目击：此处作看见。俗语有“目击者”。击，接触。

【译文】

把《茶经》的内容用白绢四幅或六幅分别写出来，张挂在座位旁边，这样，茶的起源、采制工具、制茶之法、煮饮器具、煮茶之法、饮茶之法、茶事历史、产地以及茶具的省略方式等，便随时都可以看到，记在心里，于是《茶经》从头至尾的内容就真正完备了。

续茶经

前言

自陆羽《茶经》之后，陆续又有《茶记》《茶谱》《茶录》《茶论》《茶疏》《茶解》等书问世，但其中大多湮没无传。直到清代才又出现了一部征引繁富而又非常实用的茶书——《续茶经》。《续茶经》是现存中国古代字数最多的一部茶书，保存了不少今天已经散佚的文献资料。《续茶经》与陆羽《茶经》一样，都是研究中国茶文化的必备之书。

陆廷灿其人

陆廷灿，字扶昭，号幔亭，清嘉定（今上海嘉定）人。（光绪）《嘉定县志》记载其“以诸生贡例选宿松教谕”。《崇安县新志》记载，陆廷灿于康熙五十六年（1717）至雍正元年（1723）任崇安（今福建武夷山市）县令。《武夷山志》记载其“洁已爱民，旌别淑慝，尝同王草堂较订《武夷山志》，表章往哲，刊播各集。每于公事入山，遇景留题。文章、经济兼而有之”。（光绪）《嘉定县志》记载“廷灿幼从王文简、宋荦游，深得作诗之趣”。清王士祯《香祖笔记》中也多次提到“嘉定门人陆廷灿”，由此证明陆廷灿应是王士祯和宋荦的门人。归田后，陆廷灿以“寿椿堂”为藏书室名，并将《续茶经》刊刻于世。除《续茶经》之外，另著有《南村随笔》六卷、《艺菊志》八卷。王士祯《香祖笔记》中记载陆廷灿还刊刻过《王徵士集》和《梁园风雅》两部书。

《续茶经》的成书过程

从本书《凡例》可知，陆廷灿本身酷爱饮茶，任崇安（今福建武夷山市）县令，崇安恰好是出产武夷茶的地方。当时的闽浙总督满保将武夷茶作为贡茶进献朝廷，经常向陆廷灿询问关于茶事的问题。为解答上司的质询，同时也是为了更好地造茶入贡，陆廷灿便于闲暇之时，在历代正史、野史、方志、笔记、文集和茶书中搜集资料，辑录了大量的茶文化史料和茶诗、茶文，也于是有了续写《茶经》的打算。但在知县任上公务繁冗，有此志向却没有时间顾及。直到任期满后，他以病为由回家休养，才得以“翻阅旧稿，不忍委弃，爰为序次”，经反复修订，历时十几年，在雍正十二年（1734），这本洋洋七万余字的《续茶经》终于刊印于世。

《续茶经》的内容

《续茶经》全书七万余字，作者从西汉至清历代正史、野史、方志、小说、笔记、文集、丛书、类书以及茶叶专著等各种典籍中，共征引一千零五十三则茶文化史料，这在当时是一部贯穿古今的茶学专著。其书完全依照陆羽《茶经》体例编撰而成，也分为上、中、下三卷，目次与陆羽《茶经》相同，另附录《茶法》一卷。

《续茶经》上卷三章，分别为“一之源”“二之具”“三之造”。“一之源”，共有一百零二则，主要论述了茶的起源与历史、茶叶品类的发展、茶树的种植特性与种植方法、茶叶的保健功效等。“二之具”，共二十九则，本章内容与陆羽《茶经·二之具》大不相同，所提及的器具基本都与饮茶、煮茶相关。“三之造”，共有九十则，主要论述了茶叶的采制工序，包括茶叶的采制、茶叶品质的鉴别、成品茶的贮藏方法等。中卷一章，为“四之器”，共有六十三则，通过大量史料，较为系统地叙述了自宋至清茶具的详细情况。下卷六章，分别为“五之煮”“六之饮”“七之事”“八之出”“九之略”“十之图”。“五之煮”，共有一百三十一则，主要论述了自唐以来煮茶用水的选择和茶叶的烹煮方法。"六之饮",共有八十六则,主要论述了饮茶的起源与历史、历朝历代不同的饮茶方式、饮茶的功效及茶叶的药用价值等。"七之事",共有二百一十一则,主要论述了历代茶的各类典实,如茶的品饮习俗、历代茶政、茶圣陆羽事迹、茶的神话传说、名人茶事、茶人轶事、各地名茶、茶诗茶文等。"八之出",共有一百六十六则,主要论述了自唐至清主要的产茶区和名茶产地,同时又记载古代名茶数百种。"九之略",共有一百五十二则,主要有《茶事著述名目》七十二种、《诗文名目》二十五种和《诗文摘句》六十余种等。"十之图",共有二十三则,主要列举了《历代图画书目》十余种以及南宋审安老人《茶具图赞》、顾元庆《茶谱》和元罗先登《续文房图赞》等有关茶图等。本书最后另附录"历代茶法"一卷,由唐至清共三十三则,这在历代茶书中也属首创。

《续茶经》的版本与历史价值

由陆廷灿《凡例》可知,《续茶经》成书于清雍正十二年(1734),后又做了订补工作,然后付之梨枣,即是寿椿堂刻本。后乾隆朝修《四库全书》时,《续茶经》全文收入《子部·谱录类》,从而形成了"四库全书本"。因《四库全书》全由人工缮写,故而流传至今的"四库全书本"又分为"文渊阁本"和"文津阁本"。抄本另外还有山东省图书馆所藏《茶书七种》清钞本。

从刊刻时间上看,寿椿堂刻本在前,"四库全书本"在后。寿椿堂刻本前有北平黄叔琳序跋,因刊刻者校勘极精,错讹较少。《四库全书》由人工缮写而成,在编撰过程中,由于部分总校、分校责任心不强,校勘疏忽,以致书中存在缮写错误、脱落颠倒等弊端,另外,"四库全书本"也无黄叔琳序跋。因此,寿椿堂刻本不仅是《续茶经》最早的版本,也是刊刻质量较为上乘的版本。

《四库全书总目提要》中写道:"自唐以来阅数百载,凡产茶之地,制茶之法，业已历代不同，即烹煮器具，亦古今多异，故陆羽所述，其书虽古而其法多不可行于今，廷灿一一订定补辑，颇切实用，其征引亦颇繁富。”由此《续茶经》虽名为续，实则为一部完全独立的著述。

首先，《续茶经》依照陆羽《茶经》体例，继承明代茶书辑集类的风格，广泛搜集汉至明清时期茶事文献进行汇编。

其次，《续茶经》内容丰富，其所征引的文献，不只局限于茶书中，也包括历代大量的正史、野史、方志、小说、笔记、文集、丛书、类书等，这是其他茶书所不具备的特点。《续茶经》的另一重要功绩就是保存了散佚文献，胡长春《陆廷灿〈续茶经〉述论》明确指出：《续茶经》“辑录了陆羽《顾渚山记》、裴汶《茶述》、周绛《补茶经》、乐思白《雪庵清史》、罗大经《建茶论》、桑庄《续茶谱》、范逵《龙焙美成茶录》、无名氏《瑞草总论》、邢士襄《茶说》、卜万祺《松寮茗政》、王草堂《茶说》、王梓《茶说》、吴从先《茗说》的部分佚文或片段，使这些稀见或已散佚的珍贵茶文献皆藉《续茶经》而得以辗转相传，成为目前极为珍贵的茶文化史料”。

再次，《续茶经·九之略》在内容上，完全跳出陆羽《茶经·九之略》的思路，主要记载茶诗及与茶相关的文献，这在创作形式上不拘泥于《茶经》体例，而新增《茶事著述名目》《诗文名目》《诗文摘句》三个篇章，极大地丰富了《续茶经》的内容。

最后，《续茶经·十之图》对茶具图版非常重视。“十之图”共收录三组图版，其中《茶具十二图》内容转引于宋审安老人《茶具图赞》，《竹炉并分封茶具六事》转引于明顾元庆《茶谱》，另外还收录了其他茶书未收入的罗先登《续文房图赞》。三组茶具图版的收录，使得《十之图》更加名副其实。

本书的处理方式

本书以清雍正十二年(1734)寿椿堂刻本为底本，参校以《文渊阁四库全书》本。

本书在整理过程中，曾参考鲍思陶纂注《茶典》(山东画报出版社，2004)、朱自振、沈冬梅编著《中国古代茶书集成》(上海文化出版社，2010)、杨东甫主编《中国古代茶学全书》(广西师范大学出版社，2011)、于良子注释《茶经》(浙江古籍出版社，2011)、曹海英译注《茶经·续茶经》(北方文艺出版社，2014)、崇贤书院译《图解茶经·续茶经》(黄山书社，2015)、肖思学译注《茶经·续茶经》(团结出版社，2016)、郭孟良注译《茶经·续茶经》(中州古籍出版社，2017)、文轩译注《茶经译注》(上海三联书店，2018)等专著，另参考杨多杰《〈续茶经〉研究》(首都师范大学硕士论文，2013)、胡长春《陆廷灿〈续茶经〉述论》(《农业考古》，2016年第2期)等论文，在此一并致谢！

为方便读者阅读，依照丛书体例，原文一般不出校记，明显错误径改。部分原文错漏之处，在注释中简单说明。注释部分力求精当，直译原文，以免去原书本意太远。由于本人学疏才浅，本次整理中定有不少谬误和不当之处，敬祈读者指正。

杜斌
2020年2月

序

嘉定陆君扶照，尝为崇安令[①]，进秩当得部曹[②]，需次里居[③]，多病却扫[④]，不即赴选[⑤]。其先人所治陶圃[⑥]，有林泉花木之胜。君徜徉其中[⑦]，对寒花[⑧]，啜苦茗，意甚乐之。曩尝手纂《菊志》[⑨]，今复取鸿渐所著《茶经》补且续焉，将锓以传世[⑩]，而征序于予[⑪]。

【注释】

①崇安：古地名，今福建武夷山市。

②进秩：晋升官职。部曹：汉代尚书分曹治事，魏晋以后，渐改吏曹为吏部，但六部各司仍有称曹的。到明清时代，部曹就成为各部司官之称。

③需次：旧时指官吏授职后，按照资历依次补缺，候任。里居：乡居。

④却扫：不再扫径迎客。谓闭门谢客。

⑤不即：不到。赴选：指前往吏部听候铨选。

⑥陶圃：即菊园。清初陆廷灿之父陆培远开辟，位于今上海嘉定南翔镇和平街东林庄桥北。园中菊花极盛。

⑦徜徉(cháng yáng):安闲自得貌。

⑧寒花:亦作“寒华”。寒冷时节开放的花。多指菊花。

⑨曩(nǎng):昔日,以往。纂(zuǎn):编辑。《菊志》:即《艺菊志》,八卷,清陆廷灿著。分考、谱、法、文、诗、词六个部分,并将艺菊图题词附在书后。

⑩锓(qǐn):雕刻。

⑪征:索要。有作者自谦意。

【译文】

嘉定陆扶照先生,曾为崇安县令,晋升官职应该为部曹,按照资历依次补缺候任,返乡居住,因身体多病而闭门谢客,不到吏部听候铨选。他已经去世的父亲所治理的菊圃,有山林泉石花草树木的胜景。先生在园中自在游憩,对菊饮茶,心情愉悦。以前他曾亲手编辑《艺菊志》,现在又为陆羽所著《茶经》进行续补,准备刊刻以流传于世,向我索要序言。

盖君素嗜茶,令崇安时,武夷隶其县境,仙石贡品甲于宇内。君官廉,政暇间及茶事,于采摘、蒸焙、试汤、候火之法,益得其精。是书之成,良有自已。予考茶之名,不见于经,昔人以“荼荠”之“荼”当之①。汉魏以下茶茗浸兴②,高人胜流③,资茗碗为谭助然④。或比之“水厄”⑤,斥为“酪奴”者亦不少矣⑥。

【注释】

①荼荠:荼、荠皆菜名。荼味苦,荠味甘。当:当作。

②浸(jìn):逐渐。

③胜流:名流。

④谭助:谈论的资料。谭,同“谈”。

⑤水厄：三国魏晋以后，渐行饮茶，其初不习饮者，戏称为“水厄”。后亦指嗜茶。南朝宋刘义庆《世说新语》：“晋王濛好饮茶，人至辄命饮之，士大夫皆患之。每欲往候，必云：‘今日有水厄。’”

⑥酪奴：茶的别名。北魏杨衒之《洛阳伽蓝记·正觉寺》：“（肃对曰：）‘羊比齐鲁大邦，鱼比邾莒小国。惟茗不中，与酪作奴。’……彭城王重谓曰：‘卿明日顾我，为卿设邾莒之食，亦有酪奴。’因此复号茗饮为酪奴。”

【译文】

先生一向酷爱饮茶，任崇安县令时，武夷山隶属崇安县，仙石贡品为寓内第一。先生为官廉洁正直，在为政空闲时间涉足茶事，对于茶的采摘、蒸焙、试汤、候火的方法，更得其精髓。这本书的完成，是有缘由的。我考察“茶”字名称，不见于经籍，以前的人以“荼荠”的“荼”当作“茶”。汉魏以后茶事逐渐兴盛，名流之士将饮茶作为谈资。有人也将它比喻为“水厄”，斥为“酪奴”的也不在少数。

自君家桑苎翁始抉摘精微①，著为《茶经》，远近倾慕。异时天随子亦深嗜之②，好事者每为遁泉致茗③。清风高致④，约略相方⑤。而君又为编缀缺遗⑥，发扬芳蕴⑦，使千年剩简⑧，旷焉若新⑨。微独桑苎有灵⑩，叹为知己，试从新泉活火⑪，纱帽试煎时⑫，一一细品读之，有不两腋生风⑬，抚掌称快者哉⑭！

【注释】

①抉摘：抉择，择取。精微：犹精粹。

②异时：往时，从前。天随子：亦省称“天随”。唐代诗人陆龟蒙的别号。在其《奉和太湖诗·缥缈峰》中有：“身为大块客，自号天随子。”

③遁(xún)泉致茗:按照茶与水的品级取水取茶。遁,意通“循”,沿着,顺着。

④清风高致:品格高洁,情致高雅。

⑤约略:大致,大概。相方:相当。

⑥编缀:犹编集。

⑦蕴:底蕴。

⑧剩简:遗书。此指陆羽《茶经》。

⑨旷:光明,明朗。

⑩微独:不单是,不仅仅。

⑪新泉活火:出自宋苏轼《试院煎茶》诗:“君不见,昔时李生好客手自煎,贵从活火发新泉。”

⑫纱帽试煎:出自唐卢仝《走笔谢孟谏议寄新茶》诗:“柴门反关无俗客,纱帽笼头自煎吃。”纱帽,纱制夏帽。

⑬两腋生风:唐卢仝爱喝茶,其《走笔谢孟谏议寄新茶》诗有“一碗喉吻润,两碗破孤闷……七碗吃不得也,唯觉两腋习习清风生”之句,后遂以“两腋风生”形容饮好茶后,人有轻逸欲飞之感。

⑭抚掌:拍手。多表示高兴、得意。

【译文】

自先生远祖陆羽开始择取精粹,编著《茶经》,使所有人仰慕。从前陆龟蒙也酷爱饮茶,好事者经常为他按照品级求取名泉之水与名茶。他们大都品格高洁、情趣高雅。先生又补《茶经》之缺漏,发扬其美好底蕴,使千年《茶经》遗书光彩如新。不仅陆羽在天有灵会叹为知己,即如我辈在汲水烹茶,戴着纱帽品饮时,试着仔细品读《续茶经》,也不觉有两腋生风之感,不由拍手称快!

曩予羁寓吴门[①],君父子以旧好时相过从[②],数邀予至其园居。清流曲径,老圃秋容[③],至今缅想[④]。窃意君虽不慕华朊[5]，而清才雅量当在山公水部间[6]，正不必陶彭泽一赋归来[7]，便裹足东篱[8]。

【注释】

①羁寓：寄居，旅居。吴门：指苏州或苏州一带。为春秋吴国故地，故称。

②过从：相互往来。

③秋容：犹秋色。

④缅想：遥想。

⑤华朊(wǔ)：华贵，显贵。

⑥清才雅量：品行高洁，气度宏大。山公水部：唐杜甫《北邻》诗："爱酒晋山简，能诗何水曹。"山公，即晋山简(253—312)，字季伦，山涛幼子。性嗜酒，镇守襄阳，常游高阳池，饮辄大醉。官至征南将军，都督荆、湘、交、广、宁、益州诸军事，镇襄阳。水部，即南朝梁诗人何逊。据《南史·何逊传》载，逊尝为尚书水部郎，又尝为建安王水曹，行参军兼记室。故后世称之为"何水部"。这里是说陆廷灿有山简、何逊一样的品行，堪任高官。

⑦陶彭泽：即陶渊明(352或365—427)，字元亮，又名潜，私谥"靖节"，世称靖节先生。浔阳柴桑(今江西九江)人。曾任江州祭酒、建威参军、镇军参军、彭泽县令等职。出仕彭泽县令八十多天便弃职而去，从此归隐田园，被称为"古今隐逸诗人之宗"。著有《陶渊明集》。

⑧裹足东篱：指隐居不仕。裹足，形容有所顾虑而止步。东篱，晋陶渊明《饮酒》诗之五："采菊东篱下，悠然见南山。"后因以指种菊之处，菊圃。

【译文】

以前我寄居吴门，与先生父子以旧交经常相互往来，数次邀请我到他们的菊园小住。清澈的流水，弯弯曲曲的小路，古旧的园圃呈现秋色，让我至今遥想。我以为先生虽不羡慕华美，然而品行高洁，气度宏大应在山简、何逊之间，不必如陶渊明写《归去来兮辞》弃职而去，从此终老菊园不再出仕吧。

《茶经》《菊谱》亦偶有寄焉，未敢遽以吴松、苕、霅高隐辈流相拟并也①。他时相见话旧论文，请用君法试泻一瓯②，涵澹廉襜③，共领清味可耳④。时雍正乙卯初夏北平黄叔琳拜手撰⑤。

【注释】

①吴松：即吴淞江，古称松江或吴江。发源苏州，于上海黄浦江汇入长江入海。苕、霅（zhá）：即苕溪与霅溪，均水名，在今浙江湖州境内。诸水滨古代多有高人隐士卜居。

②泻：倾注，倾倒。

③涵澹廉襜（chān）：形容沏茶时杯中茶水激荡至于逐渐平复的样子。涵澹，水摇荡之状。廉襜，即“簾襜”。簾，帘子。襜，裙子。皆有折皱，以喻水的波纹。

④清味：清香淡雅的气味。

⑤雍正乙卯：1735 年。黄叔琳（1672—1756）：幼名伟元，字昆圃，又字宏献，号金墩、北砚斋，晚号守魁。宛平（今属北京）人。累官至浙江巡抚、山东布政使等职。时推为巨儒，世称北平黄先生。著有《砚北易抄》《诗经统说》《周易节训》《夏小正注》《史通训诂补》《文心雕龙辑注》《周礼节训》《中州金石考》等。拜手：古代汉族男子一种跪拜礼。在下跪时，两手拱合，低头至手与手心平，而不及地，故称“拜手”。

【译文】

《茶经》《菊谱》也偶有寄托，不敢就以隐居吴松、苕、霅诸水滨的高人隐士相比拟。将来相见叙旧讨论文章时，请用先生的方法试着冲泡一杯茶，欣赏沏茶时杯中茶水激荡至于逐渐平复的样子，共同领略茶清香淡雅的气味而已。时雍正乙卯初夏北平黄叔琳拜手撰写。

凡例

《茶经》著自唐桑苎翁，迄今千有余载，不独制作各殊[①]，而烹饮迥异[②]，即出产之处亦多不同。余性嗜茶，承乏崇安[③]，适系武夷产茶之地。值制府满公[④]，郑重进献，究悉源流，每以茶事下询。查阅诸书，于武夷之外，每多见闻，因思采集为《续茶经》之举。曩以簿书鞅掌[⑤]，有志未遑[⑥]。及蒙量移[⑦]，奉文赴部，以多病家居，翻阅旧稿，不忍委弃[⑧]，爰为序次第。恐学术久荒，见闻疏漏，为识者所鄙，谨质之高明，幸有以教之，幸甚。

【注释】

①不独：不但，不仅。

②迥异：相差很远。

③承乏：承继空缺的职位。后多用作任官的谦词。

④制府：宋代的安抚使、制置使，明清两代的总督，均尊称为“制府”。

⑤簿书鞅掌：喻言公事繁忙。

⑥未遑：没有时间顾及，来不及。

⑦量移：多指官吏因罪远谪，遇赦酌情调迁近处任职。

⑧委弃：弃置，丢弃。

【译文】

自唐陆羽著《茶经》，至今已有千年，不仅制作各不相同，烹饮方法也相差很远，即使出产茶叶的地方也多有不同。我生性喜好饮茶，曾任崇安县令，此地恰好出产武夷茶。遇上总督满公，郑重进献，他为了探明茶的源流，常向我垂询茶事。于是我查阅各种书籍，于武夷茶之外，还多有见闻，因而考虑收集撰为《续茶经》。以前公事繁忙，有此志向也没时间顾及。现在承蒙调迁近处任职，奉朝廷的文书到吏部报到，因多病在家居住，翻阅旧稿，不忍心丢弃，于是给它按顺序编排。恐怕学术荒废太久，见闻疏忽遗漏，为有识者所鄙视，谨慎询问智慧之士，希望有所指教，甚感荣幸。

《茶经》之后，有《茶记》及《茶谱》《茶录》《茶论》《茶疏》《茶解》等书，不可枚举①，而其书亦多湮没无传。兹特采所见各书②，依《茶经》之例，分之源、之具、之造、之器、之煮、之饮、之事、之出、之略。至其图无传，不敢臆补③，以茶具、茶器图足之。

【注释】

①不可枚举：不能够一个个地列举。形容数量、种类极多。枚，个。

②兹：现在。

③臆：无根据，主观地。

【译文】

《茶经》出版以后，又有《茶记》及《茶谱》《茶录》《茶论》《茶疏》《茶解》等书，不能够一个个地列举，然而这些书也多埋没没有流传下来。现在特别采集所见到的各种书籍，依照《茶经》体例，分为茶之源、茶之具、茶之造、茶之器、茶之煮、茶之饮、茶之事、茶之出、茶之略。至于茶之图没有流传,不敢无根据地添补,以茶具、茶器图作为补充。

《茶经》所载,皆初唐以前之书。今自唐、宋、元、明以至本朝,凡有绪论[1],皆行采录[2]。有其书在前而《茶经》未录者,亦行补入。

【注释】

①凡有:所有,一切。绪论:言论。

②采录:采集并记录。

【译文】

《茶经》中所记载,都是初唐以前的书。今自唐、宋、元、明以至本朝,所有关于茶事的言论,都进行采集并记录。有的书在前而《茶经》未收录的,也进行补充收入。

《茶经》原本止三卷[1],恐续者太繁,是以诸书所见[2],止摘要分录。

【注释】

①止:仅。

②是以:所以,因此。

【译文】

《茶经》原本仅三卷,恐怕续书太繁琐,因此许多书中所见到的,只是摘录要点分别记录。

各书所引相同者,不取重复。偶有议论各殊者,姑两存之，以俟论定。至历代诗文暨当代名公钜卿著述甚多[1]，因仿《茶经》之例，不敢备录，容俟另编，以为外集[2]。

【注释】

①名公钜卿：同“名公巨卿”。指有名望的权贵。

②外集：正集（传世的定本）以外的文稿汇编，多为后人编集遗缺、伪作或次要作品而成。

【译文】

各书所引相同的，不重复取用。偶有议论各不相同的，暂且两种都保留，以等待编次确定。至于历代诗文及当代有名望的权贵著作太多，因仿照《茶经》体例，不敢一一收录，容另外编辑，作为正集以外的文稿汇编。

原本《茶经》[1]，另列卷首。

【注释】

①原本：第一次写成或刻成的书本。

【译文】

《茶经》的初刻本，另外排列在卷首。

历代茶法附后。

【译文】

历代茶法附于书后。

卷上

一之源

【题解】

本章从上百部古籍中搜集整理关于茶起源的文献资料一百零二则，主要论述了“茶”字的起源，茶的名称、历史，茶叶品类的发展，茶树的种植特性与种植方法，茶叶的药用价值及保健功效等。

与《茶经·一之源》相比，本章涉及“茶”字起源的文献资料更为丰富与多样，陆廷灿爬梳文献，举凡与“茶”相关者，皆予以收录。通过这些文献资料，大致可以明确“茶”字之发展脉络。《农政全书》“六经中无‘茶’，‘荼’即‘茶’也”，《唐韵》称“‘荼’字，自中唐始变作‘茶’”，陆羽《茶经》“从草，当作‘茶’字，其字出《开元文字音义》”，杨慎《丹铅总录》“茶，即古‘荼’字也”。事实上，作为“苦菜”的“荼”与作为品饮之物的“茶”是有区别的，唐颜师古《汉书注》、陆德明《经典释文》中，将“荼”的读音改为“茶”，但没有改变“荼”字的写法。直到陆羽的《茶经》、卢仝的《七碗茶歌》以及赵赞的茶禁以后，才以“茶”字取代了“荼”字。“茶”字定形于唐，据今已有一千多年的历史。

唐封演《封氏闻见记》记载，“茶，南人好饮之，北人初不多饮”，唐开元年间，泰山灵岩寺的降魔师大力倡导禅教，然学习禅务不能睡觉，又不能吃晚饭，只允许饮茶，于是“人自怀挟，到处煮饮。从此转相仿效，遂成风俗”。在《茶经》中，陆羽也说饮茶之风“盛于国朝，两都并荆渝间，以为比屋之饮”。陆羽《茶经》问世之后，使茶“用于世”，到了宋代，茶变成了人们日常的生活必需品。茶兴于唐而盛于宋，唐宋诗文中出现的大量茶的别名，如“蟾背、虾须、雀舌、蟹眼、瑟瑟、沥沥、霏霏、霭霭、鼓浪、涌泉、琉璃眼、碧玉池”等，从侧面反映了茶事内容之丰富。

元熊禾《勿轩集·北苑茶焙记》记载，茶作为贡品起始于唐朝，建安乡民张晖上表进贡北苑茶给朝廷。北宋年间，丁谓、蔡襄先后担任福建转运使时，贡茶额度急速增加，贡茶的制作也更为精巧，建安茶于是成为当时天下最名贵的茶。苏轼《荔枝叹》中写道：“君见武夷溪边粟粒芽，前丁后蔡相宠加。争新买宠各出意，今年斗品充官茶。”批判了因为进贡茶叶，权臣“争新买宠”的现象。

种植茶叶能得到可观的收益，因此在唐建中、贞元年间，赵赞、张滂建议征收茶叶十分之一的税收，从而形成了榷茶制度。到唐朝中期，茶税就和盐税一样成为国家定额赋税的一项重要来源。榷茶制度增加了国家的经济收入，也因为“以茶换马”的边境贸易，极大地支助了边防。但其间由于官员的贪腐，茶农深受其累。

关于茶树的生长环境的描述中，有不少强调光照条件重要性的文献记载。如，宋宋子安《东溪试茶录·序》中提到“茶宜高山之阴，而喜日阳之早”，明熊明遇《岕山茶记》也说“产茶处，山之夕阳胜于朝阳，庙后山西向，故称佳。总不如洞山南向，受阳气特专，足称仙品”，明罗廪《茶解》“茶地南向为佳，向阴者遂劣”，这与陆羽《茶经·一之源》提到的“阳崖阴林”观点是一致的。《茶解》中还提到，茶园内茶树适宜与本性相宜的梅花、桂花、木兰、玉兰、玫瑰、苍松、翠竹等间隔栽种，因为这些树木冬天落叶可以为茶树屏蔽霜雪，夏天枝繁叶茂可以为茶树遮掩烈日。

唐裴汶《茶述》认为茶“其性精清，其味浩洁，其用涤烦，其功致和”，以至于“得之则安，不得则病”“顷刻未得，则胃腑病生矣”，认为“彼芝术黄精，徒云上药，致效在数十年后，且多禁忌，非此伦也”，这可与陆羽

《茶经·一之源》"若热渴、凝闷、脑疼、目涩、四支烦、百节不舒，聊四五啜，与醍醐、甘露抗衡也"的说法相媲美。西晋张华《博物志》"饮真茶，令人少眠"，明乐纯《雪庵清史》"夫轻身换骨，消渴涤烦，茶荈之功，至妙至神"，从不同方面说明茶具有使人精神焕发、身体轻快、消热解渴、涤除烦恼等功效。

许慎《说文》①：茗，荼芽也②。

【注释】

①许慎《说文》：即东汉许慎所撰《说文解字》。这是我国第一部按部首编排的字典，正文共十四篇，叙目一篇，共计部首五百四十个，所释单字九千三百五十三个。《说文解字》集古文经学训诂大成，为后代研究文字及编辑字书最重要的根据。许慎（约58—约147），字叔重。汝南召陵（今河南郾城）人。东汉著名经学家、文字学家，有"五经无双许叔重"之赞赏。另著有《五经异义》等。

②荼芽：即茶芽。茶树未展开的嫩叶。采制为上等茶叶。荼，即"茶"字，唐代以前多称"荼"，唐代以后称"茶"。

【译文】

许慎《说文解字》记载：茗，就是茶芽。

王褒《僮约》①：前云"炰鳖烹荼"②，后云"武阳买荼"③。

注：前为苦菜，后为茗。

【注释】

①王褒《僮约》：西汉王褒所作辞赋名篇，是一份与奴仆便了订立的

劳动契约,规定便了必须完成的各项劳务。王褒,字子渊。蜀郡资中(今四川资阳)人。另著有《圣主得贤臣颂》等。

②炰(fǒu)鳖:蒸煮鲜美的馔食。炰,蒸煮。鳖,亦称甲鱼、团鱼,俗称“王八”。爬行动物,生活在水中,形状像龟,背甲上有软皮,无纹。肉可食,甲可入药。烹茶:指煮茶或沏茶。

③武阳:古地名。在今四川眉山彭山区。

【译文】

王褒《僮约》:在前面说到“炰鳖烹茶”,在后面又说到“武阳买茶”。原注:前面说的是苦菜,后面说的是茶叶。

张华《博物志》[①]:饮真茶,令人少眠。

【注释】

①张华《博物志》:十卷,西晋张华撰。志怪小说集。分类记载了异境奇物、古代琐闻杂事及神仙方术等。张华(232—300),字茂先。西晋范阳方城(今河北固安)人。曾任太常博士,又迁佐著作郎、长史兼中书郎等职,官至司空。

【译文】

张华《博物志》记载:品饮真正的好茶,能够使人解困少睡。

《诗疏》[①]:椒[②],树似茱萸[③],蜀人作茶,吴人作茗,皆合煮其叶以为香。

【注释】

①《诗疏》:即三国时吴国陆玑所著《毛诗草木鸟兽虫鱼疏》。二卷,针对《诗经》中提到的动植物进行注解,被称为中国第一部有关

动植物的专著。陆玑，字元恪，吴郡（今江苏苏州）人。仕太子中庶子、乌程令。

②椒：即花椒。落叶灌木或小乔木，果实球形，暗红色，种子黑色，可供药用或调味。

③茱萸：植物名。香气辛烈，可入药。古俗农历九月九日重阳节，佩茱萸能祛邪辟恶。

【译文】

陆玑《毛诗草木鸟兽虫鱼疏》记载：花椒树长得很像茱萸，蜀人在做茶，吴人在做茗的时候，都要把花椒叶与茶叶一起来烹煮用来增加茶的香味。

《唐书·陆羽传》[①]：羽嗜茶，著《经》三篇，言茶之源、之具、之造、之器、之煮、之饮、之事、之出、之略、之图尤备，天下益知饮茶矣。

【注释】

①《唐书》：即《新唐书》。纪传体唐朝史，二百二十五卷，北宋欧阳修、宋祁等撰。

【译文】

《新唐书·陆羽传》记载：陆羽喜爱饮茶，著有《茶经》三篇，讲述了茶的起源、采制工具、加工制造、煮饮器具、煮茶方法、饮茶方式、茶事典故、产地、喝茶时茶具的省略方式和茶图等等，内容详实，自此天下人才渐渐知道饮茶了。

《唐六典》[①]：金英、绿片[②]，皆茶名也。

【注释】

①《唐六典》:全称《大唐六典》,三十卷,旧题唐玄宗撰、李林甫等注,实为张说、陆坚、萧嵩、张九龄等人编纂,成书于开元二十六年(738)。《唐六典》分正文和注释两部分,正文根据贞观六年(632)制定的官令,规定了唐代中央和地方国家机关的机构、编制、人员、职掌、品级、待遇、官员的选拔、考课和活动方式方法等。注文则说明了自周、秦以至隋、唐官吏职掌的沿革。六典之名出自《周礼》,原指治典、教典、礼典、政典、刑典、事典,后世设六部即本于此。

②金英:茶名。始见于唐。绿片:茶名。《事物异名录·饮食·茶》:"《庶物异名疏》:金英、绿片,茶名,见《唐六典》。"

【译文】

《唐六典》记载:金英、绿片,都是茶叶的名字。

《李太白集·赠族侄僧中孚玉泉仙人掌茶序》[①]:余闻荆州玉泉寺近青溪诸山[②],山洞往往有乳窟[③],窟多玉泉交流[④]。中有白蝙蝠,大如鸦。按仙经[⑤]:"蝙蝠,一名仙鼠。千岁之后,体白如雪。栖则倒悬,盖饮乳水而长生也。"其水边处处有茗草罗生[⑥],枝叶如碧玉。惟玉泉真公常采而饮之[⑦],年八十余岁,颜色如桃花。而此茗清香滑熟,异于他茗,所以能还童振枯[⑧],扶人寿也[⑨]。余游金陵[⑩],见宗僧中孚示余茶数十片,卷然重叠[⑪],其状如掌,号为仙人掌茶。盖新出乎玉泉之山,旷古未觏[⑫]。因持之见贻[⑬],兼赠诗,要余答之[⑭],遂有此作。俾后之高僧大隐[⑮],知仙人掌茶发于中孚禅子及青莲居士李白也。

【注释】

①《李太白集》：又名《李翰林集》，唐代诗文别集名，唐李白撰。李白（701—762），字太白，号青莲居士，陇西成纪（今甘肃秦安）人。唐代伟大的浪漫主义诗人，有“诗仙”“酒仙”“谪仙人”之称。仙人掌茶：唐代名茶。产于今湖北当阳玉泉山麓玉泉寺一带，因其状似仙人掌而得名。

②荆州：古代九州之一，在荆山、衡山之间。天宝间为江陵府。辖境相当今湖北荆门、当阳以南、枝江、松滋以东和潜江、石首以西地区。

③乳窟：石钟乳丛生的洞穴。南朝梁任昉《述异记》卷下：“荆州、清溪、秀壁诸山，山洞往往有乳窟。”

④玉泉：清泉的美称。

⑤仙经：泛指道教经典。

⑥罗生：丛生。

⑦玉泉真公：吕温《南岳弥陀寺承远和尚碑》：“开元二十三年，至荆州玉泉寺谒兰若真和尚，即玉泉真公也。”

⑧还童振枯：返老还童，使枯弱的人振作起来。

⑨扶：增益。

⑩金陵：今江苏南京别称。

⑪卷然：柔弱貌。

⑫旷古未觏（gòu）：从古至今未遇见过。觏，遇见，看见。

⑬见贻：犹见赠。

⑭要：约请，邀请。

⑮俾：使。大隐：指真正的隐士。

【译文】

《李太白集·赠族侄僧中孚玉泉仙人掌茶序》记载：我听说在荆州玉泉寺附近的青溪等山，山洞里面往往有石钟乳丛生的洞穴，洞穴里面有许多清泉在这里交汇。里面有白色的蝙蝠，大的就像乌鸦一样。按仙经里的记载："蝙蝠，又称为仙鼠。千年以后，蝙蝠的身体像雪一样洁白。栖息时就倒挂在洞穴的壁上，这些蝙蝠就是因为饮用了钟乳水才得以长生的。"在这些泉水边上茶树丛生，茶树的枝叶就像碧玉一般。只有玉泉真公经常采摘并饮用，他八十多岁时，仍然面如桃花。而这些茶叶格外清香滑熟，不同于其他的茶，所以饮用后能够使人返老还童，延年益寿。我在游览金陵时，见到同宗的僧人中孚给我展示了数十片茶叶，其叶片都柔弱卷曲在一起，形状就像人的手掌一样，因此称为仙人掌茶。仙人掌茶是玉泉山新出产的品种，从古至今未曾见过。因此中孚拿来一些茶赠送于我，并赠诗于我，邀请我为他的诗作答，于是就有了这篇诗作。以便使后世高僧和隐士能够知道仙人掌茶发源于中孚禅子以及青莲居士李白。

《皮日休集·茶中杂咏诗序》①：自周以降，及于国朝茶事，竟陵子陆季疵言之详矣。然季疵以前称茗饮者，必浑以烹之②，与夫瀹蔬而啜者无异也③。季疵之始为《经》三卷，由是分其源，制其具，教其造，设其器，命其煮。俾饮之者除痟而去疠④，虽疾医之不若也⑤。其为利也，于人岂小哉？余始得季疵书，以为备矣，后又获其《顾渚山记》二篇⑥，其中多茶事；后又太原温从云、武威段碻之各补茶事十数节⑦，并存于方册⑧。茶之事，由周而至于今，竟无纤遗矣⑨。

【注释】

①《皮日休集》：唐代诗文别集名，皮日休撰。皮日休（约838—约883），字袭美，一字逸少。居鹿门山，自号鹿门子，又号间气布衣、醉吟先生。襄阳竟陵（今湖北天门）人。与陆龟蒙并称"皮陆"，有唱和集《松陵集》。

②浑：混同，混合。

③瀹（yuè）蔬：煮菜。瀹，煮。啜：饮，吃。

④痟（xiāo）：痟渴，中医指糖尿病、水崩症等。疠（lì）：恶疮，麻风。

⑤疾医：古代医官名。不若：不如，比不上。

⑥《顾渚山记》：顾渚山在浙江长兴县境，是苕溪西源的流经地，其后陆龟蒙也在这里置茶园，从“后又获其《顾渚山记》二篇”一句中的“其”字看，似乎陆羽隐居苕溪时，也作有《顾渚山记》。

⑦温从云：不详，待考。段碣（xì）之：不详，待考。

⑧方册：简牍，典籍。

⑨竟无纤遗：竟然没有一丝遗漏。纤，细微，微小。

【译文】

《皮日休集·茶中杂咏诗序》记载：自周朝以来到唐朝之间的茶事，竟陵子陆羽已经讲得非常详尽了。但是陆羽以前所谓的茗饮，一定是混合了其他草木一起烹煮的，那时煮茶与煮菜汤喝没什么区别。自从陆羽编撰《茶经》三卷，于是人们才开始分析茶的起源，制作茶具，教以制茶的技术，设置煮茶的器具，命名煮茶的方式。从而使饮茶的人解除痟渴和恶疮的痛苦，即使是专门治疗疾病的医生也比不上。茶对人带来的益处，难道还小吗？我最初得到陆羽的《茶经》时，认为已经很详备了，后来又得到他编撰的《顾渚山记》两篇，看到其中也有很多关于茶的内容；再后又看到太原人温从云、武威人段碣之各自补充茶事的十数节文字，与陆羽《茶经》一并保存于典籍。这样茶事从周朝至今竟然没有一丝遗漏了。

《封氏闻见记》[①]：茶，南人好饮之，北人初不多饮。开元中[②]，太山灵岩寺有降魔师，大兴禅教[③]。学禅务于不寐，又不夕食[④]，皆许饮茶。人自怀挟[⑤]，到处煮饮。从此转相仿效，遂成风俗。起自邹、齐、沧、棣[⑥]，渐至京邑[⑦]，城市多开店铺，煎茶卖之[8]，不问道俗[9]，投钱取饮。其茶自江淮而来[10]，色额甚多[11]。

【注释】

①《封氏闻见记》：共十卷，唐封演撰。前六卷记掌故，卷七、卷八记古迹及杂论，卷十记当时士大夫轶事，末附数条谐谑之事。所记故实内容广泛翔实，且多加考辨，颇具史料价值。封演，渤海蓨（今河北景县）人。天宝中为太学诸生，天宝十五载（756）登进士第。

②开元：唐玄宗年号（713—741）。

③禅教：禅与教之并称。即禅宗与教宗。

④夕食：吃晚饭。

⑤怀挟：携带。

⑥邹：邹州。唐武德元年（618）置，治所在临济县（今山东济南章丘区西北临济村）。齐：齐州。北魏皇兴三年（469）改冀州置，治历城县（今山东济南）。隋大业初改为齐郡。唐武德元年（618）又改为齐州。沧：沧州。北魏熙平二年（517）析瀛、冀二州置，治饶安县（今河北盐山县西南）。以沧海为名。唐移治清池县（今河北沧州东南）。棣（dì）：棣州。隋开皇六年（586）置，治所在阳信县（今山东阳信南）。大业二年（606）改沧州，后又改渤海郡。唐武德四年（621）复改棣州，寻废；贞观十七年（643）又置，移治厌次县（今山东惠民东南四十里先棣州）。天宝元年（742）改乐安郡，乾元元年（758）复改棣州。

⑦京邑：京城。

⑧煎茶：烹茶。

⑨道俗：出家之人与世俗之人。

⑩江淮：泛指长江与淮河之间的地区。

⑪色额：种类，数量。

【译文】

封演《封氏闻见记》记载：茶，南方人喜欢饮茶，北方人起初饮茶的并不多。到唐开元年间，泰山灵岩寺的降魔师大力倡导禅教。而学习禅务必不能睡觉，又不能吃晚饭，只允许饮茶。因而人们各自携带茶叶，随处烹煮饮茶。从此以后相互仿效，于是就逐渐形成饮茶的风俗。从邹州、齐州、沧州、棣州，渐渐流传到京城长安，城市里开了许多店铺都在烹茶出售，不论僧徒还是世俗之人，投钱就可以取来品饮。茶叶是从江淮地区运来的，种类和数量都很多。

《唐韵》[①]："荼"字，自中唐始变作"茶"。

【注释】

①《唐韵》：五卷，唐孙愐撰。约成书于唐开元二十年(732)之后。是当时影响最大的一部韵书《切韵》的增订本。孙愐，字叔文。唐音韵学家。

【译文】

孙愐《唐韵》记载："荼"字，从中唐时期才开始变成"茶"字。

裴汶《茶述》[①]：茶，起于东晋，盛于今朝。其性精清[②]，其味浩洁[③]，其用涤烦[④]，其功致和[⑤]。参百品而不混，越众饮而独高。烹之鼎水[⑥]，和以虎形，人人服之，永永不厌[⑦]。得之则安，不得则病。彼芝术黄精[⑧]，徒云上药，致效在数十年后，且多禁忌，非此伦也。或曰多饮令人体虚病风[⑨]。余曰不然。夫物能祛邪[⑩]，必能辅正[⑪]，安有蠲逐聚病而靡裨太和哉[⑫]？今宇内为土贡实众[⑬]，而顾渚、蕲阳、蒙山为上[⑭]，其次则寿阳、义兴、碧涧、㴩湖、衡山[15]，最下有鄱阳、浮梁[16]。今者其精无以尚焉，得其粗者，则下里兆庶[17]，瓯碗纷糅[18]；顷刻未得，则胃腑病生矣。人嗜之若此者，西晋以前无闻焉。至精之味或遗也。因作《茶述》。

【注释】

①裴汶《茶述》：一卷，唐裴汶撰，原书已佚。据宋刘弇《龙云集》卷二八《策问》中第十八条“茶”：“然犹陆羽著经，毛文锡缀谱，温庭筠、张又新、裴汶之徒，或纂《茶录》、或制《水经》、或述《顾渚》，至相踵于世”，则知《茶述》是有关顾渚茶的。裴汶，河东（今属山西）人。宪宗元和六年（811）自澧州刺史改任湖州刺史，八年，迁常州刺史，又为左司员外郎。

②精清：精良清澈。

③浩洁：丰富纯净。

④涤烦：祛除烦恼。

⑤致和：谓人事极其和顺。

⑥鼎水：鼎中的水。

⑦永永：长远，长久。

⑧芝术：灵芝、白术，皆为药草名。灵芝有补气养血、补肝理气、调经活血之效。白术有燥湿、化浊、止痛等效。黄精：药草名。多年生草本，中医以根茎入药。有补脾、润肺生津之效。

⑨病风：患风播或风痹病。

⑩祛邪：驱除邪恶。

⑪辅正：辅佐匡正。

⑫蠲（juān）：除去，免除。裨：增添，补助。太和：人的精神、元气，平和的心理状态。

⑬宇内：天下。土贡：古代臣民或藩属向君主进献的土产。

⑭顾渚:即顾渚山,在今浙江长兴西北。以出产贡品紫笋茶而闻名于世。蕲阳:今湖北蕲春。以出产贡品蕲门团黄而闻名于世。蒙山:即蒙顶山,在今四川雅安境内。以出产贡品蒙顶山茶而闻名于世。

⑮寿阳:今安徽寿县。以出产霍山茶著称。义兴:今江苏宜兴。以出产义兴紫笋茶著称。碧涧:今湖北松滋。以出产碧涧茶著称。滃(yōng)湖:今湖南岳阳南湖。以出产滃湖含膏茶著称。衡山:在今湖南衡阳。以出产衡山茶著称。

⑯鄱阳:今江西鄱阳湖。唐代即在其滨湖的庐山开茶园。浮梁:今江西景德镇。以出产红茶著称。

⑰下里:谓乡里,乡野。兆庶:犹言兆民。

⑱瓯碗:茶盏。纷糅:众多而杂乱。

【译文】

裴汶《茶述》记载:茶起源于东晋,盛行于唐朝。茶的本性精良清澈,味道丰富纯净,具有祛除烦恼,使人事和顺的作用。即使参杂上百种物品也不会相混,而且会超越其他饮品而独具风味。煮茶要先用古鼎盛水煮沸,再用虎形茶具调和,人人都喜欢饮茶,永远不会厌烦。饮茶会使人身体安康,不饮茶则容易生病。那些灵芝、白术、黄精之类的药材,白白被称为是上等的药材,然而成效却在数十年之后才可以显现,而且还有许多禁忌,与茶不能匹敌。有人说饮茶过多容易令人体质虚弱患风搐或风痹病。我认为不是这样的。一般来说能够祛除邪气的物品,就一定能够辅助正气,哪里有祛除了邪气而无益于人的精神元气呢?如今天下以茶作为当地特产进贡给皇帝的地方实在太多,其中以顾渚山、蕲春、蒙顶山所产的茶为上品,其次则是寿阳、义兴、碧涧、滃湖、衡山所产的茶,最差的是鄱阳、浮梁所产的茶。精品不用说了,即使得到品质较差的粗茶,乡下的老百姓无不推杯换盏,纷纷品饮;一时间没有饮茶,那么肠胃六腑就会产生疾病。人们如此嗜好饮茶,在西晋以前还从未听说过。考虑到天下最美味的茶事可能有遗漏,因而我才作了《茶述》来介绍。

宋徽宗《大观茶论》[①]：茶之为物，擅瓯闽之秀气[②]，钟山川之灵禀[③]。祛襟涤滞[④]，致清导和[⑤]，则非庸人孺子可得而知矣[⑥]。冲淡闲洁[⑦]，韵高致静[⑧]，则非遑遽之时可得而好尚矣[⑨]。

【注释】

①宋徽宗《大观茶论》：宋徽宗赵佶关于茶的专论，成书于大观元年(1107)。全书共二十篇，对北宋时期蒸青团茶的产地、采制、烹试、品质、斗茶风尚等均有详细记述。

②擅：占有。瓯闽：今浙江东南部和福建地区。瓯，原古代部落，百越的一支，在今浙江瓯江流域一带，指浙江东南部地区。闽，指福建。

③钟：聚集，集中。灵禀：灵性。

④祛襟涤滞：消除郁滞，开阔胸怀。祛，除去，开散。襟，胸怀，心怀。涤，清除，洗涤。滞，郁滞，不舒展。

⑤致清导和：引导人达到清静平和的心境。致，获得，达到。清，高洁，纯洁。导，引导。和，平和，和谐。

⑥庸人孺子：平常人和小儿。

⑦冲淡：冲和淡泊。闲洁：闲静高洁。

⑧韵高致静：情趣高雅，导人宁静。

⑨遑遽(huáng jù)：惊惧不安。好尚：爱好和崇尚。

【译文】

宋徽宗《大观茶论》记载：茶作为一种植物，据有浙江东南部和福建地区的灵秀之气，集聚了山川的灵性。饮茶可消除郁滞，开阔人的胸怀，引导人达到清静平和的心境，这其中的韵味就不是平常人和小儿所能体会得到的。茶饮冲和淡泊，闲静高洁，情趣高雅，导人宁静，则不是在惊惧不安的时候去爱好和崇尚的。

本朝之兴，岁修建溪之贡[①]，龙团凤饼[②]，名冠天下，而壑源之品[③]，亦自此而盛。延及于今，百废具举[④]，海内宴然[⑤]，垂拱密勿[⑥]，幸致无为[⑦]。缙绅之士[⑧]，韦布之流[⑨]，沐浴膏泽[⑩]，薰陶德化[⑪]，咸以雅尚相推[⑫]，从事茗饮。故近岁以来[⑬]，采择之精，制作之工，品第之胜[⑭]，烹点之妙[⑮]，莫不盛造其极。

【注释】

①建溪：水名。在福建，为闽江北源。其地产名茶，号建茶。因亦借指建茶。宋梅尧臣《得雷太简自制蒙顶茶》诗："陆羽旧《茶经》，一意重蒙顶，比来唯建溪，团片敌汤饼。"

②龙团凤饼：即龙凤团茶。亦省称"龙凤"。宋时制为圆饼形贡茶，上有龙凤纹。宋王辟之《渑水燕谈录·事志》："建茶盛于江南，近岁制作尤精，龙凤团茶最为上品，一斤八饼。庆历中，蔡君谟为福建运使，始造小团以充岁贡，一斤二十饼，所谓上品龙茶者也。仁宗尤所珍惜，虽宰臣未尝辄赐，惟郊礼致斋之夕，两府各四人，共赐一饼。宫人剪金为龙凤花贴其上，八人分蓄之，以为奇玩，不敢自试，有嘉客，出而传玩。"

③壑源：宋代贡茶名。本为地名，转作茶名。在建州之东北苑之南山，民间称之为捍火山，又称望州山。有壑源口、正壑岭、壑岭尾之分，逾岭即为叶源、沙溪。其茶品质迥异。宋代，其茶声誉鹊起，身价百倍。

④百废具举：同"百废俱举"。谓一切废置的事都兴办起来。

⑤海内宴然:全国安定。海内,国境之内,全国。古谓我国疆土四面临海,故称。宴然,安宁,安定。

⑥垂拱密勿:无为而治或勤勉从事。垂拱,垂衣拱手。谓不亲理事务。《尚书·武成》:“惇信明义,崇德报功,垂拱而天下治。”孔颖达疏:“谓所任得人,人皆称职,手无所营,下垂其拱。”后多用以称颂帝王无为而治。密勿,勤勉努力。

⑦幸致无为:有幸达到无为而天下治理的境地。无为,无为之治,喻天下太平。

⑧缙绅:插笏于绅带间,旧时官宦的装束。此借指士大夫。

⑨韦布:韦带布衣。古指未仕者或平民的寒素服装。借指寒素之士,平民。

⑩沐浴膏泽:蒙受恩惠。沐浴,蒙受,受润泽。膏泽,比喻恩惠。

⑪薰陶德化:德教的熏染陶冶。薰陶,熏染陶冶。比喻因为经常和某些人物或环境相接触,而使人在思想、性格、品德等方面受到好的影响。德化,犹德教。

⑫雅尚:风雅高尚。相推:互相推崇。

⑬近岁:近年。

⑭品第之胜:品评茶叶之兴盛。品第,谓评定并分列次第。

⑮烹点:煮水泡茶。

【译文】

自本朝兴起之初,就在福建建溪开始制造贡茶,其中龙凤团茶,名冠天下,而壑源茶的品名,也从此兴盛。从建国之初一直延续至今,一切废置的事都兴办起来,全国安定,君臣上下勤勉从事,幸而达到无为而天下治的境地。无论士大夫,还是平民百姓,都蒙受恩惠,受德教的熏染陶冶,推崇高雅生活风尚,竞相从事茶饮。所以近年以来,采摘茶叶之精致、制作茶叶之工巧、品评茶叶之兴盛、烹水点茶之精妙,无不达到登峰造极的地步。

呜呼！至治之世[①]，岂惟人得以尽其材[②]，而草木之灵者，亦得以尽其用矣。偶因暇日[③]，研究精微，所得之妙，后人有不知为利害者，叙本末二十篇，号曰《茶论》。一曰地产，二曰天时，三曰采择，四曰蒸压，五曰制造，六曰鉴别，七曰白茶[④]，八曰罗碾，九曰盏，十曰筅[⑤]，十一曰瓶，十二曰杓[⑥]，十三曰水，十四曰点，十五曰味，十六曰香，十七曰色，十八曰藏焙，十九曰品名，二十曰外焙。

【注释】

①至治之世：指安定昌盛、教化大行的政治局面或时世。

②岂惟：难道只是，何止。

③偶因暇日：正好利用空闲的日子。偶，正好。暇日，空闲的日子。

④白茶：宋代北苑贡茶品种之一，因品质优良、产量少而难得，一直在北苑贡茶中名列第一。宋徽宗《大观茶论·白茶》："白茶自为一种，与常茶不同。其条敷阐，其叶莹薄，崖林之间，偶然生出。非人力所可致，有者不过四五家，生者不过一二株，所造止于二三銙而已。"

⑤筅（xiǎn）：炊帚，刷帚。用竹丝等做成的洗刷锅、碗、杯等的用具。

⑥杓（sháo）：同"勺"。

【译文】

呜呼！在这样安定昌盛、教化大行的时世下，何止只是人能尽其材，灵秀的草木也要充分展示其功用。正好利用空闲的日子，研究茶事精深微妙之处，有所感悟，怕后人不知其中利害，所以叙写茶事本末二十篇，取名《茶论》。第一称为地产，第二称为天时，第三称为采择，第四称为蒸压，第五称为制造，第六称为鉴别，第七称为白茶，第八称为罗碾，第九称为盏，第十称为筅，第十一称为瓶，第十二称为勺，第十三称为水，第十四称为点，第十五称为味，第十六称为香，第十七称为色，第十八称为藏焙，第十九称为品名，第二十称为外焙。

名茶各以所产之地，叶如耕之平园、台星岩，叶刚之高峰青凤髓，叶思纯之大岚，叶屿之屑山，叶五崇林之罗汉上水桑芽，叶坚之碎石窠、石臼窠，一作六窠。叶琼、叶辉之秀皮林，叶师复、师贶之虎岩，叶椿之无又岩芽，叶懋之老窠园，各擅其美，未尝混淆，不可概举。焙人之茶[①]，固有前优后劣、昔负今胜者，是以园地之不常也。

【注释】

①焙人：焙茶的工人。

【译文】

名茶各有其出产之地，叶如耕的平园、台星岩，叶刚的高峰青凤髓，叶思纯的大岚，叶屿的屑山，叶五崇林的罗汉上水桑芽，叶坚的碎石窠、石臼窠，也作六窠。叶琼、叶辉的秀皮林，叶师复、叶师贶的虎岩，叶椿的无又岩芽，叶懋的老窠园，这些茶都各有各的美味，未曾混杂错乱，无法一一列举出来。焙茶的工人所制造出来的茶，本来就有以前品质好现在品质差的，也有以前品质差现在品质提高的，所以茶的产地不可能固定不变。

丁谓《进新茶表》[①]：右件物产异金沙[②]，名非紫笋。江边地暖，方呈彼茁之形[③]；阙下春寒[④]，已发其甘之味。有以少为贵者，焉敢韫而藏诸[⑤]。见谓新茶，实遵旧例。

【注释】

①丁谓(966—1037)：字谓之，后更字公言。宋长洲(今江苏苏州)

人。曾任福建漕使，督造贡茶，创制大龙凤团饼茶。

②金沙：即金沙泉。顾渚山东南麓有一直径约120厘米的泉眼。水从泉眼涌流，终年不断。据清《长兴县志》："顾渚贡茶院侧，有碧泉涌沙，灿如金星。"故而得名金沙泉。

③茁：草木茂盛貌。

④阙下：借指京城。

⑤韫（yùn）：收藏。

【译文】

丁谓《进新茶表》记载：献的新茶，不是金沙泉水所造，名字不叫紫笋。江南大地回暖，茶芽初发刚刚呈现茁壮的样子；在京城春季寒冷时，它已经散发甘甜的味道。物以稀为贵，我怎么敢私自藏匿而不进贡呢？这次我进贡的新茶，实际也是遵循以前的惯例。

蔡襄《进〈茶录〉表》[①]：臣前因奏事，伏蒙陛下谕臣先任福建运使日，所进上品龙茶最为精好。臣退念草木之微，首辱陛下知鉴[②]，若处之得地，则能尽其材。昔陆羽《茶经》，不第建安之品[③]；丁谓《茶图》[④]，独论采造之本。至烹煎之法，曾未有闻。臣辄条数事，简而易明，勒成二篇[⑤]，名曰《茶录》。伏惟清闲之宴[⑥]，或赐观采[⑦]，臣不胜荣幸。

【注释】

①蔡襄（1012—1067）：字君谟，福建仙游（今属福建）人。先后任馆阁校勘、龙图阁直学士等职。另著有《荔枝谱》等。《茶录》：全书分为上下两篇，上篇论茶，分色、香、味、藏茶、炙茶、碾茶、罗茶、候汤、熁盏、点茶十目，主要论述茶汤品质和烹饮方法。下篇论器，分茶焙、茶笼、砧椎、茶钤、茶碾、茶罗、茶盏、茶匙、汤瓶九目，

论烹茶器具。

②知鉴：知遇和品鉴。

③不第建安之品：此指建安茶没有被提到。不第，不品评，没提到。建安，今福建建瓯。

④丁谓《茶图》：即丁谓所著《北苑茶录》三卷。

⑤勒：雕刻。此指编辑。

⑥伏惟：下对上陈述时的表敬之辞。

⑦观采：观察采择，观赏采取。

【译文】

蔡襄《进〈茶录〉表》记载：臣以前上奏请求事情，承蒙陛下您谕示先前我在任福建转运使的时候，进贡的上品龙茶最为精妙。臣退朝之后经常会感念像茶这样微不足道的草木，竟然能够得到陛下的知遇和品鉴，如果能够处理得当的话，那么就可以充分发挥它的价值了。以前陆羽的《茶经》，没有提到建安茶；丁谓的《北苑茶录》，也仅是论及茶叶采摘制造的方法。至于烹煮茶叶的方法，以前并没有听说过。于是臣就罗列了几个方面，简单明了地编辑成两篇，称为《茶录》。臣希望陛下您在宫廷宴会上能够观赏采用，我将不胜荣幸。

欧阳修《归田录》①：茶之品，莫贵于龙凤，谓之团茶，凡八饼重一斤。庆历中②，蔡君谟始造小片龙茶以进，其品精绝，谓之小团，凡二十饼重一斤，其价值金二两。然金可有，而茶不可得。每因南郊致斋③，中书、枢密院各赐一饼④，四人分之。宫人往往缕金花于其上，盖其贵重如此。

【注释】

①欧阳修《归田录》：二卷，凡一百十五条，宋欧阳修撰。此为欧阳修晚年辞官闲居颍州时作，故书名归田。多记朝廷旧事和士大

夫琐事，大多系亲身经历、见闻，史料翔实可靠。欧阳修（1007—1072），字永叔，号醉翁，又号六一居士。谥号文忠，世称欧阳文忠公。吉安永丰（今属江西）人。另著有《集古录》等，后人辑有《欧阳文忠公集》。

②庆历：宋仁宗年号（1041—1048）。

③南郊致斋：指皇帝亲自主持的祭天大典。南郊，特指帝王祭天的大礼。致斋，古代祭祀前沐浴净身，戒除嗜欲，以示虔诚。

④中书：官署名。唐代的中书省、宋代的政事堂，亦直称为“中书”。枢密院：官署名。主管官称枢密使。五代后梁建崇政院，改枢密使为崇政使、知院事。后唐庄宗同光元年（923）改为枢密院，崇政使为枢密使，与宰相共秉朝政，文事出中书，武事出枢密。宋代与中书省分掌军政，号为“二府”。

【译文】

欧阳修《归田录》记载：在茶的品类中，没有比龙凤团茶更为珍贵的了，称为“团茶”，每八个茶饼重一斤。庆历中，蔡襄开始制造了小片的龙团茶用来进贡，它的品质精妙绝伦，被称为“小龙团茶”，每二十个茶饼重一斤，值二两黄金。然而黄金易得，小龙团茶却极其难得。因为每年只有在皇帝亲自主持的祭天大典时，才会给中书省、枢密院各赐一个茶饼，一个茶饼四个人一起分。宫人往往用剪成龙凤的图案贴在茶饼之上，由此可见茶饼的贵重。

赵汝砺《北苑别录》①：草木至夜益盛，故欲导生长之气，以渗雨露之泽。茶于每岁六月兴工②，虚其本③，培其末④，滋蔓之草⑤，遏郁之木⑥，悉用除之，政所以导生长之气而渗雨露之泽也，此之谓开畬⑦。唯桐木则留焉。桐木之性与茶相宜，而又茶至冬则畏寒，桐木望秋而先落；茶至夏而畏日[8],桐木至春而渐茂。理亦然也。

【注释】

①赵汝砺《北苑别录》:一卷,宋赵汝砺撰。淳熙十三年(1186)赵汝砺官福建路转运司主管帐司时,以熊蕃《宣和北苑贡茶录》尚欠完备,遂撰是编。前后皆有自序,正文约二千八百余字。分御园、开焙、采茶、拣茶、蒸茶、榨茶、研茶、造茶、过黄、纲次、开畬、外焙等十二目。记述御茶园地址、采制方法、贡茶种类及其数量等。可补熊书之缺,为研究饮茶史及宋代贡茶制度的珍贵资料。

②兴工:动工,开工。

③虚其本:指修剪茶树枝条。

④培其末:培养茶树的嫩枝芽。

⑤滋蔓:生长蔓延。

⑥遏:遮蔽。郁:指树木丛生的样子。

⑦开畬(shē):指松土、除草等耕作农艺。

⑧畏日:害怕日晒。

【译文】

赵汝砺《北苑别录》记载:草木之类的在晚上会更加茂盛,所以要引导它们的生长之气,渗透雨露使其滋润。茶园基本上会在每年农历的六月开工,要修剪茶树枝条,以培养茶树的嫩枝芽,蔓延的杂草,遮蔽茶树生长的杂树,都要清除干净,这样就可以引导生长之气,渗透雨露使其得到滋润了,这被称为开畬。只有园里的桐树可以保留下来。桐树本性与茶树相宜,茶树到了冬天害怕寒冷,桐树则一到秋天就开始落叶;茶树到了夏天害怕日晒,桐树一到春天枝叶就开始日渐繁茂。桐树保留下来的道理就是这样。

王辟之《渑水燕谈》[①]：建茶盛于江南，近岁制作尤精，龙团最为上品，一斤八饼。庆历中，蔡君谟为福建运使，始造小团，以充岁贡[②]，一斤二十饼，所谓上品龙茶者也。仁宗尤所珍惜，虽宰相未尝辄赐，惟郊礼致斋之夕[③]，两府各四人，共赐一饼。宫人剪金为龙凤花贴其上。八人分蓄之，以为奇玩，不敢自试[④]，有佳客，出为传玩。欧阳文忠公云："茶为物之至精，而小团又其精者也。"嘉祐中[⑤]，小团初出时也。今小团易得，何至如此多贵？

【注释】

①王辟之《渑(shéng)水燕谈》：又名《渑水燕谈录》。十卷，宋王辟之撰。宋代笔记小说的代表作品之一。王辟之从名臣、知人、忠孝、先兆、事志等几个角度记录了为官期间的所见所闻。王辟之(1031—?)，字圣涂。临淄(今属山东)人。曾任县、州地方官三十年，后居渑水之畔而终。渑水，古水名。源出今山东淄博东北，西北流至博兴县东南入时水。此下时水亦通称渑水。

②岁贡：古代诸侯或属国每年向朝廷进献礼品。

③郊礼：天子祭天地的大礼。

④自试：自己尝试。试，用。这里指烹饮。

⑤嘉祐：宋仁宗年号(1056—1063)。

【译文】

王辟之《渑水燕谈》记载：建茶盛行于江南地区，近些年对建茶的制作尤为精细，其中龙团茶的品质为最上品，八个茶饼重一斤。庆历中，蔡襄担任福建转运使时开始制造小龙团茶，并将其作为贡品进献给朝廷，二十个茶饼重一斤，这些都是上品的龙团茶。宋仁宗非常珍惜这种茶，即使是宰相也没有得到封赏，只有每年在南郊举行天子祭天地的大礼的晚上，才会给中书省、枢密院两府各四人共赐一个茶饼。宫人用金纸剪成龙凤的图案贴在茶饼之上。八个人分开收藏，都以为是奇珍异宝，不敢自己拿来烹煮品饮，有贵客来的时候，才拿出来供大家传阅把玩。欧阳修说：“茶是诸物品中的精华，而小龙团茶又是茶中的精华。”小龙团茶初创于嘉祐中期。现今小龙团茶也容易得到了，怎么能如此贵重呢？

周煇《清波杂志》①：自熙宁后②，始贡密云龙③。每岁头纲修贡④，奉宗庙及供玉食外⑤，赉及臣下无几⑥。戚里贵近⑦，丐赐尤繁⑧。宣仁太后令建州不许造密云龙⑨，受他人煎炒不得也。此语既传播于缙绅间，由是密云龙之名益著。淳熙间⑩，亲党许仲启官麻沙⑪，得《北苑修贡录》⑫，序以刊行。其间载岁贡十有二纲，凡三等，四十有一名。第一纲曰龙焙贡新⑬，止五十余銙⑭。贵重如此，独无所谓密云龙者。岂以贡新易其名耶？抑或别为一种，又居密云龙之上耶？

【注释】

①周煇《清波杂志》：十二卷，宋周煇撰。内容皆记宋人杂事及随笔见闻。周煇(1126—1198)，字昭礼，泰州(今属江苏)人。南宋绍兴年间曾应试博学鸿词科，晚年隐居钱塘清波门，故名其书为《清波杂志》。

②熙宁：宋神宗年号(1068—1077)。

③密云龙：又称斋云龙，简称密云、云龙。福建路转运使贾青创制于元丰五年(1082)，以建州龙焙壑源拣芽精制而成。绍圣中，改制为“瑞云翔龙”。乃宋代极品名茶，贵重无比。

④头纲：指惊蛰前或清明前制成的首批贡茶。修贡：献纳贡品。

⑤宗庙:古代帝王、诸侯祭祀祖宗的庙宇。玉食:美食。

⑥赉(lài):赐予,给予。

⑦戚里:借指外戚。贵近:显贵的近臣。

⑧丐:请求。

⑨宣仁太后(1032—1093):北宋英宗皇后,史称宣仁圣烈皇后,勋戚之后,亳州蒙城(今属安徽)人。1085—1093年临朝称制。

⑩淳熙:宋孝宗年号(1174—1189)。

⑪亲党:亲信党与。许仲启:即许开,字仲启。丹徒(今江苏镇江)人。官终中奉大夫。著有《志隐类稿》,已佚。麻沙:宋代刻板印刷业重要中心之一,在今福建建阳西北。

⑫《北苑修贡录》:宋代茶书,已佚。是书始见于宋代周煇《清波杂志》卷四:"淳熙间,亲党许仲启官麻沙,得《北苑修贡录》,序以刊行。"是书又见于赵汝砺《北苑别录》:"遂摭书肆所刊《修贡录》,曰几水,曰火几宿,曰某纲,曰某品,若干云者条列之。"此书似稍后于熊蕃《贡茶录》,所述当为宋孝宗乾道、淳熙年间(1165—1189)贡茶采造法,上供纲次、品名、数量,为赵汝砺之书所本。

⑬龙焙贡新:宋代北苑贡茶名品之一。宋姚宽《西溪丛语》卷上:"茶有十纲,第一第二纲太嫩,第三纲最妙,自六纲至十纲,小团至大团而止,第一名曰试新,第二名曰贡新。"一说为进献的新茶。

⑭銙(kuǎ):原为制造团饼贡茶的模具,以其形状像玉带上的銙而得名。此为计算茶叶銙数的单位。

【译文】

周煇《清波杂志》记载:自从熙宁年间以后,北苑开始进贡密云龙茶。每年献纳的首批贡茶,主要用于宗庙祭祀和供给皇宫饮用,赐予大臣的非常少。皇亲国戚、近臣纷纷乞求多赏赐些密云龙茶。宣仁太后下令建州不许再造密云龙,就是因为受不了这些人一再请求赐茶叨扰的缘故。这件事在士大夫之间流传出去以后,密云龙更加声名大噪。淳熙年间,皇亲许开在麻沙做官的时候得到了《北苑修贡录》,于是为其做了序言并下令将其刊行于世。书中记载每年进贡茶叶十二批,共有三等,四十一个品种。其中第一批叫做龙焙贡新,只生产五十余铐。其贵重如此,然而其中并没有所谓的密云龙。难不成是改成"贡新"的名字?或者是另外一种,品质又位于密云龙之上呢?

沈存中《梦溪笔谈》①:古人论茶,唯言阳羡、顾渚、天柱、蒙顶之类②,都未言建溪。然唐人重串茶黏黑者③,则已近乎建饼矣。建茶皆乔木,吴、蜀唯丛茇而已④,品自居下。建茶胜处曰郝源、曾坑⑤,其间又有坌根、山顶二品尤胜。李氏号为北苑⑥,置使领之⑦。

【注释】

①沈存中《梦溪笔谈》:二十六卷,宋沈括撰。元祐三年(1088)沈括闲居润州(今江苏镇江)梦溪园写成,因名。分故事、辩证、乐律、象数等十七门,共六百零九条。沈括(1031—1095),字存中,号梦溪丈人。钱塘(今属浙江)人。《宋史》评价他"博学善文,于天文、方志、律历、音乐、医药、卜算无所不通,皆有所论著"。

②阳羡:即阳羡茶,产于江苏宜兴,其地古称阳羡,因名之。此茶唐时已充贡。《咸淳毗陵志》卷二七"古迹"载:"李栖筠为州,有僧献佳茗,陆羽以为芬香冠绝他境,可供尚方,始贡万两。置舍洞灵观,韦夏卿徙兹地。"这是始置阳羡茶贡茶院。天柱:即天柱茶,又称天柱峰茶。茶产于舒州(今安徽潜山),唐杨晔《膳夫经手录》:"舒州天柱茶,虽不峻拔遒劲,亦甚甘香芳美,可重也。"

③串茶:古代圆饼茶,中有小孔,用竹篾串连。

④丛茇(bá):丛生的木本植物。

⑤郝源:即郝源茶,宋代北苑贡茶名,为当时的极品名茶。曾坑:即曾坑茶,宋代北苑贡茶名,为当时的极品名茶。因产于福建建瓯北苑曾坑,故名。

⑥李氏:指五代十国时的南唐政权。因李昪所建,故称。

⑦置使领之:设置官吏来管理此事。

【译文】

沈括《梦溪笔谈》记载:古人谈论茶,只提及阳羡茶、顾渚茶、天柱茶、蒙顶茶之类,都没有提及建溪茶。然而唐朝人所重视的一种黏黑的串茶已经接近建溪的饼茶了。建溪的茶树都是乔木,而吴地、蜀地只有丛生的灌木,其品质自在建溪茶之下。建溪茶著名的产地叫做郝源、曾坑,其间又以坌根、山顶两个品种更胜一筹。南唐将其称为北苑,并设置官吏来管理此事。

胡仔《苕溪渔隐丛话》[①]:建安北苑,始于太宗太平兴国三年[②],遣使造之,取象于龙凤,以别入贡。至道间[③],仍添造石乳、蜡面[④]。其后大小龙,又起于丁谓而成于蔡君谟。至宣、政间,郑可简以贡茶进用[⑤],久领漕[⑥],添续入,其数浸广,今犹因之。

【注释】

①胡仔《苕溪渔隐丛话》:一百卷,宋胡仔编撰,诗话集。采用了以人为纲的编纂体例,上自《国风》,下迄南宋初,其间以年代为序,共评论诗词作者一百余位;而于每位诗人名后,则附之以各家评论。其余不甚重要者,统归入"杂记"。胡仔(1110—1170),字元任,号苕溪渔隐。徽州绩溪(今属安徽)人。以荫入仕,曾任福建

转运司干办公事,后知常州晋陵县,未赴。

②太平兴国三年:978年。太平兴国,宋太宗年号(976—984)。

③至道:宋太宗年号(995—997)。

④石乳:即石乳茶。宋顾文荐《负暄杂录·建茶品第》:"又一种茶,丛生石崖,枝叶尤茂。至道初,有诏造之,别号石乳。"蜡面:即蜡面茶。唐宋时福建所产名茶。宋程大昌《演繁露续集·蜡茶》:"建茶名蜡茶,为其乳泛汤面,与镕蜡相似,故名蜡面茶也。"

⑤郑可简:宋人,宣和年间任建安漕臣,因进献"水线银芽"得宠,进福建路转运使。

⑥久领漕:长期掌管漕运。

【译文】

胡仔《苕溪渔隐丛话》中记载:建安北苑进贡茶叶始于宋太宗太平兴国三年,朝廷派遣官员督造,仿制龙凤的图像,分别进贡。至道年间,又新制了石乳茶、蜡面茶等。其后的大小龙团茶,起源于丁谓而形成于蔡襄。到了宣和、政和年间,郑可简凭借进贡新茶而得宠,长期掌管漕运,又不断增加进贡品种,其贡品数量渐广,至今有些茶仍然沿用以前的做法。

细色茶五纲[①],凡四十三品,形制各异,共七千余饼,其间贡新、试新、龙团胜雪、白茶、御苑玉芽[②],此五品乃水拣,为第一;余乃生拣,次之。又有粗色茶七纲[③],凡五品。大小龙凤并拣芽[④],悉入龙脑[⑤],和膏为团饼茶,共四万余饼。盖水拣茶即社前者[⑥],生拣茶即火前者[⑦],粗色茶即雨前者。闽中地暖,雨前茶已老而味加重矣[⑧]。又有石门、乳吉、香口三外焙[⑨],亦隶于北苑,皆采摘茶芽,送官焙添造[⑩]。每岁縻金共二万余缗[⑪],日役千夫,凡两月方能迄事。第所造之茶不许过数[12]，入贡之后市无货者，人所罕得。惟壑源诸处私焙茶[13]，其绝品亦可敌官焙，自昔至今，亦皆入贡。其流贩四方者，悉私焙茶耳。

【注释】

①细色茶五纲：即细色茶五批。建州凤凰山为宋代贡茶的主要产地。贡茶的品目和数量很多，按制作的时间，分纲次上供。细色五纲为最好的贡茶。

②试新：宋代贡茶名。大观二年（1108）始创。规格：竹圈、银模，方一寸二分。龙团胜雪：宋代贡茶名。宣和二年（1120）始创。规格：竹圈、银模，方一寸二分。御苑玉芽：宋代贡茶名。大观二年（1108）始创。规格：银圈、银模，径一寸五分。

③粗色茶七纲：即粗色茶七批。北宋末贡茶为十纲，细色、粗色各五纲。南宋初则为细色五纲，粗色七纲，凡十二纲。

④拣芽：中国古代茶类品名。一枪一旗的芽茶，是仅次于小芽、斗品的好茶，宋代著名贡茶密云龙即以此为原料加工而成。又称中芽，即一芽一叶的优质名茶。

⑤龙脑：即龙脑香。

⑥社前：即社前茶。春社前所采制茶叶的名称。春社在立春后第五个戊日，约在春分前后。福建气候温暖，春茶开采较早。《宋史·食货志》云："建宁腊茶，北苑为第一，其最佳者曰社前，次曰火前，又曰雨前。"

⑦火前：即火前茶。指寒食节（清明前一二日）禁火以前采制的新茶。

⑧雨前：即雨前茶。绿茶的一种。用谷雨前采摘的细嫩芽尖制成，故名。

⑨石门、乳吉、香口：均为外焙名，隶属北苑。

⑩官焙：由官家主持制作官府用茶的机构。

⑪縻（mí）：通“靡”，消耗，花费。缗：古代货币计量单位。一缗即一串铜钱，每串一千文。

⑫第：只是。

⑬私焙：民间茶农自开的制茶机构。宋代北苑称“官焙”，壑源为“私焙”，通称为“正焙”。

【译文】

进贡的细色茶五批，共四十三个品种，形制各不相同，共有七千多个茶饼，其中贡新、试新、龙团胜雪、白茶、御苑玉芽这五种为水拣茶，为第一等；其余的都是生拣茶，品质稍次。又有粗色茶七批，共五个品种。大小龙凤团茶以及拣芽茶，都要加入龙脑香料，调和为膏状再制作成团饼茶，共有四万多个茶饼。所谓的水拣茶就是在春社之前采摘的茶，生拣茶就是在寒食节禁火之前采摘的茶，粗色茶就是在谷雨节气之前采摘的茶。福建气候比较暖和，雨前茶已经有些老而且味道浓重了。还有石门、乳吉、香口是三个外焙茶叶的地方，也都隶属于北苑，都是采摘茶芽，并送至官焙制造。每年费钱两万多缗，每天需要役使上千工匠采制茶叶，持续两个月才能完成。只是这里所采制的茶不允许超过规定的数目，进贡之后市面上没有货物买卖了，所以民间很难得到这样的茶。只有壑源等地私人焙制的茶叶，其中的绝佳品种亦可以与官焙茶相匹敌，从古至今，也都贡给朝廷。那些贩卖到四方的茶叶，都是私人烘焙的。

北苑在富沙之北[①]，隶建安县[②]，去城二十五里，乃龙焙，造贡茶之处，亦名凤凰山。自有一溪，南流至富沙城下，方与西来水合而东。

【注释】

①富沙：即富沙驿。在今福建南平、建瓯市境。

②建安县：古县名。即今福建建瓯。宋代以产北苑茶著名。

【译文】

北苑地处富沙的北面，隶属于建安县，距离县城有二十五里，是制造龙焙贡茶的地方，也称为凤凰山。那里有一条溪水，向南流到富沙城下，才与西来的水汇合在一起向东流去。

车清臣《脚气集》[①]：《毛诗》云[②]："谁谓荼苦，其甘如荠。"注："荼，苦菜也。"《周礼》[③]："掌荼以供丧事[④]。"取其苦也。苏东坡诗云[⑤]："周诗记苦荼[⑥]，茗饮出近世。"乃以今之"茶"为"荼"。夫茶，今人以清头目[⑦]，自唐以来，上下好之，细民亦日数碗[⑧]，岂是荼也？茶之粗者是为茗。

【注释】

①车清臣《脚气集》：二卷，宋车若水撰。因车若水患脚气病，作书自娱，故定书名为《脚气集》。车清臣（约1209—1275），即车若水，字清臣，号玉峰山民。黄岩（今属浙江）人。

②《毛诗》：指西汉时鲁国毛亨和赵国毛苌所传的古文《诗》，也就是现在流行于世的《诗经》。它是我国的第一部诗歌总集，共305篇。每篇下都有小序，以介绍本篇内容、意旨等。

③《周礼》：又名《周官》《周官经》。一般认为是搜集周王室官制和战国时代各国制度，并附添有儒家政治理想的著作。旧题周姬旦撰。《周礼》共六篇，内容涉及政治、经济、宗教、法律、科技和社会生活等方面。

④掌荼：职官名。《周礼》地官司徒之属官。掌征收荼物及草木以

供丧葬之用。

⑤苏东坡：即苏轼（1037—1101），字子瞻，又字和仲，号铁冠道人、东坡居士，谥号文忠，亦称苏文忠公，眉州眉山（今属四川）人。著有《东坡七集》《东坡易传》《东坡乐府》等。

⑥周诗：指《诗经》。因其为周代诗歌，故称。

⑦头目：脑袋和眼睛。

⑧细民：小民，老百姓。

【译文】

车若水《脚气集》记载：《毛诗》说：“谁谓荼苦，其甘如荠。”毛注说：“荼，就是苦菜。”《周礼》记载：“掌荼以供丧事。”就是取其苦的含义。苏轼诗说：“周诗记苦荼，茗饮出近世。”这是以今天的“茶”为“荼”。茶，今天的人用以清脑明目，自唐朝以来，上至帝王下到庶民都喜好饮茶，老百姓每天都要饮几碗茶，怎么能是荼呢？茶中较为粗糙的才被称为茗。

宋子安《东溪试茶录·序》[①]：茶宜高山之阴，而喜日阳之早[②]。自北苑凤山南直苦竹园头，东南属张坑头，皆高远先阳处，岁发常早，芽极肥乳[③]，非民间所比。次出壑源岭，高土沃地，茶味甲于诸焙。丁谓亦云：“凤山高不百丈，无危峰绝巘[④]，而冈翠环抱，气势柔秀，宜乎嘉植灵卉之所发也[⑤]。”又以：“建安茶品甲天下，疑山川至灵之卉，天地始和之气，尽此茶矣。”又论：“石乳出壑岭断崖缺石之间，盖草木之仙骨也。”近蔡公亦云：“惟北苑凤凰山连属诸焙所产者味佳。”故四方以建茶为目，皆曰北苑云。

【注释】

①宋子安《东溪试茶录》：一卷，宋宋子安撰。此书为补丁谓《北苑

茶录》和蔡襄《茶录》而作，约成书于皇祐年间(1049—1054)或稍后。东溪为建安水名，其流域为闽茶之主要产地，因以名书。本书分绪论和八目。前五目分叙焙名、北苑、壑源、佛岭、沙溪，说明诸焙沿革及其所属各个茶园的位置和特点；后三目分叙茶名、采茶、茶病，讨论了采摘时间与方法。宋子安，建安(今福建建瓯)人。

②日阳：太阳。

③肥乳：指茶的芽心肥壮，叶片肥厚，叶态舒展。

④危峰：高峻的山峰。绝崦(yān)：独特的山。

⑤嘉植：美好的树木。灵卉：灵性的花草。

【译文】

宋子安《东溪试茶录·序》记载：茶树适宜生长在高山的背阴面，喜欢早晨的阳光。从北苑凤凰山，向南到苦竹园头，向东南到张坑头，都是地处高远而且早晨阳光充足的地方，这些地方茶树每年发芽往往比别处早，而且芽壮叶厚，远不是民间茶园采摘的茶叶可比的。次一点的茶出产于壑源岭，这里地势较高，土壤肥沃，茶的味道在诸焙中高居首位。丁谓也曾说过："凤凰山高不过百丈，没有高峻独特的山峰，而是被翠绿的小山岗环抱，气势轻柔秀丽，适宜于美好的树木与灵性的花草生长。"又说："建安的茶品天下第一，所以有人认为山川最灵秀的草木，天地间始生的调和之气都积聚在茶叶当中。"又有言论："壑源岭的残石断崖之间有石乳生出，这些石乳正是灵草嘉木的仙骨。"近来蔡襄也说："只有北苑凤凰山相连的诸焙所生产的茶叶味道最佳。"因此天下各处凡是以建茶为名的，都自称是北苑的茶。

黄儒《品茶要录·序》①：说者尝谓陆羽《茶经》不第建安之品。盖前此茶事未甚兴，灵芽真笋②，往往委翳消腐③，而人不知惜。自国初以来，士大夫沐浴膏泽④，咏歌升平之日久矣[5]。夫身世洒落[6]，神观冲淡[7]，惟兹茗饮为可喜。园林亦相与摘英夸异，制棬鬻新以趋时之好[8]。故殊异之品，始得自出于榛莽之间[9]，而其名遂冠天下。借使陆羽复起[10]，阅其金饼[11]，味其云腴[12]，当爽然自失矣[13]。因念草木之材，一有负瑰伟绝特者[14]，未尝不遇时而后兴，况于人乎！

【注释】

①黄儒《品茶要录》：一卷，宋黄儒撰。全书共有十篇。一至九篇论制造茶叶过程中应当避免的采造过时、混入杂物、蒸不熟、蒸过熟、烤焦等问题；第十篇讨论选择地理条件的重要性。黄儒，字道辅。建安（今福建建瓯）人。

②灵芽：茶的雅称。古人以为，茶萌芽时得天地山川灵气，故云。

③委翳（yì）：萎谢。委，通“萎”。

④沐浴膏泽：蒙受皇家的恩泽。

⑤咏歌升平：吟咏歌颂太平之世。

⑥洒落：洒脱飘逸。

⑦神观：谓仪容。

⑧制棬（quān）：此指制作成新奇的饼茶形状。棬，制茶之具。又称规、模，或方，或圆，或花。鬻（yù）新：培育新茶。鬻，通“育”，培育。趋时之好：迎合时尚的喜好。

⑨榛（zhēn）莽：杂乱丛生的草木。

⑩借使：假如，倘若。

⑪金饼：茶饼的美称。唐李郢《酬友人春暮寄枳花茶》诗：“金饼拍成和雨露，玉尘煎出照烟霞。”

⑫云腴：茶的别称。唐皮日休《奉和鲁望四明山九题·青棂子》：“味似云腴美，形如玉脑圆。”

⑬爽然自失：形容茫无主见，无所适从。

⑭瑰伟：谓事物珍美奇异或雄伟。绝特：超出寻常。

【译文】

黄儒《品茶要录·序》记载：人们常说陆羽的《茶经》没有提到建安茶。这大概是由于以前建安茶还没有兴盛起来，上好的茶叶往往萎谢腐烂，而人们却不知道珍惜。自从我朝建国以来，士大夫都蒙受皇家的恩泽，吟咏歌颂太平之世的日子已经很久了。士大夫风度洒脱飘逸，仪容清静淡泊，只是喜好茗饮。因此茶园也应时而大有发展，茶园主争相采摘奇异茶叶，制作成新奇饼茶形状，以迎合士大夫的喜好。因此茶中奇异的品种最初就产生于杂乱丛生的草木之间，被人逐渐发现后，其名才冠绝天下。假使陆羽能够死而复生，看到这些茶饼，品尝它们的美味，一定会感受到失落。由此使人想到在普通的草木中，一旦出现具有超凡出众的品种，未尝不是遇到恰好的时机才能兴盛的，何况是人呢！

苏轼《书黄道辅〈品茶要录〉后》：黄君道辅讳儒，建安人，博学能文，淡然精深，有道之士也。作《品茶要录》十篇，委曲微妙[①]，皆陆鸿渐以来论茶者所未及。非至静无求，虚中不留，乌能察物之情如此其详哉[②]？

【注释】

①委曲：详尽，详细。

②乌能：怎么能，哪里能。

【译文】

苏轼《书黄道辅〈品茶要录〉后》记载：黄道辅先生，名儒，建安人，学识渊博，擅长文赋，情趣淡然，造诣精深，是一位得道之士。他编撰《品茶要录》十篇，书里详细地阐明茶事，都是陆羽以来论及茶事的著作中不曾涉及的。如不是心性至静,无所欲求,怎么能够观察事物的情状如此详尽呢?

《茶录》:茶,古不闻食,自晋、宋已降,吴人采叶煮之,名为茗粥①。

【注释】

①茗粥:即茶粥。烧煮的浓茶,因其表皮呈稀粥之状,故称。

【译文】

《茶录》记载:茶,古代没听说有食用的,自从东晋、南朝宋以来,吴人才开始采摘茶叶烹煮食用,叫做茶粥。

叶清臣《煮茶泉品》①:吴楚山谷间②,气清地灵,草木颖挺,多孕茶荈③。大率右于武夷者④,为白乳⑤;甲于吴兴者⑥,为紫笋;产禹穴者⑦,以天章显⑧;茂钱塘者,以径山稀⑨。至于桐庐之岩⑩,云衢之麓⑪,雅山著于宣歙⑫,蒙顶传于岷蜀⑬,角立差胜,毛举实繁⑭。

【注释】

①叶清臣《煮茶泉品》:宋代茶文,叶清臣撰。又称《述煮茶泉品》,是关于品水鉴泉的文字。叶清臣(1000—1049),字道卿,长洲(今江苏苏州)人。

②吴楚:泛指春秋吴楚之故地。即今长江中、下游一带。

③茶荈:茶茗。即茶。

④大率:大概。右:古代崇右,故以右为上,为贵,为高。武夷:武夷山。

⑤白乳：即白乳茶。产于建州，专以赐馆阁儒臣。

⑥吴兴：今浙江湖州吴兴区。

⑦禹穴：相传为夏禹的葬地，在今浙江绍兴之会稽山。《史记·太史公自序》："二十而南游江、淮，上会稽，探禹穴。"裴骃集解引张晏曰："禹巡狩至会稽而崩，因葬焉。上有孔穴，民间云禹入此穴。"

⑧天章：茶名。

⑨径山：即径山茶，宋代名茶。产于杭州临安径山寺，乃寺院茶。宋吴自牧《梦粱录》卷一八《物产》："盖南北两山、七邑诸山皆产茶，径山采谷雨前茗，以小缶贮馈之。"

⑩桐庐：县名。今属浙江。

⑪云衢（qú）之麓：云衢山山脚下。云衢，云衢山。位于今福建将乐县东部，属武夷山脉。麓，山脚下。

⑫雅山：即雅山茶。雅山，又称鸦山、鸭山、丫山，在今安徽宁国北。雅山茶民间又称鸦茶。宣歙：唐方镇名。唐乾元元年（758）置观察使，治宣州（今安徽宣城），领宣、歙、饶三州。

⑬岷蜀：指四川。

⑭毛举：详细地列举。

【译文】

叶清臣《煮茶泉品》记载：在长江中、下游一带的山谷之间，空气清新，地气灵秀，草木生长茁壮挺拔，多孕育茶树。总体说来，武夷山一带所产的茶叶中最好的是白乳茶，吴兴一带所产的茶叶中最好的是紫笋茶，绍兴一带所产茶叶中最好的是天章茶，杭州一带所产的茶以径山茶最为稀有珍贵。至于桐庐的山岩上，云衢山的山脚下都是出产茶的地方，雅山茶著称于宣城、歙县一带，蒙顶茶驰名于四川，这些茶都颇具盛名，如果要详细地列举，实在太过繁琐了。

周绛《补茶经》[①]：芽茶只作早茶[②]，驰奉万乘[③]，尝之可矣。如一旗一枪[④],可谓奇茶也。

【注释】

①周绛《补茶经》:亦名《茶苑总录》。一卷,宋周绛撰。因为陆羽所著《茶经》不载建安北苑茶,周绛欲补其缺漏,于北宋大中祥符五年(1012)作《补茶经》。周绛,字幹臣,常州溧阳(今属江苏)人。少为道士,名智进。后还俗发愤读书。太平兴国八年(983)举进士,大中祥符初(1008)知建州,主管茶事。

②芽茶:泛指以茶嫩芽制成的茶叶,属上佳之品。此特指宋代贡茶中品质优良、最早进贡的极品。

③万乘:指天子。周制,王畿方千里,能出兵车万乘,故称。

④一旗一枪:一叶一芽的嫩茶叶。

【译文】

周绛《补茶经》记载:芽茶只是作为早茶,乘快马进奉给皇帝,品尝到就可以了。如果是一叶一芽的嫩茶叶,可以称为茶中的极品了。

胡致堂曰[①]:茶者,生人之所日用也[②]。其急甚于酒。

【注释】

①胡致堂:即胡寅(1098—1156),字明仲,又字仲虎、仲刚,学者称致堂先生,建州崇安(今福建武夷山)人。著有《崇正辩》《斐然集》等。

②生人:犹人民、民众。

【译文】

胡寅说:茶,是人们所必需的日常生活用品。人们对茶的迫切需求远超过酒。

陈师道《后山丛谈》[①]：茶，洪之双井[②]，越之日注[③]，莫能相先后，而强为之第者[④]，皆胜心耳[⑤]。

【注释】

①陈师道《后山丛谈》：四卷，陈师道撰。该书对于北宋政事、君臣言行、对辽关系至异闻传说、节令物候、书法绘画，无不涉及，对研究宋史有一定参考价值。陈师道（1053—1102），字履常，一字无己，号后山居士。彭城（今江苏徐州）人。另著有《后山集》《后山诗话》等。

②洪之双井：此为洪州双井茶，北宋贡茶。产于洪州分宁（今江西修水）双井，因以地名而为茶名。

③越之日注：又名"日铸茶""日铸雪芽"，宋代贡茶。产于越州会稽东南之日铸岭，因以地名而为茶名。

④第：品第，评定。

⑤胜心：心中比试。

【译文】

陈师道《后山丛谈》记载：茶，洪州的双井茶和越州的日注茶，不能分辨优劣，如果非要分出个等第来，那就只能在心中比试了。

陈师道《茶经·序》：夫茶之著书自羽始，其用于世亦自羽始，羽诚有功于茶者也[①]。上自宫省[②]，下逮邑里[③]，外及戎夷蛮狄[④]，宾祀燕享[⑤]，预陈于前[⑥]。山泽以成市[⑦]，商贾以起家[⑧]，又有功于人者也，可谓智矣。《经》曰："茶之否臧[⑨]，存之口诀。"则书之所载，犹其粗也。夫茶之为艺下矣，至其精微，书有不尽，况天下之至理，而欲求之文字纸墨之间其有得乎？昔者先王因人而教[⑩]，同欲而治[⑪]，凡有益于人者，皆不废也。

【注释】

①诚:实在,的确。

②宫省:犹宫禁,指皇宫。

③邑里:乡里。

④戎夷蛮狄:古代对中原周边少数民族有东夷西戎南蛮北狄之称。此泛指少数民族。

⑤宾祀:祭祀。燕享:泛指以酒食款待人。

⑥陈:排列,摆设。

⑦山泽:山林与川泽。

⑧商贾:商人。行曰商,处曰贾。

⑨否臧(pǐ zāng):优劣。否,恶。臧,善。

⑩先王:古代的圣明君主。因人而教:即因材施教。根据受教育者的不同情况,采用相应的内容和方法施行教育。语出《论语·为政》"子游问孝""子夏问孝",朱熹集注引宋程颐曰:"子游能养而或失于敬,子夏能直义而或少温润之色,各因其材之高下与其所失而告之,故不同也。"

⑪同欲而治:语化《孟子·告子上》:"口之于味也,有同耆焉;耳之于声也,有同听焉;目之于色也,有同美焉。"大意是说,嘴巴对于味道,有着相同的嗜好;耳朵对于声音,有着相同的听觉;眼睛对于姿色,有着相同的美感。圣明君主就是根据人们对事物的好恶大体相似来进行治理的。

【译文】

陈师道《茶经·序》记载:关于茶事的专书是从陆羽开始的,茶被世人所用也是从陆羽开始的,陆羽对茶的确是有功之人。上至皇宫,下到乡里,外及偏远的少数民族,祭祀和宴饮会客,都会提前摆放好茶叶。普通的山林与川泽凭借茶叶发展成为市场,商人因买卖茶叶而兴家立业,这又是陆羽对人类的贡献,可以说是一位智者。《茶经》记载:"茶叶品质的优劣，另有口诀来鉴别。”就书中所记载的，还是比较粗略。关于茶的技艺还是较为低级的，至于其中的精深奥妙，书中记录不完整，况且天下最精深的道理，想从文字笔墨之间求取又怎么能得到呢？古代的圣明君主就是根据受教育者的不同采用不同方法施行教育，根据人们对于事物的好恶大体相似而进行治理，所以凡是有益于百姓的，都不会轻易废弃。

吴淑《茶赋》注①：五花茶者②，其片作五出花也。

【注释】

①吴淑《茶赋》注：吴淑撰《事类赋》中一种。《事类赋》，初名《一字题赋》，凡十四部三十卷。该书叙古往之事，论天地人等万物之理。吴淑(947—1002)，字正仪。润州丹阳(今属江苏)人。另著有《江淮异人录》《秘阁闲谈》等。

②五花茶：古代名茶。产于四川名山县蒙顶山，其片作五瓣。

【译文】

吴淑《茶赋》注释：人们所说的五花茶，就是叶片作五瓣。

《姚氏残语》①：绍兴进茶，自高文虎始②。

【注释】

①《姚氏残语》：又名《西溪丛语》，二卷，宋姚宽撰。《四库全书总目提要》谓此书“多考证典籍之异同”，考证精详，“大致瑜多而瑕少”，有参考价值。姚宽(1105—1162)，字令威，号西溪。会稽嵊县(今属浙江)人。宋代杰出的史学家、科学家、词人。另著有《西溪集》《史记注》等。

②高文虎：字炳如。四明(今浙江宁波)人。著有《蓼花洲闲录》。

【译文】

姚宽《姚氏残语》记载：绍兴进贡茶叶，从高文虎开始。

王楙《野客丛书》[①]：世谓古之“荼”，即今之“茶”。不知“荼”有数种，非一端也。《诗》曰“谁谓荼苦，其甘如荠”者，乃苦菜之“荼”，如今苦苣之类[②]。《周礼》“掌荼”，《毛诗》“有女如荼”者，乃“苕荼”之“荼”也[③]，此萑苇之属[④]。惟“荼槚”之“荼”[⑤]，乃今之茶也。世莫知辨。

【注释】

①王楙《野客丛书》：共三十卷，宋王楙撰。为王楙平日随意所记读书所得，凡六百一十八条。涉及经史、碑刻、经济、地理、文字、诗词、名物、制度、故事、风俗等各个方面。采摭博洽，考辨精核。王楙（1151—1213），字勉夫。长州（今江苏苏州）人。

②苦苣：亦称“天香菜”。

③苕荼：一种阔叶茅。

④萑（huán）苇：两种芦类植物，蒹长成后为萑，葭长成后为苇。

⑤槚（jiǎ）：茶的别称。

【译文】

王楙《野客丛书》记载：世人认为古代的“荼”，就是今天的“茶”。殊不知其实“荼”有很多种，并非只有一种。《诗经》中所说“谁谓荼苦，其甘如荠”中的“荼”，指的是苦菜，类似今天苦苣一类。《周礼》中“掌荼”，以及《毛诗》中“有女如荼”的“荼”，都是指“苕荼”之“荼”，属于今天的芦苇一类水生植物。只有“荼槚”中的“荼”，才是我们今天所说的茶。现在世人都不知道怎么辨别。

《魏王花木志》[①]：茶叶似栀，可煮为饮。其老叶谓之荈，嫩叶谓之茗。

【注释】

①《魏王花木志》：后魏元欣撰。元欣，字庆乐。鲜卑元氏（拓跋氏）。北魏、西魏宗室。魏恭帝（554—556）初，迁大丞相。平素好营产业，多所树艺，京师名果皆出其园。

【译文】

元欣《魏王花木志》记载：茶叶很像栀子叶，可以煮来饮用。其中老叶称为荈，嫩叶称为茗。

《瑞草总论》[①]：唐宋以来有贡茶，有榷茶[②]。夫贡茶，犹知斯人有爱君之心。若夫榷茶，则利归于官，扰及于民，其为害又不一端矣。

【注释】

①《瑞草总论》：书名，不详待考。

②榷（què）茶：官府对茶叶实行征税、管制、专卖的措施。宋高承《事物纪原·治理政体·榷茶》："起于唐建中、贞元之间。赵赞、张滂建白，税其什一。一云德宗贞元八年，张滂奏收茶税……一云穆宗时王涯始榷茶。"

【译文】

《瑞草总论》记载：唐宋以来就有贡茶，有榷茶。贡茶，还可以看出人民对君王的忠爱之心。至于榷茶，则是利归官府，扰乱人民，其造成的危害不止一方面。

元熊禾《勿轩集·北苑茶焙记》[①]：贡，古也。茶贡，不列《禹贡》《周·职方》[②]，而昉于唐[③]，北苑又其最著者也。苑在建城东二十五里，唐末里民张晖始表而上之[④]。宋初丁谓漕闽，贡额骤益[⑤]，斤至数万。庆历承平日久[⑥]，蔡公襄继之，制益精巧，建茶遂为天下最。公名在四谏官列[⑦]，君子惜之。欧阳公修虽实不与[⑧]，然犹夸侈歌咏之[⑨]。苏公轼则直指其过矣。君子创法可继，焉得不重慎也[⑩]？

【注释】

①熊禾《勿轩集》：八卷，元熊禾撰。卷一为序跋、铭，卷二为记，卷三为记、族谱，卷四为文疏，卷五为启札，卷六为经籍、说、祭文，卷七为五言诗，卷八为七言诗、长短句。熊禾（1247—1312），字位辛，一字去非，号勿轩，晚号退斋。建阳（今福建建瓯）人。另著有《易经讲义》《易学图存》《周易集疏》等。

②《禹贡》：《尚书·夏书》中一篇。《禹贡》假托大禹治水之后的政治区划，实际是一种地理区划，将全国分为九州，并分别记述各地区的山川、薮泽、土壤、物产、贡赋以及道路、交通等方面内容，是我国最早的地理学著作。《周·职方》：即《周礼·夏官·职方氏》，古代地理著作。约撰于战国时期。由职方氏所掌，叙及九州区域、山川、物产、畜种、谷类等，兼及九服、邦国。

③昉（fǎng）：天方明。引申为起始。

④里民：乡民。

⑤益：增加。

⑥承平：太平。

⑦四谏官：宋代庆历年间四位直言敢谏的官吏，即余靖、欧阳修、蔡襄、王素。谏官，古时专门规劝天子改正过失的官。

⑧不与:不赞成。

⑨夸侈:夸耀。

⑩重慎:慎重。

【译文】

元熊禾《勿轩集·北苑茶焙记》记载:进贡,自古就有。贡茶,《尚书·夏书·禹贡》《周礼·夏官·职方氏》没有记载,而是起始于唐朝,北苑茶又是其中最著名的。北苑在建安城东二十五里的地方,唐朝末年乡民张晖才开始上表进贡茶叶给朝廷。北宋初年丁谓任福建转运使时,贡茶额度急速增加,达到数万斤。庆历年间太平日久,蔡襄继任福建转运使,贡茶制作更加精巧,建安茶于是成为当时天下最名贵的茶。蔡襄位居四谏官之列,君子都为其感到惋惜。欧阳修虽然并不赞成造茶,但却写了许多诗赋来夸耀建安茶。苏轼则直接指出贡茶的弊端。可见君子创始一种事物必须考虑其继承性,哪能不慎重呢?

《说郛·臆乘》①:茶之所产,《六经》载之详矣②,独异美之名未备。唐宋以来,见于诗文者尤夥③,颇多疑似,若蟾背、虾须、雀舌、蟹眼、瑟瑟、沥沥、霏霏、霭霭、鼓浪、涌泉、琉璃眼、碧玉池④,又皆茶事中天然偶字也⑤。

【注释】

①《说郛·臆乘》:《臆乘》是《说郛》中收录的一种书。《说郛》,一百卷,元末明初陶宗仪编纂。书名取扬雄语"天地万物郭也,五经众说郛也"。该书多选录汉魏至宋元的各种笔记汇集而成。陶宗仪(1321—约1412),字九成,号南村。黄岩(今属浙江)人。另著有《南村辍耕录》《南村诗集》《四书备遗》等。《臆乘》,一卷,宋杨伯岩撰。杨伯岩(?—1254),一作伯嵒,字彦瞻,号泳斋。端

平二年(1235)以朝奉郎通判衢州,端平八年(1241),除枢密院检详诸房文字。另著有《九经补韵》一卷。

②《六经》:指《诗》《书》《礼》《乐》《易》《春秋》六部儒家经典。

③夥(huǒ):众多,盛多。

④蟾背:茶名。蟾蜍背上粒粒鼓出,此用来比喻茶饼表面像蟾背。所以也用蟾背指代茶饼。虾须:茶名。雀舌:茶名。以嫩芽焙制的上等茶。蟹眼:茶名。瑟瑟:茶名。唐崔道融《谢朱常侍寄贶蜀茶剡纸》诗之一:“瑟瑟香尘瑟瑟泉,惊风骤雨起炉烟。”宋林逋《茶》诗:“石辗轻飞瑟瑟尘,乳香烹出建溪春。”霏霏:形容茶磨成粉末状落在磨槽里犹如细雪霏霏。宋黄庭坚《双井茶送子瞻》:“我家江南摘云腴,落硙霏霏雪不如。”琉璃眼:形容古代煎点茶时茶罐泛沫状态的用词。唐李泌《赋茶》佚句云:“旋沫翻成碧玉池,添酥散出琉璃眼。”

⑤茶事:古代对有关茶艺、茶技和茶经济活动的总称。

【译文】

《说郛》所收宋人杨伯岩《臆乘》记载:茶叶的生产,《六经》中记载就已经很详细了,唯独没有奇特、美丽的名字。唐宋以来,诗词文赋中茶的名字出现很多,且多相似处,比如蟾背、虾须、雀舌、蟹眼、瑟瑟、沥沥、霏霏、霭霭、鼓浪、涌泉、琉璃眼、碧玉池等,这些又都是茶事活动中天然形成的名字。

《茶谱》[①]:衡州之衡山[②],封州之西乡[③],茶研膏为之[④],皆片团如月。又彭州蒲村、堋口[⑤],其园有仙芽、石花等号。

【注释】

①《茶谱》:五代茶书,一卷,前蜀毛文锡撰,已佚。陈尚君辑本辑得四十一条。毛文锡,字平珪,高阳(今属河北)人。

②衡州:隋开皇九年(589)置,治所在衡阳县(今属湖南)。以衡山

得名，大业初改为衡山郡。唐武德四年(621)复为衡州。天宝元年(742)改为衡阳郡，乾元元年(758)复为衡州。

③封州：隋开皇十年(590)改成州置，治所在梁信(今广东封开)。大业三年(607)改为苍梧郡。唐武德四年(621)复为封州，治所在封川(今广东封开东南封川镇)。天宝元年(742)改名临封郡，乾元元年(758)仍为封州。

④研膏：指蒸青茶蒸青后，研成膏状，压制成饼。

⑤彭州：唐垂拱二年(686)置，治所在九陇(今四川彭州)。天宝元年(742)改为濛阳郡，乾元元年(758)复为彭州。

【译文】

毛文锡《茶谱》记载：衡州的衡山茶，封州的西乡茶，都是蒸青后研成膏状，压制成饼团，每一片饼团就像月亮一样。另外在彭州的蒲村、堋口，茶园里面有被称为仙芽、石花等名号的茶。

高启《月团茶歌序》[①]：唐人制茶碾末，以酥滫为团[②]。宋世尤精，元时其法遂绝。予效而为之，盖得其似，始悟古人咏茶诗所谓"膏油首面"[③]，所谓"佳茗似佳人"[④]，所谓"绿云轻绾湘娥鬟"之句[⑤]。饮啜之余[⑥]，因作诗记之，并传好事。

【注释】

①高启(1336—1374)：字季迪，号槎轩，又号青丘子。长洲(今江苏苏州)人。博学能文，尤以诗著。著有《缶鸣集》《凤台集》等。

②酥滫(xiǔ)：用酥油调和，使之柔软滑爽。滫，古烹调方法之一，用淀粉拌和食物使之柔滑。

③膏油首面：造茶者以膏油涂之表面，以欺骗不知茶者。膏油，油脂，灯油。首面，外表，表面。宋苏轼《次韵曹辅寄壑源试焙新

芽》:“要知玉雪心肠好,不是膏油首面新。”

④佳茗似佳人:宋苏轼《次韵曹辅寄壑源试焙新芽》:“戏作小诗君一笑,从来佳茗似佳人。”

⑤绿云轻绾(wǎn)湘娥鬟:唐李咸用《谢僧寄茶》:“林风夕和真珠泉,半匙青粉搅潺湲,绿云轻绾湘娥鬟。”绾,盘绕成结。

⑥饮啜:此特指喝茶。

【译文】

高启《月团茶歌序》记载:唐代人制作茶的时候,先将茶叶碾成细末,再用酥油调和做成团状。宋代制茶方法更为精细,然而到了元代这些方法就已失传了。我曾仿效这种方法制作,只做得形似,这才真正领悟到古人在咏茶诗中所说的“膏油首面”“佳茗似佳人”“绿云轻绾湘娥鬟”等诗句的含义。在品茶的空闲时间里,于是作诗文将其记录,并且希望以此能够将这件好事传承下去。

屠本畯《茗笈·评》[①]:人论茶叶之香,未知茶花之香。余往岁过友大雷山中[②],正值花开,童子摘以为供,幽香清越[③],绝自可人[④],惜非瓯中物耳。乃予著《瓶史月表》[⑤],以插茗花为斋中清玩[⑥]。而高濂《盆史》亦载“茗花足助玄赏”云[⑦]。

【注释】

①屠本畯《茗笈》:二卷,明屠本畯撰。上卷八章为溯源、得地、乘时、揆制、藏茗、品泉、候火、定汤;下卷八章为点瀹、辨器、申忌、防滥、戒淆、相宜、衡鉴、玄赏。章首均列“赞语”,以陆羽《茶经》为经文,然后辑录宋蔡襄《茶录》等十八种书中的相关内容,作为传文,最后加上评语。该书有较强的资料性,且便于检用。屠本

畯，字田叔，又字豳叟，号汉陂，晚年自称憨先生、乖龙丈人等。浙江鄞县(今浙江宁波)人。另著有《屠田叔诗草》《离骚草木疏补》《楚骚协韵》《韦弦佩》《闽中海错疏》等。

②往岁：往年。大雷山：又名南雷山、外大雷，位于今浙江宁波鄞州区西北部横街镇大雷村。

③清越：高超出众，清秀拔俗。

④可人：称人心意。

⑤《瓶史月表》：一卷，明屠本畯撰。

⑥清玩：清雅的玩品。多指书画、金石、古器、盆景等可供赏玩的东西。

⑦高濂：字深甫，号瑞南道人、湖上桃花渔。钱塘(今浙江杭州)人。明戏曲作家，能诗文，兼通医理，擅养生。另著有《雅尚斋诗草》《芳芷楼词》《芳芷楼曲》《玉簪记》《节孝记》《遵生八笺》等。玄赏：对奥妙旨趣的欣赏。

【译文】

屠本畯《茗笈·评》记载：人们在论及茶叶的香时，却不知道茶花的香。我往年因拜访朋友而走进大雷山中，正赶上茶花盛开，童子采摘下来以供欣赏，香气清淡，清秀拔俗，特别称人心意，可惜茶花不能作为杯中品饮之物罢了。于是我在所著《瓶史月表》中，以插茶花作为书斋清雅的玩品。而高濂的《盆史》也记载有"茗花足助玄赏"的说法。

《茗笈·赞》十六章：一曰溯源，二曰得地，三曰乘时，四曰揆制[①]，五曰藏茗，六曰品泉，七曰候火，八曰定汤，九曰点瀹[②]，十曰辨器，十一曰申忌，十二曰防滥，十三曰戒淆，十四曰相宜，十五曰衡鉴，十六曰玄赏。

【注释】

①揆(kuí)制:茶叶制作时必须遵循的标准、准则、尺度。揆,准则,原则。

②点瀹(yuè):煮茶。点,用开水冲泡。瀹,煮。

【译文】

《茗笈·赞》共十六章:第一章追溯茶的历史,第二章说明茶的产地,第三章说采茶时机,第四章谈论制作茶的方法,第五章论茶叶贮藏,第六章品水,第七章火候,第八章定汤,第九章煮茶的方法,第十章辨别器具,第十一章各种禁忌,第十二章防滥,第十三章防止混淆,第十四章相宜,第十五章鉴定,第十六章观赏。

谢肇淛《五杂俎》①:今茶品之上者,松萝也②,虎丘也③,罗岕也④,龙井也⑤,阳羡也,天池也⑥。而吾闽武夷、清源、彭山三种,可与角胜⑦。六安、雁荡、蒙山三种⑧,祛滞有功⑨,而色香不称,当是药笼中物⑩,非文房佳品也。

【注释】

①谢肇淛《五杂俎》:十六卷,明谢肇淛撰。明代史料笔记小说集。分天部、地部各两卷,人部、物部、事部各四卷。因由此五部组成,故名《五杂俎》。谢肇淛(1567—1624),字在杭,号武林、小草斋主人,晚号山水劳人。长乐(今属福建)人。另著有《小草斋集》《史觿》《滇略》《方广岩志》《长溪琐语》等。

②松萝:即松萝茶。因产于安徽歙县松萝山,故名。

③虎丘:即虎丘茶。因产于江苏苏州虎丘山而得名。《罗岕茶记》云:“尝啜虎丘茶,色白而香,似婴儿肉,真称精绝。”

④罗岕:即罗岕茶。清乾隆《长兴县志》卷三引《岕茶汇钞》:“罗

岕……介于山中，谓之岕，罗隐隐此，故名。”

⑤龙井：即龙井茶。因产于浙江西湖龙井，故名。茶品外形扁平挺直，匀齐光滑，色泽嫩绿，茶汤碧澄清澈，香高隽永，味爽鲜醇。宋代已为人们称赏，至明已颇著名。

⑥天池：即天池茶。因产于江苏苏州天池山而得名。

⑦角胜：较量胜负。

⑧六安：即六安茶。产于安徽霍山的大蜀山，因霍山旧属六安郡，故名。相传能消垢腻，去积滞，往往以之入药。雁荡：即雁荡茶。因产于浙江乐清雁荡山而得名。相传高山茶由猴子采摘。

⑨袪滞：消除积食。

⑩药笼中物：药笼中储备的东西。药笼，盛药的器具。

【译文】

谢肇淛《五杂俎》记载：如今茶叶中的上品，有松萝茶，虎丘茶，罗岕茶，龙井茶，阳羡茶，天池茶。而我们福建的武夷茶、清源茶、彭山茶这三种可与这些名茶一较高下。六安茶、雁荡茶、蒙山茶这三种在消除积食、帮助消化方面很有功效，可色泽与香味不相称，应当放入药笼作为药材来用，而不适宜作为文人书斋中的清雅玩品。

《西吴枝乘》[①]：湖人于茗[②]，不数顾渚，而数罗岕。然顾渚之佳者，其风味已远出龙井下。岕稍清隽[③]，然叶粗而作草气。丁长孺尝以半角见饷[④]，且教余烹煎之法，迨试之，殊类羊公鹤[⑤]。此余有解有未解也。余尝品茗，以武夷、虎丘第一，淡而远也。松萝、龙井次之，香而艳也。天池又次之，常而不厌也。余子琐琐[⑥]，勿置齿喙[⑦]。谢肇淛

【注释】

①《西吴枝乘》：一卷，明谢肇淛撰。为谢肇淛万历年间在任湖州推

官时所作的笔记杂考。古时将太湖流域分为东、中、西三吴：东吴嘉兴，中吴苏州，西吴即湖州和常州沿湖地区。

②湖人：指湖州人。

③清隽：清新隽永。

④丁长孺：即丁云荐(1563—1628)，字长孺。长兴(今属浙江)人。著有《西山日记》《尊拙堂文集》等。角：贮茶器。饷：馈赠，赠送。

⑤羊公鹤：南朝宋刘义庆《世说新语·排调》："刘遵祖少为殷中军所知，称之于庾公。庾公甚忻然，便取为佐。既见，坐之独榻上，与语，刘尔日殊不称。庾小失望，遂名之为'羊公鹤'。昔羊叔子有鹤善舞，尝向客称之。客试使驱来，氃氋而不肯舞。故称比之。"后因以"羊公鹤"比喻名不副实的人。

⑥余子琐琐：其他的都很平常。

⑦勿置齿喙：不值得加以评论。

【译文】

谢肇淛《西吴枝乘》记载：湖州人在选择茶叶的时候，不推崇顾渚茶，而推崇罗岕茶。然而顾渚茶中的上品，其风味已远不如龙井茶。罗岕茶味道稍清新隽永，然而茶的叶子粗糙而且还略带有草的味道。丁云荐曾经送给我半角罗岕茶，还教我烹煮煎饮的方法，等到煮好品尝的时候，发觉特别名不副实。这就使得我对其既了解又不了解。我曾品尝过其他的茶，以武夷茶和虎丘茶为第一，因为其味淡雅而幽远。松萝茶和龙井茶稍次，因为其味馨香浓烈。天池茶又稍次一些，因为其味平常而久喝不厌。其他的都很平常，不值得加以评论。谢肇制

屠长卿《考槃馀事》[①]：虎丘茶最号精绝，为天下冠，惜不多产，皆为豪右所据[②]，寂寞山家无由获购矣[③]。天池青翠芳馨，啖之赏心，嗅亦消渴，可称仙品。诸山之茶，当为退舍[④]。阳羡俗名罗岕，浙之长兴者佳，荆溪稍下[⑤]。细者其价两倍

天池，惜乎难得，须亲自收采方妙。六安品亦精，入药最效，但不善炒，不能发香而味苦，茶之本性实佳。龙井之山不过十数亩，外此有茶似皆不及。大抵天开龙泓美泉[⑥]，山灵特生佳茗以副之耳[⑦]。山中仅有一二家炒法甚精。近有山僧焙者亦妙，真者天池不能及也。天目为天池、龙井之次[⑧]，亦佳品也。《地志》云："山中寒气早严，山僧至九月即不敢出。冬来多雪，三月后方通行，其萌芽较他茶独晚。"

【注释】

①屠长卿《考槃馀事》：四卷，明屠隆撰。卷一讲书版碑帖，卷二评书画琴纸，卷三、四述笔砚炉瓶及器用服饰之物。各卷均与纸有关，列目颇为琐碎。屠隆(1541—1605)，字长卿，又字纬真，号赤水，别号由拳山人、一衲道人、蓬莱仙客，晚年又号鸿苞居士。鄞县(今浙江宁波鄞州区)人。另著有《白榆集》《由拳集》《鸿苞集》等。

②豪右：豪门大族。汉以"右"为上，故称"豪右"。

③山家：山野人家。

④退舍：比不上，不敢与争。

⑤荆溪：在今浙江长兴西南。《太平寰宇记》卷九四"长兴县"条："荆溪者，以其出荆山，因名之。"

⑥龙泓：泉名。明田艺蘅《煮泉小品》云："今武林诸泉，惟龙泓入品，而茶亦惟龙泓山为最。"

⑦山灵：山神。

⑧天目：即天目茶。因产于临安西北的天目山而得名。

【译文】

屠隆《考槃馀事》记载：虎丘茶最为精妙绝伦，为天下名茶之冠，可惜这种茶产量很少，而且都被豪门大族所占有，寻常的人家根本没有办法买到。天池茶，茶色青翠，茶味芳香，品尝之后使人愉悦，即使用鼻子闻一下也可以消热解渴，真可称为仙品。其他山上的茶都比不上。阳羡茶俗称罗岕茶，产于浙江长兴的品质最好，产于荆溪的品质稍差一些。其中精细的罗岕茶价格是天池茶的两倍，只可惜非常难得，必须要亲自采摘加工才好。六安茶的品质也很好，作为药材最有疗效，但当地人不善于炒茶，不能使茶的香味散发出来而且味道较苦，其实茶的本质非常好。龙井山的面积不过十数亩，龙井山之外也有出产龙井茶的，但都不如龙井山所产的茶好。大概是上天开辟了龙泓泉，所以山神又特别生出绝佳的茗茶来与泉水相匹配。龙井山上仅有一两户人家炒茶的方法特别精湛。近来山寺中僧人焙炒的茶也绝妙，真品即使天池茶也比不上。天目茶较次于天池茶和龙井茶，也是茶中的佳品。当地地方志记载："山里面的寒气来得既早又较为严重，山中的僧人到了九月就不敢再出来采茶了。冬天山上多雪，直到三月以后才能够通行，唯独山里的茶要比其他的茶发芽晚。"

包衡《清赏录》①：昔人以陆羽饮茶比于后稷树谷②，及观韩翃《谢赐茶启》云③："吴主礼贤，方闻置茗④；晋人爱客，才有分茶⑤。"则知开创之功，非关桑苎老翁也。若云在昔茶勋未普，则比时赐茶已一千五百串矣⑥。

【注释】

①包衡《清赏录》：十二卷，明张翼、包衡同撰。内容多为习见之词，均为抄袭之语，无多大参考价值。张翼，字二星。余杭（今属浙江）人。包衡，字彦平。秀水（今属浙江）人。二人皆失意于科场，于是放弃科举，共同购阅古书，从中采集摘录耐人寻味的言辞以及生僻的典故，编而成书。

②后稷：周之先祖。相传姜嫄践天帝足迹，怀孕生子，因曾弃而不养，故名之为“弃”。虞舜命为农官，教民耕稼，称为“后稷”。

③韩翃(hóng)：字君平。南阳(今属河南)人。官至中书舍人。“大历十才子”之一。

④吴主礼贤，方闻置茗：《三国志·吴书·韦曜传》记载，孙皓每次宴饮，座中人都要至少饮酒七升，即使不能全喝下去，也都要把酒全倒进嘴里，表示喝完。韦曜酒量不过二升，孙皓当时很照顾他，暗地里赐茶以代替酒。

⑤晋人爱客，才有分茶：《晋中兴书》记载，陆纳任吴兴太守时，卫将军谢安常想拜访陆纳。谢安来后，陆纳摆出茶果进行招待。

⑥比时：当时。

【译文】

包衡《清赏录》记载：从前人们以陆羽对饮茶的贡献比及后稷教民种植谷物，等到看了韩翃《谢赐茶启》中记载：“三国吴主礼贤下士，才开始有以茶代酒；晋人好客，才有烹茶待客之礼。”这样就知道饮茶的开创之功，并不是桑苎翁陆羽。如果说从前茶叶的功效还没有普及，但当时皇帝赐茶的数量已经达到一千五百串了。

陈仁锡《潜确类书》[①]：紫琳腴、云腴[②]，皆茶名也。

【注释】

①陈仁锡《潜确类书》：一百二十卷，明陈仁锡编纂。分十三部，一千四百余目。每目有标题，采录书籍或诗文中有关的原文或诗句，并标出书名或诗文题目。陈仁锡(1581—1636)，字明卿，号芝台。长洲(今江苏苏州)人。授翰林编修，因得罪权宦魏忠贤被罢职。崇祯初复官，官至国子监祭酒。另著有《皇明世法录》《四书语录》《周礼句解》《六经图考》《漕政考》《经济八编类纂》

《无梦园集》等。

②紫琳腴：上品茶之美称。宋黄庭坚《子瞻以子夏丘明见戏聊戏答》诗："喜公新赐紫琳腴，上清虚皇对久如。"

【译文】

陈仁锡《潜确类书》记载：紫琳腴、云腴，都是茶的名字。

茗花白色，冬开似梅，亦清香。按：冒巢民《岕茶汇钞》云[①]："茶花味浊无香，香凝叶内。"二说不同。岂岕与他茶独异欤？

【注释】

①冒巢民《岕茶汇钞》：清冒襄撰。全书连跋约一千七百字，主要是从许次纾《茶疏》、熊明遇《罗岕茶记》、冯可宾《岕茶笺》中抄录有关产地、采制、鉴别、烹饮和故事等资料汇编而成。冒襄（1611—1693），字辟疆，号巢民，一号朴庵，又号朴巢。南直隶扬州府泰州如皋（今属江苏）人。另著有《先世前征录》《朴巢诗文集》《水绘园诗文集》等。

【译文】

茶花是白色的，冬天开放，与梅花相似，也有清淡的香味。按：冒襄《岕茶汇钞》记载："茶花味道浊重没有清香，其香气凝聚在叶内。"这两种说法不一样。难道唯独岕茶的花是与其他的茶花不一样吗？

《农政全书》[①]：《六经》中无"茶"，"荼"即"茶"也。《毛诗》云："谁谓荼苦，其甘如荠。"以其苦而甘味也。

【注释】

①《农政全书》：六十卷，明徐光启撰。分为农本、田制、农事、水利、

农器等十二个部分。该书总结了我国劳动人民从事农业生产的丰富实践经验，对以前的农书及有关农业文献，进行了系统摘编，并加了许多评语。徐光启（1562—1633），字子先，号玄扈。松江府上海县（今属上海）人。另著有《崇祯历书》《考工记解》等。

【译文】

徐光启《农政全书》记载：《六经》中没有“茶”字，其中的“荼”指的就是“茶”。《毛诗》中说：“谁谓荼苦，其甘如荠。”说的是茶叶清苦而喝起来味道甘甜。

夫茶，灵草也。种之则利博[1]，饮之则神清。上而王公贵人之所尚，下而小夫贱隶之所不可阙[2]，诚民生食用之所资，国家课利之一助也[3]。

【注释】

①博：大。

②小夫：平民百姓中的男性。贱隶：役隶。以其地位低下，故称。

③课利：定额的赋税。

【译文】

茶是一种灵草。种植茶叶能得到可观的收益，饮茶能使人神清气爽。上层社会的王公贵人对其非常崇尚，下层社会的平民役隶也认为茶不可或缺，茶叶的确就是民生日用所依赖的，也是国家定额赋税的一项重要来源。

罗廪《茶解》[1]：茶固不宜杂以恶木[2]，惟古梅、丛桂、辛夷、玉兰、玫瑰、苍松、翠竹与之间植[3]，足以蔽覆霜雪[4]，掩映秋阳⑤。其下可植芳兰、幽菊清芬之品。最忌菜畦相逼，不免渗漉⑥，滓厥清真⑦。

【注释】

①罗廪《茶解》：一卷，明罗廪撰。据《茶书全集》所收，该书前有总论，下分原、品、艺、采、制、藏、烹、水、禁、器等十目。书中提出茶园方向和间作对茶叶品质有影响，茶易吸异味，要注意保藏等，可作参考。罗廪，字高君。慈溪（今属浙江）人。

②恶木：贱劣的树。

③丛桂：指生长于岩石缝隙间的桂树。辛夷：木兰的别称。

④蔽覆：遮盖，遮蔽。

⑤秋阳：秋日的阳光。

⑥渗漉：相互渗透。

⑦滓（zǐ）：污染。

【译文】

罗廪《茶解》记载：茶树不适合混杂其他贱劣的树木，只有梅花、桂花、木兰、玉兰、玫瑰、苍松、翠竹之类，可以与茶树间隔栽种，这些树木足以为茶树屏蔽冬日的霜雪，遮掩秋日的阳光。在茶树之下可以种植芬芳的兰花、幽静的菊花等清香的植物。茶树最忌讳与菜畦临近，这样难免会有污秽之气相互渗透，污染了茶叶的清香和自然之味。

茶地南向为佳，向阴者遂劣。故一山之中，美恶相悬。

【译文】

种茶地以面向南方朝阳为好，向北背阴的就较为低劣。所以即使在同一座山中，茶叶品质的好坏也相去悬殊。

李日华《六研斋笔记》[①]：茶事于唐末未甚兴，不过幽人雅士手撷于荒园杂秽中[②]，拔其精英[③]，以荐灵爽[④]，所以饶云露自然之味[⑤]。至宋设茗纲，充天家玉食[⑥]，士大夫益复贵之，民间服习寖广[⑦]，以为不可缺之物。于是营殖者拥溉孳粪[⑧]，等于蔬蔌[⑨]，而茶亦隤其品味矣[⑩]。人知鸿渐到处品泉，不知亦到处搜茶。皇甫冉《送羽摄山采茶》诗数言[⑪]，仅存公案而已[⑫]。

【注释】

①李日华《六研斋笔记》：十二卷，明李日华撰。多采用随笔的方式，记录李氏历年来赏鉴的法书名画心得，另外也略述诗词、玄学、方药等杂事。李日华（1565—1635），字君实，一字九疑，号竹懒、痴居士等。嘉兴（今属浙江）人。以书画著称，又善鉴赏。另著有《恬致堂集》《味水轩日记》《紫桃轩杂缀》等。

②幽人：幽隐之人，隐士。撷（xié）：摘下。

③拔：选取。

④荐：供。灵爽：指精神。

⑤云露：露水。

⑥天家：对天子的称谓。汉蔡邕《独断》："天家，百官小吏之所称。天子无外，以天下为家，故称天家。"

⑦寖（jìn）广：渐多。

⑧营殖：种植。溉：灌溉。孳粪：施肥。

⑨蔬蔌（sù）：蔬菜之统称。

⑩隤（tuí）：败坏。

⑪皇甫冉（718—771）：字茂政。润州丹阳（今属江苏）人。大历二年（767）入朝为左拾遗，转右补阙。后人辑有《皇甫冉诗集》。

⑫公案：难以说清的一件事。

【译文】

李日华《六研斋笔记》记载：茶事在唐朝末年还不甚兴盛，不过是幽隐的闲人雅士在荒废的茶园里采摘出来，选取其中的精华，以供人获得神清气爽的享受，所以多有露水的自然风味。直到宋朝才开始有成批进贡朝廷的制度，茶叶充当皇家珍贵的美食，士大夫也都更加推重，民间品饮之风也渐广，认为是不可或缺的物品。于是种植茶叶的人都对茶树灌溉施肥，就像种植蔬菜那样，然而这样就败坏了茶的品位。人们知道陆羽游走各地品评泉水，而不知道他也到处搜罗茶叶。皇甫冉《送羽摄山采茶》诗中有寥寥数语，这也是难以说清之事。

徐岩泉《六安州茶居士传》：居士姓茶，族氏众多，枝叶繁衍遍天下。其在六安一枝最著，为大宗[①]；阳羡、罗岕、武夷、匡庐之类[②]，皆小宗；蒙山又其别枝也。

【注释】

①大宗：周代宗法体系中，以始祖的嫡长为大宗，其他为小宗。此处指六安茶为最著名和重要者。

②匡庐：指江西的庐山。相传殷周之际有匡俗兄弟七人结庐于此，故称。此指庐山云雾茶，是一种条型半烘炒细嫩绿茶。

【译文】

徐岩泉《六安州茶居士传》记载：居士姓茶，宗族姓氏很多，枝叶繁衍遍于天下。其中在六安的这一支脉最为显著，称为大宗；至于阳羡、罗岕、武夷、庐山之类，都是小宗；蒙山又是另外的一个支脉。

乐思白《雪庵清史》[①]：夫轻身换骨，消渴涤烦，茶荈之功，至妙至神。昔在有唐，吾闽茗事未兴，草木仙骨，尚闭其灵[②]。五代之季[③]，南唐采茶北苑而茗事兴[④]。迨宋至道初[⑤]，有诏奉造而茶品日广。及咸平、庆历中[⑥]，丁谓、蔡襄造茶进奉而制作益精。至徽宗大观、宣和间而茶品极矣[⑦]。断崖缺石之上，木秀云腴，往往于此露灵。倘微丁、蔡来自吾闽，则种种佳品，不几于委翳消腐哉？虽然，患无佳品耳。其品果佳，即微丁、蔡来自吾闽，而灵芽真笋岂终于委翳消腐乎？吾闽之能轻身换骨，消渴涤烦者，宁独一茶乎？兹将发其灵矣。

【注释】

①乐思白《雪庵清史》：五卷，明乐纯撰。皆为小品杂言，分清景、清供、清课、清醒、清福五门，每门又各立子目，大多为明季山人潦倒恣肆之言，拾陈继儒、屠隆之余慧，而仍自以为雅人深致者。乐纯，字白未，一作字白禾。四库全书总目作思白，号雪庵，晚号天胡子。沙县（今属福建）人。善书、画，工诗文，博通经史诸子，兼精音律。另著有《红雨楼集》。

②闭：收藏，隐藏，埋藏。

③五代：继唐之后的后梁、后唐、后晋、后汉、后周相继统治中原，合称五代。

④南唐：五代十国之一。937 年李昪代吴称帝，建都金陵（今江苏南京），国号唐，史称南唐。曾灭闽楚，极盛时有今江苏、安徽淮河以南和福建、江西、湖南及湖北东部地区。975 年为北宋所灭。

⑤至道：宋太宗年号（995—997）。

⑥咸平：宋真宗年号（998—1003）。

⑦大观：宋徽宗年号（1107—1110）。宣和：宋徽宗年号（1119—

1125)。

【译文】

乐纯《雪庵清史》记载:茶叶具有使人身体轻快,精神焕发,消热解渴涤除烦恼的功效,称得上至妙至神。以前在唐朝的时候,我们福建的茶叶事业还没有兴起,被誉为草木仙骨的茶叶还隐藏着它的灵性。到了五代的时候,南唐就开始在北苑采制茶叶,茶事就此兴起。到北宋至道初年,开始奉旨进奉,于是茶的品种日渐众多。到咸平、庆历年间,丁谓、蔡襄制造了龙凤团茶进贡给皇帝,制作也日益精巧。到了宋徽宗大观、宣和年间,茶叶的品质达到了至极。在山间断崖残石之上,林木秀丽,云雾缭绕之处往往容易生长灵茶。倘若没有丁谓、蔡襄来到我们福建,这种种的茶中佳品,怕也要萎谢腐烂于天地之间了。虽然如此,还是担忧没有上好的品种。其品质果然绝佳,那么就算是没有丁谓、蔡襄来到我们福建,而作为灵芽真笋的茶叶就会萎谢腐烂于天地之间吗?我们福建的物产中能够使人身体轻快,精神焕发,消热解渴涤除烦恼的,难道只有茶叶这一种吗?这里我将要揭示其灵性了。

冯时可《茶谱》[①]:茶全贵采造。苏州茶饮遍天下,专以采造胜耳。徽郡向无茶[②],近出松萝,最为时尚。是茶始比丘大方[③],大方居虎丘最久,得采造法。其后于徽之松萝结庵[④],采诸山茶,于庵焙制,远迩争市[⑤],价忽翔涌[⑥]。人因称松萝,实非松萝所出也。

【注释】

①冯时可:字敏卿,号元成。松江华亭(今上海松江)人。累官至湖广布政使参政。另著有《左氏释》《左氏讨》《左氏论》《上池杂识》《两航杂录》《超然集》《天池集》等。

②徽郡：即徽州。古称歙州、新安。徽州一府六县，即歙县、黟县、休宁、祁门、绩溪、婺源，府治在今安徽歙县徽城镇。

③比丘：和尚。

④结庵：搭建简陋屋舍，僧人于中修习。

⑤远迩：犹远近。

⑥翔涌：亦作“翔踊”。谓物价腾贵或暴涨。

【译文】

冯时可《茶谱》记载：茶叶最关键步骤在于采摘制造。苏州茶之所以能饮遍天下，就在于采摘制造技术取胜。徽州向来不出产茶叶，近来出产的松萝茶，最为时人所崇尚。这种茶始创于大方和尚，大方和尚在虎丘居住很长时间，深得采摘制造茶叶的方法。他后来在徽州的松萝山上搭建简陋屋舍修行，就采摘各山的茶叶，并且在庵内烘焙制造，远近的人在市集上争相抢购这种茶，使得价格暴涨。人们因此就把这种茶称为松萝茶，实际上这种茶并不是松萝山所出产的。

胡文焕《茶集》[①]：茶，至清至美物也，世皆不味之，而食烟火者又不足以语此。医家论茶，性寒而能伤人脾。独予有诸疾，则必藉茶为药石[②]，每深得其功效。噫！非缘之有自，而何契之若是耶！

【注释】

①胡文焕《茶集》：一卷，明胡文焕撰。《茶集》，即《新刻茶集》，《四库提要》卷一三四以为此乃“万历、天启间坊贾射利之本”，伪托胡文焕而已。据日本学者布目潮沨先生《中国茶书全集·解说》考证称，其书刊于《百家名书》，卷首有万历癸巳(1593)序，当为始刊之时。内容为采唐宋元明人关于茶的诗词赋汇为一编。后

喻政继编《茶集》二卷，扩大所收范围，当仿其书之体例。胡文焕，字德甫，一字德文，号全庵，一号抱琴居士。钱塘(今浙江杭州)人。另著有《文会堂诗韵》《古器具名》《胡氏粹编》等。

②药石：药剂和砭石。此指药物。

【译文】

胡文焕《茶集》记载：茶是至清至美的物品，世人都无法体会寻味到这一点，而食人间烟火的俗人又不足以论及这些。医家论及茶，说其性寒损伤人的脾脏。唯独我得了各种疾病的时候，必须借助茶来作为药物治疗，所以每每都深得茶的功效。唉！如果不是自有渊源缘分，又怎么可能如此契合呢？

《群芳谱》[①]：蕲州蕲门团黄[②]，有一旗一枪之号，言一叶一芽也。欧阳公诗有“共约试新茶，旗枪几时绿”之句[③]。王荆公《送元厚之》诗云“新茗斋中试一旗”[④]。世谓茶始生而嫩者为一枪，寖大而开者为一旗[⑤]。

【注释】

①《群芳谱》：全称《二如亭群芳谱》，三十卷，明王象晋撰。是王象晋平日家居时督率佣工仆人在田园里栽植谷、蔬、花、果、竹、木、桑麻、草药等时，积累起的一些知识和经验，以及古代文献记载和访问咨询所得。按天、岁、谷、蔬、果、茶竹、桑麻葛苎、药、木、花、卉、鹤鱼等十二谱分类，记载植物达四百余种，对每一植物、动物，都详述形态特征。王象晋(1561—1653)，字荩臣，又字子进，号康宇，自称明农隐士、好生居士。新城(今山东桓台)人。官至浙江右布政使。另著有《翥桐载笔》《清寤斋欣赏编》《卫生铃铎》等。

②蕲(qí)州：南朝陈改罗州置，治所在齐昌县(今湖北蕲春西北六里罗州城)。隋大业三年(607)改为蕲春郡。唐复改为蕲州。

③旗枪：绿茶名。由带顶芽的小叶制成。茶芽刚刚舒展成叶称旗，尚未舒展称枪，至二旗则老。

④王荆公：即王安石(1021—1086)，字介甫，初字介卿，号半山。抚州临川(今属江西)人。曾官至宰相，元丰元年(1078)封舒国公。元丰三年(1080)改封荆国公。著有《临川集》《易解》《孟子解》《春秋注》《杂说》等。

⑤寖(jìn)大：逐渐长大，壮大。

【译文】

王象晋《群芳谱》记载：蕲州的蕲门团黄茶，有一旗一枪的称呼，说的是一叶一芽。欧阳修有“共约试新茶，旗枪几时绿”的诗句。王安石《送元厚之》诗中也有“新茗斋中试一旗”的诗句。世人把茶叶刚发出来的嫩芽称为一枪，逐渐长大展开的叶芽称为一旗。

鲁彭《刻〈茶经〉序》[①]：夫茶之为经，要矣。兹复刻者，便览尔。刻之竟陵者，表羽之为竟陵人也。按：羽生甚异，类令尹子文[②]。人谓子文贤而仕，羽虽贤，卒以不仕。今观《茶经》三篇，固具体用之学者。其曰“伊公羹、陆氏茶”[③]，取而比之，实以自况[④]。所谓易地皆然者，非欤？厥后茗饮之风，行于中外。而回纥亦以马易茶[⑤]，由宋迄今，大为边助[⑥]。则羽之功，固在万世，仕不仕奚足论也。

【注释】

①鲁彭：号梦野。明竟陵(今湖北天门)士人。其《茶经·序》为明嘉靖二十一年(1542)在竟陵刻《茶经》时所撰。

②令尹子文：令尹，楚国的官名，相当于宰相。子文，若敖族人，斗氏，名穀於菟。楚贵族若敖氏斗伯比与表妹郧子之女偷情所生，生下后弃在云梦泽北（今湖北天门境内），被母虎抚养。当时楚国称老虎为“於菟”，把喂乳叫“穀”，意思是“虎乳育的”，故取名穀於菟。按：羽生在水边，群雁翼之，故曰“类子文”。

③伊公：商伊尹的尊称。

④自况：犹自比。

⑤回纥：我国古代西北少数民族名。后亦称“回鹘”。

⑥大为边助：大大支助了边防。此指茶叶的收入，大大支助了边防的开支。

【译文】

鲁彭《刻〈茶经〉序》记载：将茶书称为经，说明很重要。现在重新刻印，是为了人们便于阅览。之所以在竟陵刊刻，是为了表明陆羽是竟陵人。按：陆羽身世甚是传奇，很像令尹子文。人们称子文贤明而入仕途，而陆羽虽然贤明，但终身不入仕途。如今读《茶经》三篇，原本就是实用之学。其中说到“伊公羹、陆氏茶”，取来作为比喻，其实是与自己作比。所说的改变地点也都是一样的，难道不是这样的吗？此后，饮茶之风盛行于中原以及域外。而回纥民族也用马匹来换取茶叶，从宋朝直到现在，茶叶的收入大大支助了边防。所以说陆羽的功劳万世流芳，入不入仕途也没有必要讨论了。

沈石田《书岕茶别论后》[①]：昔人咏梅花云“香中别有韵，清极不知寒”，此惟岕茶足当之。若闽之清源、武夷，吴郡之天池、虎丘[②]，武林之龙井[③]，新安之松萝[④]，匡庐之云雾，其名虽大噪，不能与岕相抗也。顾渚每岁贡茶三十二斤，则岕于国初已受知遇。施于今，渐远渐传，渐觉声价转重。既得圣人之清，又得圣人之时，第蒸、采、烹、洗，悉与古法不同。

【注释】

①沈石田：即沈周(1427—1509)，字启南，号石田、玉田生、白石翁、有竹居主人等。长洲(今江苏苏州)人。传世画作有《庐山高图》《秋林话旧图》《沧州趣图》，另著有《石田集》《客座新闻》等。

②吴郡：今江苏苏州。

③武林：旧时杭州的别称，以武林山得名。

④新安：即新安郡。徽州与严州大部，古称新安，后成为徽州、严州地区的代称。此指徽州。

【译文】

沈周《书岕茶别论后》记载：古人吟颂梅花道“香中别有韵，清极不知寒”，这样的描述只有岕茶能够担当。如福建的清源茶、武夷茶，苏州的天池茶、虎丘茶，杭州的龙井茶，徽州的松萝茶，庐山的云雾茶，这些茶虽然名声广泛传扬，然而却无法与岕茶相提并论。顾渚茶每年要进贡三十二斤，由此可知岕茶在明朝初年就已经很受赏识。流行到今天，岕茶的名声越传越远，其身价亦越来越高。岕茶既得圣人的清雅，又得圣人之时机，只是蒸、采、烹、洗都与古时的制茶方法不同。

李维桢《茶经·序》[①]：羽所著《君臣契》三卷，《源解》三十卷，《江表四姓谱》十卷，《占梦》三卷，不尽传，而独传《茶经》，岂他书人所时有，此为觭长[②]，易于取名耶？太史公曰[③]：“富贵而名磨灭，不可胜数，惟俶傥非常之人称焉[④]。”鸿渐穷厄终身[⑤]，而遗书遗迹百世下宝爱之，以为山川邑里重。其风足以廉顽立懦[⑤]，胡可少哉？

【注释】

①李维桢(1547—1626):字本宁,京山(今属湖北)人。由庶吉士授编修,累官礼部尚书。著有《大泌山房集》《史通评释》等。

②觭(qí):奇怪。

③太史公:即司马迁(前145? —前86?),字子长。夏阳(今陕西韩城)人。著有中国第一部纪传体通史《史记》。司马迁自言著《史记》的目的是:"究天人之际,通古今之变,成一家之言。"

④俶傥(tì tǎng):卓异不凡。

⑤穷厄:穷困。

⑥廉顽立懦:谓高尚的节操可以激励人向上。《孟子·万章下》:"故闻伯夷之风者,顽夫廉,懦夫有立志。"

【译文】

李维桢《茶经·序》记载:陆羽所著的《君臣契》三卷,《源解》三十卷,《江表四姓谱》十卷,《占梦》三卷,都没有流传下来,唯独《茶经》流传了下来,难道说是因为其他书人们随时都能得到,此书名比较奇特而易于出名吗?司马迁说:"历史上富贵之人而声名湮灭,数都数不过来,只有那些卓异不凡的人才被人称道。"陆羽虽然穷困终生,然而他流传下来的著作与事迹,百代以下被人珍惜爱护,成为山川所重的标识、乡里所传的遗产。他高尚的节操可以激励人向上,怎么可以缺少呢?

杨慎《丹铅总录》[①]:茶,即古"荼"字也。周《诗》记"荼苦",《春秋》书"齐荼"[②],《汉志》书"荼陵"[③]。颜师古、陆德明虽已转入"茶"音[④],而未易字文也。至陆羽《茶经》、玉川《茶歌》、赵赞茶禁以后[⑤],遂以"茶"易"荼"。

【注释】

①杨慎《丹铅总录》:共二十七卷,明杨慎撰。为作者考辨群书异同

之笔记汇编。此“丹铅”有二意：一为古之罪人以丹书其籍，其卷以铅为轴，此为杨慎自况其削籍遣戍云南事；一为旧时点校书籍所用的丹砂与铅粉。杨慎博通群籍，善于校勘、考辨诸书异同，所著皆以“丹铅”为名，大都为其遣戍云南期间所著。杨慎(1488—1559)，字用修，号升庵，别号博南山人、博南戍史、金马碧鸡老兵等。新都(今四川成都新都区)人。另著《滇程记》《古音猎要》《全蜀艺文志》《春秋地名考》《墨池璅录》《升庵诗话》《升庵词品》《画品》等。

②《春秋》：春秋末期，孔子根据鲁国史官编写的《鲁春秋》，并参考周王室及各诸侯国史官的记载修成。是现存最早的编年史。记述自鲁隐公元年(前722)至鲁哀公十四年(前481)共二百四十二年的历史，内容为周王室及各诸侯国的政治、军事活动，以及日食、地震、水灾、旱灾、虫灾等自然现象。记事极简短，每条最多不过四十余字，最少仅一字。本为史书，自西汉以来，被儒家奉为经典，列为五经之一，故又有《春秋经》之称。

③《汉志》：即班固《汉书·地理志》。着重记录了汉代郡国行政区划、历史沿革、户口、各地民情风俗、物产和经济发展等状况，以及少数民族地区和亚洲一些国家，是地理学的重要著作。班固(32—92)，字孟坚。扶风安陵(今陕西咸阳东北)人。另著有《白虎通义》等。

④陆德明(约550—630)：名元朗，以字行。苏州吴(今江苏苏州)人。著有《经典释文》《周易注》《汉书注》《周易兼义》等。

⑤玉川《茶歌》：即卢仝《七碗茶歌》。卢仝(约771—835)，祖籍范阳(今河北涿州)，曾隐居济源(今属河南)，其地有玉川泉，因自号玉川子。著有《玉川子诗集》。赵赞茶禁：唐建中年间(780—783)，嗜好喝茶的唐德宗采纳户部侍郎赵赞之建议，建立“榷茶制”，禁止茶叶在民间私下买卖，并开征茶税以补国库之不足，史

称“赵赞茶禁”。

【译文】

杨慎《丹铅总录》记载：茶，就是古代的“荼”字。《诗经》记为“荼苦”，《春秋》写作“齐荼”，《汉书·地理志》写作“荼陵”。颜师古《汉书注》、陆德明《经典释文》已将读音改为“茶”，但没有改变“荼”字的写法。直到陆羽的《茶经》、卢仝的《七碗茶歌》、以及赵赞的茶禁以后，才以“茶”字取代了“荼”字。

董其昌《〈茶董〉题词》[1]：荀子曰[2]：“其为人也多暇，其出入也不远矣。”陶通明曰[3]：“不为无益之事，何以悦有涯之生[4]？”余谓茗碗之事足当之。盖幽人高士，蝉蜕势利[5]，以耗壮心而送日月[6]。水源之轻重，辨若淄渑[7]；火候之文武[8]，调若丹鼎[9]。非枕漱之侣不亲[10]，非文字之饮不比者也[11]。当今此事，惟许夏茂卿拈出。顾渚、阳羡，肉食者往焉[12]，茂卿亦安能禁？壹似强笑不乐，强颜无欢，茶韵故自胜耳[13]。予夙秉幽尚[14]，入山十年，差可不愧茂卿语[15]。今者驱车入闽，念凤团龙饼，延津为瀹[16]，岂必土思[17]，如廉颇思用赵[18]？惟是《绝交书》所谓“心不耐烦而官事鞅掌”者[19]，竟有负茶灶耳[20]。茂卿能以同味谅吾耶！

【注释】

①董其昌(1555—1636)：字玄宰，号思白、香光居士、容台。松江华亭(今属上海)人。授翰林院编修，官至南京礼部尚书，卒后谥“文敏”。著有《画禅室随笔》《容台集》等。《茶董》：明代茶书，二卷，夏树芳撰。《四库全书总目》卷一一六《谱录类存目》著录此书，《提要》对此书内容作如下评价：“是编杂录南北朝至宋金茶

事，不及采造煎试之法，但摭诗句故实。然疏漏特甚，舛误亦多。其曰《荼董》者，以《世说》记干宝为鬼之董狐，袭其文也。前有陈继儒序，卷首又题继儒补。其气类如是，则其书不足诘矣。"夏树芳（1551—1635），字茂卿，一说字方卿，又字习池。江阴（今属江苏）人。另有《消暍集》《词林海错》《海镜》等。

②荀子（约前313—前238）：名况，字卿。战国末期赵国人。儒家代表人物之一，时人尊称"荀卿"。曾三次出任齐国稷下学宫的祭酒，后为楚兰陵（今山东兰陵）令。

③陶通明：陶弘景（456—536），字通明。丹阳秣陵（今江苏南京）人。齐武帝永明十年（492），上表辞官，归隐于句容茅山，中山立馆，自号华阳隐居。梁武帝萧衍早年与他交游，及即帝位，经常向他咨询国家大事，时人因号为"山中宰相"。死后谥曰"贞白先生"。著有《神农本草经集注》《肘后百一方》等。

④悦：取悦，欢愉。有涯：有限。

⑤蝉蜕势利：摆脱名利的困扰，把名利看得很轻。

⑥壮心：壮志。

⑦淄渑：淄水和渑水的并称。皆在今山东。相传二水味各不同，混合之则难以辨别。

⑧文武：用于烧煮的文火与武火。文火，火力小而弱。武火，火力大而猛。

⑨丹鼎：炼丹用的鼎。

⑩枕漱：即枕流漱石，指隐居生活。南朝宋刘义庆《世说新语·排调》："孙子荆年少时欲隐，语王武子'当枕石漱流'，误曰'漱石枕流'。王曰：'流可枕，石可漱乎？'孙曰：'所以枕流，欲洗其耳；所以漱石，欲砺其齿。'"

⑪文字之饮：指文人间把酒赋诗论文。

⑫肉食者：指高位厚禄。亦泛指做官的人。

⑬自胜：克制自己。

⑭夙秉幽尚：指向来爱好山林。夙秉，早岁秉承，天然具有。

⑮差可：犹尚可，勉强可以。

⑯延津为瀹(yuè)：指机缘巧合。相传晋代龙泉、太阿两剑分离后于此会合。此处指作者有机会得遇龙团凤饼。

⑰土思：谓对故乡的怀念。

⑱廉颇：嬴姓，廉氏，名颇。赵国苦陉(今河北定州)人。战国末期赵国名将。

⑲《绝交书》：即《与山巨源绝交书》，晋嵇康作。嵇康(223—263)，字叔夜。原籍会稽绍兴(今属浙江)，谯国铚县(今安徽宿州)人。另著有《养生论》《声无哀乐论》《井丹》《汉阴丈人》等。鞅掌：谓职事纷扰烦忙。

⑳茶灶：烹茶的小炉灶。

【译文】

董其昌《〈茶董〉题词》记载：荀子说："为人处世要是有更多的闲暇时间，那么离其出入进退的自由也就不远了。"陶弘景说："不做无益的事，又怎么来愉悦有限的生命呢？"我认为品茗饮茶的事就完全可以当之。那些幽隐超脱世俗的人，摆脱权势、名利的困扰，以此来消磨雄心而打发悠长的时光。水源的好坏，分辨起来就像是辨别淄水与渑水那样困难；火候的大小，调试起来如同调和炼丹用的鼎炉那般费事。如果不是隐居生活的人不能与茶亲近，如果不是文人间把酒赋诗论文不能与茶相比。当今在茶事方面，只有夏树芳可以称道。顾渚茶、阳羡茶都是做官的人来采摘的，茂卿又怎么能够禁止呢？就好像强笑不乐，强颜无欢一样，茶的韵味也就在于克制自己罢了。我向来爱好山林，遁隐山中已经十年，勉强可以达到不愧对茂卿的说法。如今驾车去福建，心念着龙凤团茶，有缘得遇龙团凤饼，何必忧思怀念，难道一定如廉颇想为赵王所重用那样吗？这就是嵇康《与山巨源绝交书》所说的"心不耐烦职事的纷扰烦忙”，那就辜负了烹茶的小炉灶。不知道茂卿能不能感同身受而体谅我呢？

童承叙《题陆羽传后》①：余尝过竟陵，憩羽故寺②，访雁桥③，观茶井，慨然想见其为人④。夫羽少厌髡缁⑤，笃嗜坟素⑥，本非忘世者⑦。卒乃寄号桑苎，遁迹苕霅⑧，啸歌独行，继以痛哭，其意必有所在。时乃比之接舆⑨，岂知羽者哉？至其性甘茗荈，味辨淄渑，清风雅趣，脍炙今古。张颠之于酒也⑩，昌黎以为有所托而逃⑪，羽亦以是夫。

【注释】

①童承叙：字汉臣，一字士畴。沔阳（今湖北仙桃）人。另著有《平汉录》《内方集》等。

②憩：休息。

③雁桥：位于湖北天门市区。相传陆羽出生后被弃置于此，有只大雁张开双翼覆在陆羽身上长鸣，西塔寺僧人听见后，将其抱回抚养。后人为纪念陆羽，便在大雁双翼覆羽处建桥，并以雁命名。

④慨然：形容感慨。

⑤髡缁（kūn zī）：指僧尼。僧人穿黑衣，故称。髡，剃去头发。缁，本义是黑色的帛。泛指黑色。

⑥坟素：泛指古代典籍。

⑦忘世：忘却世情。

⑧苕霅（tiáo zhá）：苕溪、霅溪二水的并称。在今浙江湖州境内。诸水滨古代多有高人隐士卜居。

⑨接舆：春秋楚隐士，佯狂不仕。亦以代指隐士。《论语·微子》：“楚狂接舆，歌而过孔子之门。”邢昺疏：“接舆，楚人也，姓陆名

通，字接舆。昭王时，政令无常，乃被发佯狂不仕，时人谓之为‘楚狂’也。”

⑩张颠：即张旭（675—750），字伯高，一字季明。吴郡（今江苏苏州）人。擅长草书，喜欢饮酒。醉后往往有颠狂之态，故称张颠。

⑪昌黎：即韩愈（768—824），字退之。河阳（今河南孟州）人。自称“郡望昌黎”，世称“韩昌黎”“昌黎先生”。韩愈是唐代古文运动的倡导者，被尊为“唐宋八大家”之首。著有《韩昌黎集》等。

【译文】

童承叙《题陆羽传后》记载：我曾经去过竟陵，在陆羽以前呆的寺里面休息，寻访了雁桥，参观了茶井，慨然想见到陆羽的为人。陆羽从小厌倦佛寺生活，酷爱古代图书典籍，原本就不是忘却世情的人。最终寄号桑苎翁，遁隐在苕溪、霅溪之间，长啸歌吟独自行走，继而又开始痛哭，其本意必定有其所在。当时的人把他比作是春秋隐士接舆，难道能算是了解陆羽吗？至于陆羽生性喜好茶事，能够辨别淄水与渑水的细微差别，清风雅趣，脍炙千古。张旭嗜酒，韩愈认为他是在酒中有所寄托，陆羽也许也是这样的吧。

《谷山笔麈》[①]：茶自汉以前不见于书，想所谓槚者，即是矣。

【注释】

①《谷山笔麈》：十八卷，明于慎行著。该书论评经史子集、礼乐兵刑、财赋、隘塞、边防之要旨，及历代帝后、大臣、勋戚、阉伶之优劣。于历代典制、礼仪、风俗之变迁得失，多有评述。书中记述万历时期之人物、史事，多为作者亲所见闻。于慎行（1545—1607），字可远，又字无垢。东阿（今属山东）人。隆庆二年（1568）进士，改庶吉士，授编修，官至礼部尚书。读书贯穿经史，

通晓掌故，被推称“文学为一时冠”。另著有《谷城山馆文集》《谷城山馆诗集》《读史漫录》等。

【译文】

于慎行《谷山笔麈》记载：茶事在汉代以前没有被书籍记载，我想书中所说的槚，也就是茶了。

李贽《疑耀》[①]：古人冬则饮汤，夏则饮水，未有茶也。李文正《资暇录》谓茶始于唐崔宁[②]，黄伯思已辨其非[③]。伯思尝见北齐杨子华作《邢子才魏收勘书图》[④]，已有煎茶者。《南窗记谈》谓饮茶始于梁天监中[⑤]，事见《洛阳伽蓝记》[⑥]。及阅《吴志·韦曜传》[⑦]，赐茶荈以当酒，则茶又非始于梁矣。余谓饮茶亦非始于吴也。《尔雅》曰：“槚，苦荼。”郭璞注：“可以为羹饮。早采为荼，晚采为茗，一名荈。”则吴之前亦以茶作饮矣，第未如后世之日用不离也[⑧]。盖自陆羽出，茶之法始讲。自吕惠卿、蔡君谟辈出[⑨]，茶之法始精。而茶之利，国家且藉之矣。此古人所不及详者也。

【注释】

①李贽《疑耀》：七卷，明张萱撰，旧本题明李贽撰。该书考证历代故事、名物，循循有法。然或由记忆而成，不无疏舛之处。张萱，字孟奇，号九岳，别号西园。博罗（今属广东）人。官至户部郎中。通经史，工书画。著有《汇雅》。李贽（1527—1602），字宏甫，号卓吾，别号温陵居士、百泉居士等。泉州晋江（今属福建）人。另著有《焚书》《续焚书》《藏书》等。

②李文正《资暇录》：又名《资暇》《资暇集》，三卷。李文正，应为李匡乂，字济翁。据李匡乂自序，因世俗之谈多有讹误，故著此书。

上篇正误，中篇谈原，下篇本物。旧本或题李济翁撰，为宋刻本避讳。李匡乂，字济翁。昭宗时，官宗正少卿。崔宁（723—783）：本名旰，卫州（今河南卫辉）人。唐名将。历任利州、汉州刺史、西川节度使、御史大夫、同平章事等。建中四年（783），被卢杞诬奏通朱泚谋反，遭缢杀。

③黄伯思（1079—1118）：字长睿，别字霄宾，号云林子。邵武（今属福建）人。在古文字方面颇有造诣，能书善画。著有《法帖刊误》《东观余论》等。

④杨子华：北齐画家。善画人物鞍马，时有"画圣"之称。唐张彦远《历代名画记》卷八："阎立本云：自像人以来，曲尽其妙，简易标美，多不可减，少不可逾，其唯子华乎！"

⑤《南窗记谈》：一卷，作者不详。该书内容多记北宋盛时名臣言行，以及订正典故，颇为详明。其中有些条内容间涉语怪，尤近于诬，不脱小说之习。天监：梁武帝年号（502—519）。

⑥《洛阳伽蓝记》：五卷，北魏杨衒之撰。记述了佛寺园林的盛衰兴废，兼及北魏都洛阳期间政治及民俗等多方面情况，于当时豪门贵族、僧侣地主的豪奢极欲，寓有评讥之意。文笔秾丽秀逸，骈中有散，颇具特色，而且具有史料价值。杨衒之，北平（今河北满城）人。曾任奉朝请、期城郡守、抚军府司马、秘书监。

⑦《吴志·韦曜传》：《三国志·吴书》记载韦曜的传记。

⑧第：但。

⑨吕惠卿（1032—1111）：字吉甫，号恩祖。泉州（今属福建）人。著有《建安茶记》一卷，已佚。

【译文】

张萱《疑耀》记载：古代的人冬天喝汤，夏天喝水，并没有所谓的茶。李匡乂《资暇录》记载茶起源于唐代崔宁，黄伯思已经辨别出这种说法不对。黄伯思以前见过北齐杨子华所作的《邢子才魏收勘书图》，画中已经有煎茶了。《南窗记谈》记载饮茶始于南朝梁天监年间，这件事见载于杨衒之《洛阳伽蓝记》。等到看了《三国志·吴书·韦曜传》时，里面有赐茶以代酒的说法，则可见茶又非始于梁天监年间了。我觉得饮茶也不是开始于三国时吴国。《尔雅》中说："槚，就是苦茶。"郭璞注释说："可以作为羹汤来饮用。采摘早的叫做茶，采摘晚的叫做茗，也叫做荈。"那么在吴以前也有把茶作为饮品的，但没有像后来那样成为日常生活的必需品。大概从陆羽开始讲究品茶之法。自吕惠卿、蔡襄之辈开始，饮茶之法变得更加精巧。而贩卖茶叶亦成为国家的专利，国家以此牟利甚多。这些都是古人没有详细记载的。

王象晋《〈茶谱〉小序》：茶，嘉木也。一植不再移，故婚礼用茶，从一之义也。虽兆自《食经》①，饮自隋帝②，而好者尚寡③。至后兴于唐，盛于宋，始为世重矣。仁宗，贤君也，颁赐两府，四人仅得两饼，一人分数钱耳。宰相家至不敢碾试，藏以为宝，其贵重如此。近世蜀之蒙山，每岁仅以两计。苏之虎丘，至官府预为封识④，公为采制，所得不过数斤。岂天地间尤物，生固不数数然耶⑤？瓯泛翠涛⑥，碾飞绿屑，不藉云腴，孰驱睡魔？作《茶谱》。

【注释】

①兆：开始。《食经》：九卷，北魏崔浩撰。崔浩（381—450），字伯渊，一作伯深。清河东武城（今属山东）人。官拜太常卿。通经史、玄象、阴阳，修服食养性之术。

②隋帝：即隋文帝杨坚（541—604），隋朝建立者。

③尚寡：还少。

④封识：封缄并加标记。

⑤数数然：犹汲汲。迫切貌。

⑥翠涛：绿色的茶汤。

【译文】

王象晋《〈茶谱〉小序》记载：茶，是一种优良的树木。一经种植就不能移栽，所以婚姻聘礼上用茶，取其从一而终的含义。茶事虽然萌芽于《食经》，品饮自隋文帝杨坚，然而喜好饮茶的人仍然很少。到了唐朝逐渐兴起，盛行于宋朝，才开始为世人推崇。宋仁宗是一代贤君，曾赏赐龙凤团茶给中书省、枢密院两府，四个人仅可以得到两个茶饼，每人也就只能分得几钱罢了。以至宰相家里也舍不得烹点试茶，而当作宝物珍藏起来，由此可见其贵重如此。近来四川的蒙顶山茶，每年进贡的茶只以两来计算。苏州的虎丘茶，由官府提前封缄并加标记，公家统一组织采摘制造，所得也不过数斤。难道天地间人们喜爱之物就不会频繁出现吗？茶盏之中泛起绿色的茶汤，茶碾中飘着绿色茶屑，不凭借饮茶提神，又怎么能驱除睡意呢？于是写作《茶谱》。

陈继儒《〈茶董〉小序》[①]：范希文云[②]："万象森罗中，安知无茶星。"余以茶星名馆，每与客茗战。旗枪标格，天然色香映发。若陆季疵复生，忍作《毁茶论》乎？夏子茂卿叙酒，其言甚豪。予曰何如隐囊纱帽[③]，翛然林涧之间[④]，摘露芽[⑤]，煮云腴，一洗百年尘土胃耶？热肠如沸，茶不胜酒；幽韵如云，酒不胜茶。酒类侠，茶类隐。酒固道广，茶亦德素[⑥]。茂卿，茶之董狐也[⑦]，因作《茶董》。东佘陈继儒书于素涛轩[⑧]。

【注释】

①陈继儒（1558—1639）：字仲醇，号眉公、麋公。华亭（今上海松江）人。著有《梅花册》《云山卷》《妮古录》《陈眉公全集》《小窗幽

记》等。

②范希文：即范仲淹（989—1052），字希文。祖籍邠州（今陕西彬县），后迁居吴县（今江苏苏州）。著有《范文正公集》等。

③隐囊纱帽：指隐士装束。

④翛（xiāo）然：无拘无束，超脱。

⑤露芽：茶名。唐李肇《唐国史补》卷下："风俗贵茶，茶之名品益众……福州有方山之露牙。"

⑥德素：犹德性，德行。

⑦董狐：春秋晋国太史，亦称史狐。周大史辛有的后裔，因董督典籍，故姓董氏。董狐秉笔直书的事迹，实开我国史学直笔传统的先河。

⑧东佘（shé）：指东佘山。在今上海松江区北部。

【译文】

陈继儒《〈茶董〉小序》记载：范仲淹曾有诗："万象森罗中，安知无茶星。"我曾经以茶星来命名自己的馆舍，经常与客人斗茶。以茶叶的旗枪来作为标准，使其天然的色泽和香气能相映散发。假使陆羽死而复生，又怎能忍心再作《毁茶论》呢？夏茂卿先生叙述酒事时，其言论非常豪气。我说酒事又怎么能比得上茶事，身着隐士装束，无拘无束遁隐于山林之间，采摘早晨带露的叶芽，烹煮茶汤，一洗为百年尘土污染的肠胃呢？要使肠胃沸腾，则茶远不及酒；但要说到清幽雅韵，则酒不及茶。酒像是侠客，茶则像是隐士。酒的内涵虽然宽广，而茶的德行也质朴无饰。茂卿先生就像是茶中的良史董狐，因此编撰《茶董》一书。东佘山陈继儒书于素涛轩。

夏茂卿《茶董·序》[①]：自晋唐而下，纷纷邾莒之会[②]，各立胜场，品别淄渑，判若南董[③]，遂以《茶董》名篇。语曰："穷《春秋》，演河图[④]，不如载茗一车。"诚重之矣。如谓此君面目严冷⑤,而且以为水厄⑥,且以为乳妖⑦,则请效綦毋先生无作此事⑧。冰莲道人识。

【注释】

①《茶董》:明代茶书,二卷,夏树芳撰。夏树芳(1551—1635),字茂卿,一说字方卿,又字习池,号冰莲道人。

②邾莒(zhū jǔ):春秋二小国名。北魏杨衒之《洛阳伽蓝记·正觉寺》:"羊者是陆产之最,鱼者乃水族之长。所好不同,并各称珍。以味言之,甚是优劣:羊比齐鲁大邦,鱼比邾莒小国。"

③南董:春秋时齐史官南史、晋史官董狐的合称。皆以直笔不讳著称。

④河图:儒家关于《周易》卦形来源的传说。《尚书·顾命》:"大玉、夷玉、天球、河图,在东序。"孔传:"伏牺王天下,龙马出河,遂则其文以画八卦,谓之'河图'。"

⑤严冷:严肃而冷峻。

⑥水厄:三国魏晋以后,渐行饮茶,其初不习饮者,戏称为"水厄"。后亦指嗜茶。

⑦乳妖:五代时对善于烹茶精于茶艺者的戏称。《说郛》:"吴僧文了,善烹茶。游荆南,高保勉四子季兴,延置紫云庵,日试其艺。保勉父子呼为汤神。奏授华定水大师上人,目曰乳妖。"

⑧綦(qí)毋先生:西晋鲁褒《钱神论》中假设的人物,一位老而穷的儒生。

【译文】

夏茂卿《茶董·序》记载:自从晋唐以来,各种饮食之会纷纷纭纭,茶与其他饮食各有所长,品质的好坏简直如同辨别淄水与渑水一样困难,然而却要像南史、董狐那样秉笔直书,所以就以《茶董》来命名。俗话说:"穷究《春秋》,推演河图洛书,都不如载满一车的茗茶。"的确很推重茶叶。如果认为茶的面目严肃而冷峻，或者认为饮茶是水厄，是乳妖，那么就请效仿綦毋先生不要再做此事。冰莲道人识。

《本草》[1]：石蕊，一名云茶。

【注释】

①《本草》：指唐高宗显庆四年(659)苏敬等23人受命重修的《新修本草》，共五十四卷，又称为《唐本草》。《新修本草》是我国第一部由政府颁布的药典，也是世界上最早的药典。

【译文】

《新修本草》记载：石蕊，也被称为云茶。

卜万祺《松寮茗政》[1]：虎丘茶，色味香韵，无可比拟。必亲诣茶所，手摘监制，乃得真产。且难久贮，即百端珍护[2]，稍过时即全失其初矣。殆如彩云易散，故不入供御耶[3]。但山岩隙地，所产无几，又为官司禁据[4]，寺僧惯杂赝种[5]，非精鉴家卒莫能辨。明万历中[6]，寺僧苦大吏需索[7]，薙除殆尽[8]。文文肃公震孟作《薙茶说》以讥之[9]。至今真产尤不易得。

【注释】

①卜万祺：字戬(jiǎn)甫。秀水(今浙江嘉兴)人。天启元年(1621)举人，授宁国教谕，迁国子助教转户部司务，再迁刑部福建司主事，进山西员外，终韶州知府。

②百端珍护：用各种方法保管珍藏。

③供御：进奉于帝王。

④官司：官府。

⑤赝(yàn)种:赝品,假冒之品。

⑥万历:明神宗年号(1573—1620)。

⑦需索:求取,勒索。

⑧薙(tì):除草。

⑨文文肃公震孟:即文震孟(1574—1636),初名从鼎,字文起,号湘南,别号湛持,一作湛村。南直隶长洲(今江苏苏州)人。天启二年(1622)殿试第一,授翰林修撰。崇祯时擢礼部左侍郎,兼东阁大学士。南明弘光朝追谥文肃。著有《药圃诗稿》。

【译文】

卜万祺《松寮茗政》记载:虎丘茶的色泽、味道、香气和韵致,没有可以相比的。必须要亲自到出产茶的地方,亲手采摘并监督制造,才可以得到真正的虎丘茶。而且虎丘茶很难长久保存,即使用各种方法保管珍藏,时间稍过也就会完全失去它最初的真味馨香。就好像天上的彩云容易飘散,因此不纳入进奉帝王的贡品。然而山岩之间的空隙之地,产量很少,又大都为官府据为己有,寺庙里的僧人也习惯于在好茶里面掺杂赝品,如果不是精于赏鉴的行家是不能辨别真伪的。明万历年间,寺庙里的僧人苦于被官府勒索,将茶树铲除殆尽。因此文震孟写了《薙茶说》来讽刺。到如今,真正的虎丘茶更难以得到了。

袁了凡《群书备考》[①]:茶之名,始见于王褒《僮约》。

【注释】

①袁了凡《群书备考》:二十卷,明袁黄撰。该书所记之事多属政治、经济、文化、礼教之类。袁黄(1533—1606),初名表,后改名黄,字庆远,又字坤仪、仪甫,初号学海,后改了凡。吴江(今江苏苏州)人。另著有《了凡四训》《两行斋集》《诗外别传》《评注八代文宗》等。

【译文】

袁了凡《群书备考》记载：茶的名字，最早见于王褒的《僮约》。

许次纾《茶疏》[①]：唐人首称阳羡，宋人最重建州。于今贡茶，两地独多。阳羡仅有其名，建州亦非上品，惟武夷雨前最胜。近日所尚者，为长兴之罗岕，疑即古顾渚紫笋。然岕故有数处，今惟洞山最佳[②]。姚伯道云[③]："明月之峡[④]，厥有佳茗。韵致清远，滋味甘香，足称仙品。其在顾渚亦有佳者，今但以水口茶名之，全与岕别矣。若歙之松萝，吴之虎丘，杭之龙井，并可与岕颉颃[⑤]。"郭次甫极称黄山[⑥]，黄山亦在歙，去松萝远甚。往时士人皆重天池，然饮之略多，令人胀满。浙之产曰雁荡、大盘、金华、日铸[⑦]，皆与武夷相伯仲[⑧]。钱塘诸山产茶甚多，南山尽佳，北山稍劣。武夷之外，有泉州之清源，倘以好手制之，亦是武夷亚匹[⑨]。惜多焦枯[⑩]，令人意尽。楚之产曰宝庆[⑪]，滇之产曰五华[⑫]，皆表表有名[⑬]，在雁茶之上。其他名山所产，当不止此，或余未知，或名未著，故不及论。

【注释】

①许次纾《茶疏》：一卷，明许次纾撰。成书于明万历二十五年(1597)。全书约四千七百字。分产茶、古今制茶、炒茶、收藏等三十六节。许次纾(1549—1604)，字然明，号南华。钱塘(今浙江杭州)人。跛而能文，好蓄奇石，好品泉，又好客，性不善饮。所著诗文甚富，惜大半失传。

②洞山：即洞山茶。古阳羡茶的一种。产于江苏宜兴东北，东滨太

湖，品质优良。

③姚伯道：即姚绍宪，字伯道。明吴兴（今浙江湖州）人。他精研茶理，将平生种茶、制茶、饮茶的经验全部传授给了许次纾，并为《茶疏》写了序。

④明月之峡：即明月峡。在今浙江长兴西北顾渚山。《天中记》卷四四云："明月峡在顾渚侧，二山相对，石壁峭立，大涧中流，乱石飞走，茶生其间，尤为绝品。"

⑤颉颃（xié háng）：谓不相上下，相抗衡。

⑥郭次甫：即郭第，字次甫，有游五岳之愿，自号五游。长洲（今江苏苏州）人。著有《独往生吟稿》《广篇》等。

⑦雁荡：即雁荡茶，因产于浙江乐清雁荡山而得名。大盘：即大盘茶，浙江名茶，产于括苍山脉。金华：即金华茶，因产于浙江金华而得名。日铸：即日铸茶，因产于浙江会稽东南之日铸岭而得名。

⑧伯仲：比喻事物不相上下。

⑨亚匹：仅仅次于。

⑩焦枯：干燥枯萎。

⑪楚：指湖北和湖南。此指湖南。宝庆：即宝庆茶。因产于湖南宝庆府而得名。宝庆，今湖南邵阳。

⑫滇：云南的别称。五华：即五华茶，因产于云南昆明五华山而得名。

⑬表表：卓异，特出。

【译文】

许次纾《茶疏》记载：唐朝人最看重阳羡茶，宋朝人最看重建州茶。现在的贡茶，也是这两个地方的最多。阳羡茶徒有虚名，建州茶也不是上好的品种，只有武夷山的雨前茶才是最好的。近来人们所崇尚的，是长兴的罗岕茶，我怀疑这就是古人所说的顾渚紫笋茶。然而岕茶产地有很多处，但现在只有洞山出产的最好。姚绍宪曾说："明月之峡出产好茶。这种茶清香悠远，口味香甜，绝对可以称得上是仙品。其在顾渚山也有上好的品种，今人把它叫做水口茶，与罗岕茶完全不同。至于歙州的松萝茶，苏州的虎丘茶，杭州的龙井茶，都与岕茶不相上下。"郭第也极力称赞黄山茶，黄山也在歙州，品质比松萝茶相差太远。以前的士人也很重视天池茶，然而这种茶如果喝多了的话，就会使人感到腹中胀满。浙江出产的雁荡茶、大盘茶、金华茶、日铸茶，都与武夷茶不相上下。杭州附近各山出产的茶叶很多，生长在南面山上的都是好茶，生长在北面山上的稍差一些。福建名茶，除了武夷茶以外，还有泉州的清源茶，如果是技艺精良的人加工制作的话，也仅仅次于武夷茶。可惜做出来的茶多半都干燥枯萎了，令人很不满意。湖南的宝庆茶，云南的五华茶，也都特别有名，品质在雁荡茶之上。其他名山所出产的茶叶，应该还不止这些，或许是我不知道，或许是名声还不显著，因此我不加评论。

李诩《戒庵漫笔》[①]：昔人论茶，以枪旗为美[②]，而不取雀舌、麦颗[③]。盖芽细则易杂他树之叶而难辨耳。枪旗者，犹今称壶蜂翅是也[④]。

【注释】

①李诩《戒庵漫笔》：八卷，明李诩撰。《戒庵漫笔》又名《戒庵老人漫笔》，该书为李诩从嘉靖至万历初随时缀录，积久而成，卷帙芜杂，不究其事类编次，但涉及广博，诗文评识和考订，亦颇有可采。李诩（1505—1593），字厚德，号戒庵。江阴（今属江苏）人。另著有《世德堂吟稿》《名山大川记》《心学摘要》等。

②枪旗：成品绿茶之一。由带顶芽的小叶制成。芽尖细如枪，叶开展如旗，故名。

③麦颗：古代蒸青散茶名，产自今四川一带。为嫩芽所制。因其细

嫩纤小形似麦颗而得名。

④壶蜂翅：指一个茶芽带一片嫩叶，形状如马蜂翅，所以称为“壶蜂翅”。

【译文】

李诩《戒庵漫笔》记载：从前人们论茶，认为枪旗最好，而不取雀舌、麦颗。大概因为茶芽细小就容易混杂其他的树叶而难以辨认吧。所说的枪旗，也就是今天所说的壶蜂翅。

《四时纂要》[①]：茶子于寒露候收晒干，以湿沙土拌匀，盛筐笼内，穰草盖之[②]，不尔即冻不生。至二月中取出，用糠与焦土种之。于树下或背阴之地开坎，圆三尺，深一尺，熟劚[③]，着粪和土，每坑下子六七十颗，覆土厚一寸许，相离二尺，种一丛。性恶湿，又畏日，大概宜山中斜坡、峻坂、走水处[④]。若平地，须深开沟垄以泄水，三年后方可收茶。

【注释】

①《四时纂要》：五卷，唐韩鄂撰。韩鄂，唐农学家。《四时纂要》，以春令、夏令、秋令、冬令12个月为单位，取《广雅》《尔雅》定土产，取《月令》《家令》叙时宜，采氾胜种树之书，掇崔寔试谷之法，兼删《月录》《齐民要术》，编成五卷。每月先记述占候、禳镇等事，后记述本月农事。其中占候、禳镇的内容，几乎占去全书近一半的篇幅。记述当月的农事也比较具体、详细，反映了当时农业发展的状况。

②穰(ráng)草：野草或秸秆。

③熟劚(zhú)：反复地刨掘。劚，挖，掘。

④峻坂(bǎn)：陡坡。坂，斜坡，山坡。

【译文】

韩鄂《四时纂要》记载：茶子在寒露时收回来晒干，用潮湿的沙土拌匀，放在筐笼里面，再用野草或秸秆覆盖，否则就会因受冻而无法生长。到次年二月中旬取出来，用糠和焦土一起播种。播种时在树下或者背阴的地方挖一个坑，圆三尺，深一尺，反复刨掘，放进粪和土，每个坑里面种下六七十粒茶子，然后盖上一寸厚的土，坑与坑间隔两尺，每坑种植一丛。茶的本性害怕潮湿，又怕阳光直射，一般适宜种植在山中的斜坡、陡坡和排水较好的地方。如果是平地，那就必须深挖沟垄以便泄水，种植三年后才可以收茶。

张大复《梅花笔谈》①：赵长白作《茶史》②，考订颇详，要以识其事而已矣③。龙团、凤饼、紫茸、拣芽，决不可用于今之世④。予尝论今之世，笔贵而愈失其传，茶贵而愈出其味⑤。天下事未有不身试而出之者也。

【注释】

①张大复《梅花笔谈》：十四卷，明张大复撰。《梅花笔谈》，又名《梅花草堂笔谈》。据《江南通志·文苑传》载，该书是张大复失明以后追忆而作。所记皆同社酬答之语，间及乡里琐事。辞意纤佻，无关考证。张大复（1554—1630），字元长，号病居士。昆山（今属江苏）人。另著有《昆山人物传》《昆山名宦传》《闻雁斋笔谈》等。

②赵长白作《茶史》：不详，待考。

③要：主要。识：记。

④龙团、凤饼、紫茸、拣芽，决不可用于今之世：沈德符《万历野获编·补遗卷一》："洪武二十四年九月，上以重劳民力，罢造龙团，

惟采芽茶以进。"因此龙团、凤饼、紫茸、拣芽,绝不可用于当今之世。紫茸,即紫茸香茶。礼佛之名茶。

⑤"予尝论今之世"几句:查《梅花草堂笔谈》,在"茶贵而愈出其味"后尚有"此何故? 茶人皆具口鼻,颖人不知书字"几句。联系湖州笔工中流传着的一句俗语"只知笔尖朝上,不知笔头朝下"分析,此处是指笔工地位低下,大多没有文化,不会用笔写字,所以即使笔再贵,制笔工匠也难将制笔技艺写下流传。

【译文】

张大复《梅花笔谈》记载:赵长白所著的《茶史》,考据订正都很详尽,主要是记载其事罢了。龙团、凤饼、紫茸、拣芽,绝不可用于当世。我曾经谈论过当世,即使毛笔价格贵,因制笔工匠不会用笔记录而使制笔技艺失传,茶叶贵,通过口鼻就能品味出来。天下的事情没有不亲自尝试而能得出结论的。

文震亨《长物志》[①]:古今论茶事者,无虑数十家[②],若鸿渐之《经》,君谟之《录》,可为尽善。然其时法,用熟碾为丸、为挺,故所称有龙凤团、小龙团、密云龙、瑞云翔龙[③]。至宣和间,始以茶色白者为贵。漕臣郑可简始创为银丝水芽,以茶剔叶取心,清泉渍之,去龙脑诸香,惟新镑小龙蜿蜒其上,称龙团胜雪。当时以为不更之法[④],而吾朝所尚又不同。其烹试之法,亦与前人异。然简便异常,天趣悉备,可谓尽茶之真味矣。至于洗茶、候汤、择器[⑤],皆各有法,宁特侈言乌府、云屯等目而已哉[⑥]?

【注释】

①文震亨《长物志》:十二卷,明文震亨撰。为古代造园专著。共分

室庐、花木、水石、禽鱼、书画、几榻、器具、衣饰、舟车、位置、蔬果、香茗等十二卷。内容分属建筑、动物、植物、矿物、艺术、园艺、历史、造园等各个方面。文震亨(1585—1645),字启美。长洲(今江苏苏州)人。另著有《金门集》《一叶稿》《清瑶外传》等。

②无虑:大约,大概。

③瑞云翔龙:宋代贡茶名。绍圣二年(1095)造。

④不更:不变。

⑤候汤:指古代烹茶时的煮水过程。

⑥宁特:难道。侈言:大言,夸口。乌府:明代茶具名。贮炭的竹篮,因炭有乌银之号而得名。云屯:明代茶具名。贮烹茶泉水之器。

【译文】

文震亨《长物志》记载:从古至今谈论茶事的,大概数十家,例如陆羽的《茶经》、蔡襄的《茶录》,可以说是十分详备。但是当时的制茶方法是把蒸熟的茶叶碾碎做成茶丸、茶挺,因而其名称为龙凤团、小龙团、密云龙、瑞云翔龙等。到了宣和年间,才开始以茶色白的为贵。福建转运使郑可简最早创制了银丝水芽,将茶叶剔除叶子取其中心,用清泉浸泡,去除龙脑等香料,只有新铸小龙蜿蜒在上面,被称为龙团胜雪。当时以为这种制作方法不会改变,然而到了我朝喜好又有不同。它的烹制方法,也与前人不同。然而更加简便了,自然情趣齐备,可以称得上尽得茶叶的真味。至于洗茶、候汤、选择器具,也都各得其法,难道只是大谈乌府、云屯等茶具名目而已吗?

《虎丘志》:冯梦祯云①:“徐茂吴品茶②,以虎丘为第一。”

【注释】

①冯梦祯(1546—1605):字开之。秀水(今浙江嘉兴)人。官编修、

迁国子祭酒，因伤于流言蜚语辞官而归。著有《快雪堂集》《快雪堂漫录》《历代贡举志》等。

②徐茂吴：即徐桂，字茂吴。长洲（今江苏苏州）人。明诗文作家。著有《大涤山人集》。

【译文】

《虎丘志》记载：冯梦祯说："徐桂品茶，以虎丘茶为第一。"

周高起《洞山茶系》[①]：岕茶之尚于高流[②]，虽近数十年中事，而厥产伊始[③]，则自卢仝隐居洞山，种于阴岭，遂有茗岭之目[④]。相传古有汉王者，栖迟茗岭之阳[⑤]，课童艺茶[⑥]，踵卢仝幽致[⑦]，故阳山所产，香味倍胜茗岭。所以老庙后一带茶，犹唐宋根株也。贡山茶今已绝种。

【注释】

①周高起《洞山茶系》：应作《洞山岕茶系》。一卷，明周高起撰。前为总论，次分第一品、第二品、第三品、第四品、不入品和贡茶数则，后论岕茶品质。周高起（？—1645），字伯高，号兰馨。江阴（今属江苏）人。另著有《阳羡茗壶系》。

②尚于高流：为上流社会所喜爱。

③伊始：开端，开始。伊，助词，无实义。

④茗岭：岭名。因产名茶而得名。在江苏宜兴境内。其名唐代已著。清嘉庆《宜兴县志》卷一载："茗岭山，一曰闽岭，在县西南八十里，山脊与长兴分界。旧多茶，较离墨尤胜，俗称庙前、庙后茶者是也。"

⑤栖迟：隐遁，淹留。

⑥课童艺茶：汉王招童传授种茶之事。课，传授。艺茶，即种茶。艺，种植。

⑦踵(zhǒng):追随,继承。幽致:犹幽趣。

【译文】

周高起《洞山岕茶系》记载:罗岕茶为上流社会所喜爱,虽然是近几十年的事,但是其出产之初,源自卢仝隐居洞山,种茶阴岭开始,于是才有茗岭这样的称呼。相传古时候有汉王隐遁在茗岭的南面,招集儿童传授种植茶树技艺,继承卢仝的幽趣,所以山南面所产的岕茶,香味远胜于茗岭。所以老庙后面一带的茶叶,仍是唐宋时期留下来的根株。贡山茶如今已经绝种。

徐㶿《茶考》[①]:按《茶录》诸书,闽中所产茶,以建安北苑为第一,壑源诸处次之,武夷之名未有闻也。然范文正公《斗茶歌》云[②]:"溪边奇茗冠天下,武夷仙人从古栽。"苏文忠公云:"武夷溪边粟粒芽[③],前丁后蔡相宠加[④]。"则武夷之茶在北宋已经著名,第未盛耳。但宋元制造团饼,似失正味。今则灵芽、仙萼[⑤],香色尤清,为闽中第一。至于北苑、壑源,又泯然无称[⑥]。岂山川灵秀之气,造物生殖之美[⑦],或有时变易而然乎?

【注释】

①徐㶿《茶考》:徐㶿考辨武夷茶声名鹊起于元明原因的茶文。徐㶿(1563—1639),字惟起,一字兴公。闽县(今福建闽侯)人。另著有《徐氏家藏书目》,又名《红雨楼家藏书目》。

②范文正公《斗茶歌》:即范仲淹《和章岷从事斗茶歌》。

③粟粒芽:指早春初萌的芽茶,因其形状细小似粟米之颗粒而得名。

④前丁后蔡:指丁谓和蔡襄。

⑤灵芽:即灵芽茶,武夷山茶名。仙萼:即仙萼茶,武夷山茶名。

⑥泯然:湮没无闻的样子。无称:无可称述或称赞。

⑦生殖:种植,生产。

【译文】

徐𤊹《茶考》记载:按《茶录》等书的说法,福建出产的茶叶中以建安北苑茶为最好,壑源等地的茶稍差一点,武夷茶的名字尚没有听说。但是在范仲淹《斗茶歌》中有:"溪边奇茗冠天下,武夷仙人从古栽。"苏轼《荔枝叹》中有:"武夷溪边粟粒芽,前丁后蔡相宠加。"可见武夷茶在北宋时期就已经很出名了,只是还没有达到鼎盛而已。但是宋朝和元朝所制造的团饼茶,似乎失去了茶原本的味道。如今武夷的灵芽茶、仙萼茶,香味和色泽特别清新,为福建最好的茶叶。至于北苑茶与壑源茶则已湮没无可称述了。难道自然山川灵秀之气,造物生产繁衍之美,有时也会随时势而发生改变吗?

劳大舆《瓯江逸志》[①]:按茶非瓯产也[②],而瓯亦产茶,故旧制以之充贡,及今不废。张罗峰当国[③],凡瓯中所贡方物,悉与题蠲[④],而茶独留。将毋以先春之采[⑤],可荐馨香[⑥],且岁费物力无多,姑存之,以稍备芹献之义耶[⑦]!乃后世因按办之际[⑧],不无恣取,上为一,下为十,而艺茶之圃遂为怨丛[⑨]。惟愿为官于此地者,不滥取于数外,庶不致大为民病耳[⑩]。

【注释】

①劳大舆《瓯江逸志》:一卷,清劳大舆撰。该书前记温州旧事,后记其山川物产,大意欲补郡乘之阙,故名曰《逸志》。辑温州旧事、山川物产等五十六条,三千余字,皆不注出典。所记温州人辨云识天气出海、雁荡山瀑布及温州茶等有一定参考价值。劳大舆,字

宜斋。石门(今浙江桐乡)人。曾官永嘉县教谕。

②瓯:古代指今浙江南部一带,后为温州的别称。

③张罗峰:即张璁(1475—1539),字秉用,号罗峰,后赐名孚敬,字茂恭,号罗山。永嘉(今属浙江)人。明嘉靖年间重臣,官至内阁首辅,世称"张阁老",卒谥文忠。有《张文忠集》《保和冠服图》等。当国:执政。

④题蠲(juān):罢免,去除。

⑤将毋:也许是。先春:早春。

⑥馨香:黍稷的代称。此指祭祀用茶。

⑦芹献:《列子·杨朱》:"昔人有美戎菽、甘枲茎芹萍子者,对乡豪称之。乡豪取而尝之,蜇于口,惨于腹。众哂而怨之,其人大惭。"后因以"芹献"为礼品菲薄的谦词。

⑧按办之际:具体实施的时候。

⑨怨丛:众怨聚集的地方。丛,聚集。

⑩民病:民众的苦难。

【译文】

劳大舆《瓯江逸志》记载:茶叶并不是浙江南部的物产,但是浙江南部也出产茶叶,因此旧时制度也以茶叶充当贡品,直到现在仍然没有被废止。张璁执政的时候,凡是浙江南部所进贡的本地产物,都奏请罢免,只保留贡茶。也许是早春采摘的茶叶,可以作为祭祀用茶,而且每年所花费人力、物力也没多少,姑且保留下来,以便作为进献朝廷的一点心意。只是后世具体实施的时候,恣意多取,上面定一,到下面则取十,从而使得种茶的园圃成为众怨聚集的地方。只希望在这里做官的人,不要擅自索要规定数额之外的,不至于造成民众的沉重负担而已。

《天中记》①:凡种茶树必下子,移植则不复生。故俗聘妇,必以茶为礼,义固有所取也②。

【注释】

①《天中记》：六十卷，明陈耀文撰。编者以所居近天中山，故题曰《天中记》。按天文、地理、人事等分门别类，引征繁富，注明材料来源。陈耀文，字晦伯，确山（今属河南）人。历任工部给事中、南京户部郎中、淮安兵备副使、陕西太仆寺卿等。另著有《经典稽疑》《正杨》《学林就正》《学圃萱苏》《花草粹编》等。

②"故俗聘妇"几句：古代种茶，均以子播，树成根深叶茂，不怕风吹雨打，且从不移植。以茶为礼，象征新娘以身相许，永不变心。婚后也像茶树那样，枝叶茂盛，子实累累。整个礼仪过程称"三茶六礼"，即聘妇必以茶为聘礼。男方向女方赠茶，称下茶礼；女方受礼，称受茶礼。婚礼上，新人向来宾献茶，表敬意；向长辈奉茗，表孝顺。

【译文】

陈耀文《天中记》记载：凡是种植茶树一定要先下子，移植以后就不可能成活了。因此民俗中娶媳妇必以茶为聘礼，这也是取茶从一而终的含义。

《事物纪原》[①]：榷茶起于唐建中、贞元之间[②]。赵赞、张滂建议税其什一[③]。

【注释】

①《事物纪原》：十卷，宋高承编。该书汇辑二百一十七种事物起源资料，今传本记事多达一千七百六十余，包括天文、历数、典章、制度、文艺、风俗、宫室、器用，以至草木鸟兽等，共分五十五部，每部又分若干子目。虽有不确之处，但引用原书原文，亦可资参证。高承，祥符（今河南开封）人。

②建中：唐德宗年号（780—783）。贞元：唐德宗年号（785—805）。

③赵赞、张滂建议税其什一：指唐德宗建中年间，赵赞奏请征收茶税，税率为茶价十分之一。兴元初年下诏罢免茶税。到了贞元九年(793)，张滂再次上奏恢复征收茶税，每年就得到茶税钱四十万两。此后税茶法形成定制。张滂，字孟博，唐贝州清河(今河北清河)人。

【译文】

高承《事物纪原》记载：榷茶制度兴起于唐朝建中、贞元年间。赵赞、张滂建议征收茶叶十分之一的税收。

《枕谭》[①]：古传注："茶树初采为茶，老为茗，再老为荈。"[②]今概称茗，当是错用事也。

【注释】

①《枕谭》：一卷，明陈继儒撰。

②"古传注"几句：此似指郭璞《尔雅·释木》中对"槚"的注释。文字与此处不尽相同。

【译文】

陈继儒《枕谭》记载：郭璞《尔雅·释木》"槚"注："茶树初次采的为茶，老的为茗，再老的为荈。"如今一概称作茗，应当是用错其事了。

熊明遇《岕山茶记》[①]：产茶处，山之夕阳胜于朝阳，庙后山西向，故称佳。总不如洞山南向，受阳气特专，足称仙品云。

【注释】

①熊明遇《岕山茶记》：明熊明遇撰。是有关宜兴、长兴岕茶撰刊的

第一本茶书。熊明遇(1580—1650),字良孺,号坛石。进贤(今属江西)人。另著有《格致草》《绿云楼集》等。

【译文】

熊明遇《岕山茶记》记载:产茶的地方,山上夕阳照射的地方胜于朝阳照射的地方,罗岕产地庙后山正好西向,所以产茶极好。但总也比不上洞山南面的,接受阳光充足,所产的茶足以被称为仙品。

冒襄《岕茶汇钞》:茶产平地,受土气多,故其质浊。岕茗产于高山,浑是风露清虚之气①,故为可尚。

【注释】

①风露:风霜雨露。

【译文】

冒襄《岕茶汇钞》记载:茶叶产于平地,接受的土气太多,因此质地重浊。岕茶产于高山,经历了风霜雨露的清虚之气,因此值得推崇。

吴拭云①:武夷茶赏自蔡君谟始,谓其味过于北苑龙团,周右文极抑之②。盖缘山中不谙制焙法③,一味计多狥利之过也④。余试采少许,制以松萝法,汲虎啸岩下语儿泉烹之⑤,三德俱备⑥,带云石而复有甘软气。乃分数百叶寄右文,令茶吐气,复酹一杯⑦,报君谟于地下耳。

【注释】

①吴拭:字去尘,自号逋道人。休宁(今属安徽)人。著有《武夷集》《百粤纪游》等。

②周右文:不详,待考。抑:贬低。

③不谙(ān):不了解,没有经验。

④狥(xùn)利:追逐私利。狥,通"殉",为达到某种目的而不惜献身。

⑤汲:汲取。虎啸岩:在今福建武夷山凌霄峰南。相传曾有仙人骑虎长啸其上,故名。语儿泉:在虎啸岩下面。其右壁有久负盛名的语儿泉,水石相激,因声如小儿呀呀学语,故名。

⑥三德:三种品德。此指茶的色、香、味。

⑦酹(lèi):将酒倒在地上,表示祭奠。

【译文】

吴拭说:武夷茶被赏鉴是从蔡襄开始,认为它的味道超过北苑的龙团茶,周右文却极力贬低武夷茶。这大概是因为山中的人不了解焙制方法,只是一味追求利润而酿成的过错。我曾经试着采摘了一些,用松萝茶的方法来进行焙制,又汲取虎啸岩下语儿泉水来烹煮,这样色、香、味这三种优点就都具备了,而且带云石的还具有甘香绵软的气味。于是分了几百片寄给周右文,希望能够使得武夷茶扬眉吐气,同时又洒一杯于地,蔡襄先生泉下有知,也该欣慰了。

释超全《武夷茶歌·注》[①]:建州一老人始献山茶,死后传为山神,喊山之茶始此。

【注释】

①释超全《武夷茶歌》:释超全著。讲述了武夷山茶的发展历程、采摘、制作、品类以及武夷山特有的祭祀、喊山习俗等茶文化信息,极具史料价值。释超全(1627—1712),俗名阮旻锡,字畴生,号梦庵,自称轮山遗衲。同安(今属福建)人。清著名僧人、学者。另著有《夕阳寮诗稿》《海上见闻录定本》等。

【译文】

僧人超全《武夷茶歌·注》记载:建州有一位老人最早进献山上的茶

叶，后来传说这位老人死后成了山神，峨山之茶的习俗就是从此而来的。

中原市语[①]：茶曰渲老[②]。

【注释】

①中原：地区名。广义指整个黄河流域，狭义指今河南一带。市语：市井俗语。

②渲(xuàn)老：宋明行院市语谓茶。

【译文】

中原的市井俗语：茶又叫作渲老。

陈诗教《灌园史》[①]：予尝闻之山僧言，茶子数颗落地，一茎而生，有似连理，故婚嫁用茶，盖取一本之义。旧传茶树不可移，竟有移之而生者，乃知晁采寄茶[②]，徒袭影响耳。唐李义山以对花啜茶为杀风景[③]。予苦渴疾，何啻七碗[④]，花神有知，当不我罪。

【注释】

①陈诗教《灌园史》：四卷，明陈诗教撰。明代园艺专著。前两卷是"古献"，为关于花木的掌故；后两卷是"今刑"，包括"花月令"及各种花卉、瓜果等的种植方法。陈诗教，字四可，号绿夫。浙江秀水(今浙江嘉兴)人。另著有《花里活》等。

②晁采寄茶：疑为晁采寄莲子之误。晁采少与邻生文茂约为伉俪，长大之后，文茂常给她寄诗通情，晁采则以莲子达意。文茂把所得莲子放入一盆中，十几天后，莲子开花并蒂。文茂把此事告诉晁采，二人乘间欢合。晁采的母亲得知后，感慨道："才子佳人，

自应有此。"于是把晁采嫁与文茂。晁采，小字试莺，唐代女诗人，约活动于大历时期。

③李义山：即李商隐（813—858），字义山，号玉溪生、樊南生。怀州河内（今河南沁阳）人。著有《樊南甲集》《玉溪生诗》等。杀风景：谓极大地损伤美好的景致。比喻大大地败坏兴致，使人扫兴。唐李商隐《杂纂》："其一曰杀风景，谓清泉濯足，花上晒裈，背山起楼，焚琴煮鹤，对花啜茶，松下喝道。"

④何啻（chì）：犹何止、岂只。

【译文】

陈诗教《灌园史》记载：我曾听山里面的僧人说，数颗茶子落地，只生长一茎茶树，就好像连理枝一样，因此婚嫁时要以茶为聘礼，大概就是取其同一根本之义。以前传说茶树不能移植，竟然也有移植之后仍然存活的，于是才知道晁采寄茶，只是沿袭前人的影响罢了。唐代李商隐认为对着花喝茶是大杀风景的事情。然而我在口渴的时候，何止只喝七碗，如果花神能够体谅的话，应当不会怪罪于我。

《金陵琐事》[①]：茶有肥瘦。云泉道人云："凡茶肥者甘，甘则不香。茶瘦者苦，苦则香。"此又《茶经》《茶诀》《茶品》《茶谱》之所未发。

【注释】

①《金陵琐事》：八卷，明周晖撰。记述金陵（今江苏南京）的各种掌故。周晖（1546—?），字吉甫，号漫士，又号鸣岩山人。上元（今江苏南京）人。隐居不仕。博古洽闻，多识往事，驰誉乡里。另著有《幽草斋集》《周氏曲品》《琐事剩录》等。

【译文】

周晖《金陵琐事》记载：茶叶有肥有瘦。云泉道人说："凡是茶叶肥厚的味道甘甜,味道甘甜的就不香。而茶叶瘦小的味道苦,味道苦的就很清香。”这又是《茶经》《茶诀》《茶品》《茶谱》等书中都没有阐发的观点。

野航道人朱存理云①:饮之用必先茶,而茶不见于《禹贡》,盖全民用而不为利。后世榷茶立为制,非古圣意也。陆鸿渐著《茶经》,蔡君谟著《茶谱》②,孟谏议寄卢玉川三百月团③,后侈至龙凤之饰,责当备于君谟。然清逸高远,上通王公,下逮林野④,亦雅道也⑤。

【注释】

①朱存理(1444—1513):字性甫,号野航。长洲(今江苏苏州)人。嗜书成癖,善楷书,工考证,尤长于鉴赏书画人物。著有《野航漫录》《野航集》《珊瑚木难》《铁网珊瑚》《经学钩玄》《鹤岭随笔》等。

②蔡君谟著《茶谱》:当为《茶录》。

③孟谏议:即孟简(? —823),字几道,行十六。平昌(今山东安丘)人。曾官谏议大夫。卢玉川:即卢仝。月团:唐宋时对圆形团饼茶的喻称。因其形似皎洁的满月而云。唐卢仝《走笔谢孟谏议寄新茶》诗:“开缄宛见谏议面,手阅月团三百片。”

④林野:指隐居之地。

⑤雅道:指创作和欣赏诗、书、画等风雅之事。此指饮茶。

【译文】

野航道人朱存理说:品饮之用,以茶为首,然而茶却不见载于《尚书·禹贡》,这大概是全民日用而不以此为利。后世榷茶成为制度,并非古圣先王的本意。陆羽著《茶经》,蔡襄撰《茶录》,孟谏议寄与卢仝三百片月团茶,后来奢侈至雕饰龙凤,应当责备蔡襄。然而饮茶清逸高远，上通王公贵族，下至山林隐逸，也是一种风雅之事。

《佩文斋广群芳谱》[1]：茗花，即食茶之花，色月白而黄心，清香隐然，瓶之高斋，可为清供佳品。且蕊在枝条，无不开遍。

【注释】

①《佩文斋广群芳谱》：一百卷，清汪灏等撰。分天时谱六卷，谷谱四卷，桑麻谱二卷，蔬谱五卷，茶谱四卷，花谱三十二卷，果谱十四卷，木谱十四卷，竹谱五卷，卉谱六卷，药谱八卷。该书实为一部带有植物百科全书性质的类书。汪灏，字文漪，又字天泉。临清（今属山东）人。历官侍读、内阁学士、礼部侍郎、河南巡抚等。

【译文】

汪灏《佩文斋广群芳谱》记载：茗花，就是日常茶叶的花，色泽月白而中间黄心，隐隐有清香，插在书斋的花瓶中，可作为清供佳品。而且花蕊在枝条上，无不开遍。

王新城《居易录》[1]：广南人以荳为茶[2]。予顷著之《皇华纪闻》[3]，阅《道乡集》有《张纠送吴洞荳》绝句云[4]："茶选修仁方破碾，荳分吴洞忽当筵。君谟远矣知难作，试取一瓢江水煎。"盖志完迁昭平时作也[5]。

【注释】

①王新城《居易录》：三十四卷，清王士祯撰。为王士祯在康熙二十八年（1689）任左副统御史以后，至康熙四十年（1701）升任刑部尚书以前，共13年间所记。书前有作者自序，谓书名取自唐顾

况"长安米贵,居大不易"之语。王士祯(1634—1711),字子真,一字贻上,号阮亭,又号渔洋山人。新城(今山东桓台)人,故称王新城。官至刑部尚书。另著有《带经堂集》《渔洋精华录》《渔洋诗话》《池北偶谈》《香祖笔记》《皇华纪闻》《分甘余话》等。

②广南:路名。宋开宝中置,端拱后分为广南东路和广南西路。东路治所在广州(今属广东),简称广东。西路治所在桂州(今属广西),简称广西。元初废入湖广行中书省。葼(dēng):即苦丁,又名皋卢。叶可以作茶。

③《皇华纪闻》:四卷,清王士祯撰。康熙甲子,士祯以少詹事奉使,祭告南海。因缀其道途所经之地,搜采故事为此书。多采小说地志之文,直录其事。无所考证,不及其《池北偶谈》诸书也。

④《道乡集》:四十卷,宋邹浩撰,为邹浩诗文别集。邹浩(1060—1111),字志完,道乡居士。晋陵(今江苏常州)人。官终直龙图阁,赠宝文阁学士。谥曰忠。

⑤迁:贬谪,放逐。昭平:今广西昭平。

【译文】

王士祯《居易录》记载:广南人以葼为茶。我将其载入《皇华纪闻》中,阅读邹浩《道乡集》,其中有《张纠送吴洞葼》绝句说:"茶选修仁方破碾,葼分吴洞忽当筵。君谟远矣知难作,试取一瓢江水煎。"大概是邹浩被贬昭平时所作。

《分甘余话》[①]:宋丁谓为福建转运使,始造龙凤团茶上贡,不过四十饼。天圣中[②],又造小团,其品过于大团。神宗时[③],命造密云龙,其品又过于小团。元祐初[④],宣仁皇太后曰:"指挥建州,今后更不许造密云龙,亦不要团茶,拣好茶吃了,生得甚好意智[⑤]。"宣仁改熙宁之政,此其小者。顾其言，实可为万世法。士大夫家，膏粱子弟[⑥]，尤不可不知也。谨备录之。

【注释】

①《分甘余话》：四卷，清王士祯撰。该书内容涉及先世著述、典章制度、诗歌品评、地名考辨、文人轶事、字义辨析、古书藏佚、社会风俗、地方物产，以至治病验方等。

②天圣：宋仁宗年号(1023—1032)。

③神宗：宋神宗(1048—1085)。北宋第六代皇帝，1067—1085年在位，年号为熙宁、元丰。

④元祐：宋哲宗年号(1086—1094)。

⑤意智：犹智慧。

⑥膏粱子弟：富贵人家过惯享乐生活的子弟。膏粱，肥肉和细粮，指美味佳肴。

【译文】

王士祯《分甘余话》记载：北宋丁谓担任福建转运使，开始制造龙凤团茶上贡朝廷，总量不过四十饼。天圣中，又制造小团，其品质要超过大团。宋神宗时，诏令制造密云龙，其品质又超过小团。元祐初年，宣仁皇太后说："敕令建州今后不许再制造密云龙，也不许再制造团茶，只挑选上好茶品吃了，就会生得好智慧。"宣仁皇太后一改熙宁朝新政，而贡茶改制只是其中的一件小事。但审其言论，实在可以为万世所效法。士大夫之家，尤其是富贵人家过惯享乐生活的子弟，更不可以不知道其中的蕴涵。因而恭谨记录于此。

《百夷语》[①]：茶曰芽。以粗茶曰芽以结，细茶曰芽以完。缅甸夷语，茶曰腊扒，吃茶曰腊扒仪索。

【注释】

①《百夷语》:不详,待考。百夷,古族名。亦作伯夷、僰夷。即唐宋时的白衣,明时分为大百夷和小百夷,清代多写作摆夷。后成为傣族的专称。

【译文】

《百夷语》记载:茶也叫作芽。粗茶叫做芽以结,细茶叫做芽以完。缅甸少数民族称茶叫做腊扒,吃茶叫做腊扒仪索。

徐葆光《中山传信录》[①]:琉球呼茶曰札。

【注释】

①徐葆光《中山传信录》:六卷,清徐葆光撰。徐葆光康熙末奉谕出使琉球(即中山,今属日本),以所见闻著此书。全书约三万六千字,对研究琉球历史、政治、经济、地理有重要价值。徐葆光(1671—1740),字亮直。长洲(今江苏苏州)人。另著有《二友斋诗集》《海舶集》等。

【译文】

徐葆光《中山传信录》记载:琉球称茶叫做札。

《武夷茶考》[①]:按丁谓制龙团,蔡忠惠制小龙团[②],皆北苑事。其武夷修贡[③],自元时浙省平章高兴始[④],而谈者辄称丁、蔡。苏文忠公诗云:"武夷溪边粟粒芽,前丁后蔡相宠加。"则北苑贡时,武夷已为二公赏识矣。至高兴武夷贡后,而北苑渐至无闻。昔人云,茶之为物,涤昏雪滞[⑤],于务学勤政未必无助,其与进荔枝、桃花者不同。然充类至义[⑥],则亦宦官、宫妾之爱君也。忠惠直道高名,与范、欧相亚[⑦],而进茶一事乃侪晋公[8]。君子举措,可不慎欤?

【注释】

①《武夷茶考》:即徐𤊹《茶考》。

②蔡忠惠:即蔡襄。忠惠,蔡襄谥号。

③修贡:献纳贡品。

④平章:古代官名。唐代以尚书、中书、门下三省长官为宰相,因官高权重,不常设置,选任其他官员加同中书门下平章事之名,简称"同平章事",同参国事。唐睿宗时又有平章军国重事之称。宋因之,专由年高望重的大臣担任,位在宰相之上。金元有平章政事,位次于丞相。元代之行中书省置平章政事,则为地方高级长官。简称平章。明初仍沿袭,不久废。高兴(1245—1313):字功起。蔡州(今河南汝南)人。元将领。曾授镇国上将军、副都元帅。元末,副史弼率师出海,行程数万里,远征爪哇,进攻葛郎国。成宗时,历任福建、江浙、河南行省平章政事。武宗时,拜左丞相。死后追封梁国公,复加封南阳王。

⑤涤昏雪滞:涤除昏昧,消化积滞。

⑥充类至义:即"充类至尽"。将同类事物比照推论,把道理引申到极点。充类,引申推广到同类事物。至尽,到极点。

⑦相亚:近似,相当。

⑧侪(chái):等辈,同类。晋公:即丁谓。因丁谓封为晋国公,故称。

【译文】

徐𤊹《武夷茶考》记载:丁谓制造龙团茶,蔡襄制造小龙团茶,都是北苑的事情。其中武夷茶献纳贡品,自元朝江浙省平章高兴开始的,然而谈论此事的人动辄称丁谓、蔡襄。苏轼诗中说:"武夷溪边粟粒芽,前丁后蔡相宠加。"可见北苑献纳贡品时,武夷茶已得到两位先生赏识了。到了高兴以武夷茶进贡后,北苑茶就渐渐没了名声。从前有人说,茶作为一种物品，涤除昏昧，消化积滞，对努力学习勤于政事未必没有帮助，所以与进贡荔枝、桃花不同。将同类事物比照推论，把道理引申到极点，贡茶也不过是和宦官、宫妾敬爱君王一样。蔡襄直言敢谏，极负盛名，与范仲淹、欧阳修差不多齐名，然而因为贡茶一事，却与贪婪小人丁谓相提并论。君子的言行举动，难道可以不慎重吗？

《随见录》[①]：按沈存中《笔谈》云[②]：“建茶皆乔木，吴、蜀唯丛茇而已[③]。”以余所见，武夷茶树俱系丛茇，初无乔木，岂存中未至建安欤？抑当时北苑与此日武夷有不同欤？《茶经》云：“巴山、峡川有两人合抱者。”又与吴、蜀丛茇之说互异，姑识之以俟参考。

【注释】

①《随见录》：清屈擢升著。屈擢升，字秀甫，号恒斋，学者称他闻道先生。清太平（今山西襄汾）人。他潜藏其德，不求闻达，常读《四子大义》《太极通书》及《西铭》等书，对其中旨意有所得，即笔记下来，名《随见录》。

②沈存中《笔谈》：即沈括《梦溪笔谈》。沈括，字存中。

③丛茇（bá）：丛生的灌木。茇，草木的根。

【译文】

屈擢升《随见录》记载：按照沈括《梦溪笔谈》所说：“建州茶都是乔木，而吴地、蜀地的茶叶只是丛生的灌木罢了。”然而根据我所见过的武夷山的茶树也都是丛生的灌木，起初并没有乔木，难道沈括并没有到过建安吗？也许是当时北苑与如今的武夷有所不同呢？《茶经》记载：“巴山、峡川有两人合抱的。”这又与吴地、蜀地丛生的灌木说法不同，姑且都记述于此以供参考。

《万姓统谱》载[①]:汉时人有荼恬,出《江都易王传》[②]。按《汉书》:荼恬,苏林曰[③]:"荼,食邪反。"则荼本两音,至唐而荼、茶始分耳。

【注释】

①《万姓统谱》:亦称《古今万姓统谱》,一百四十六卷,明凌迪知撰。该书将古今姓氏分韵编排,以姓氏为目次,先常姓,后稀姓,每姓下先注郡望和五音(阴平、阳平、上声、去声、入声),并考姓氏所出,而后依时代先后,分列各姓著名人物,从古代至万历年止,记述人物生平事迹,实则合谱牒传记共成一书。因其收罗广博,既可为姓氏学专著,又可作为查阅历史人名的工具书,有较高的学术价值和实用价值。凌迪知(1529—1600),字稚哲,号绎泉。乌程(今浙江湖州)人。以文学和雕版印书著名。另著有《名世类苑》《太史华句》《两汉隽言》《左国腴词》《文选锦字》《名公翰藻》等。

②汉时人有荼(yé)恬,出《江都易王传》:《汉书·江都易王刘非传》:"行钱使男子荼恬上书。"吴承仕《经籍旧音辨证》卷五:"按:宋祁所述浙本'音琅邪'者是也。《地理志》'长沙国荼陵',师古曰:'荼,音弋奢反',此正与琅邪者之'邪'同音。盖人地名物自有此读。"

③苏林:字孝友,三国魏陈留外黄(今河南民权)人。建安中为五官将文学,黄初中为博士、给事中,封安亭侯,官至散骑常侍。苏氏博览群书,通古今字义,诸书传文疑难之处皆加疏释。唐颜师古注《汉书》,其音多引苏林之说。又著有《陈留耆旧传》。

【译文】

凌迪知《万姓统谱》记载:汉朝的时候有荼恬,出自于《汉书·江都易王传》。根据《汉书》所说的荼恬,苏林说:"荼,读音为食邪二字的反切音。"茶原本就有两种读音,到了唐朝,荼和茶才分开。

焦氏《说楛》[1]:茶曰玉茸[2]。补[3]。

【注释】

①焦氏《说楛(kǔ)》:也作《焦氏说楛》,七卷,明焦周撰。书名取《荀子·劝学篇》"说楛者,勿听也"之意。书中所记,或参考他书,如《周礼》《汉书》《风俗通》《酉阳杂俎》等,或记闻见故事,以天地之象、名物诠释为多。焦周(1564?—1605),字茂潜(《四库全书总目》作"茂孝"),上元(今江苏南京)人。

②玉茸:茶名。产于福建建阳,以嫩芽洁白如玉,且有织细茸毛,故名。

③补:疑为增补。

【译文】

焦周《说楛》记载:茶,又叫做玉茸。补

二之具

【题解】

本章虽名为《二之具》，却与陆羽《茶经·二之具》记述的内容大不相同。陆羽《茶经·二之具》详细介绍了从事采茶、蒸茶、捣茶、拍茶、焙茶、穿茶、封茶等活动所需的一系列采制工具，而本章共搜集文献二十九则，除陆龟蒙《奉和袭美茶具十咏》与皮日休《茶中杂咏·茶具》五首中所提及的茶籯、茶灶、茶焙外，其他文献则与煮茶、饮茶器具相关。

皮日休、陆龟蒙都是唐懿宗咸通时人，他们的思想趋向相同，诗歌的风格又相近，所以他们经常以诗歌相唱和，故世称“皮陆”。他俩不仅是诗友，更是茶友。陆龟蒙《奉和袭美茶具十咏》与皮日休《茶中杂咏·茶具》五首中所提及的茶籯、茶灶、茶焙等，与陆羽《茶经·二之具》中的籯、灶与焙基本一致。茶鼎，即陆羽《茶经·四之器》所说风炉，为煮茶工具。因为陆羽一直有伊公负鼎的政治抱负，在此通过“以鼎调茶”，希望自己能像伊公一样治理国家，实现自己的政治抱负。茶瓯则是饮茶器具，皮日休《茶瓯》诗中提及“邢客与越人，皆能造前器”，说是唐时邢州白瓷与越州青瓷出产的茶瓯均为上等，而陆羽《茶经·四之器》却认为邢瓷不如越瓷。陆龟蒙《茶瓯》诗中提及“昔人谢坻定，徒为妍词饰”，则独以称颂越窑青瓷。当时唐代的饮茶方式，我们称为“煎茶法”。煎茶有两大工序，即烧水和煮茶。因此当时茶具中茶灶及茶鼎是重中之重。

古人说“茶兴于唐而盛于宋”。宋代饮茶方式多为“点茶法”，宋蔡襄《茶录·点茶》:"茶少汤多,则云脚散;汤少茶多,则粥面聚。钞茶一钱匕,先注汤调令极均,又添注入,环回击拂,汤上盏四分则止,视其面色鲜白,著盏无水痕为绝佳。"斗茶,也称为茗战,原本是检验茶的成色,最后发展到相互较量点茶技艺高低的一种比赛。到了宋时,上至达官贵人,下至凡夫俗子,凡饮茶者无不参与其中,斗茶几乎成为一项"国技"。分茶,又称茶百戏、水丹青等,是始于宋初,盛行于宋元的一种茶艺。《清异录·茗荈·茶百戏》:"茶至唐始盛,近世有下汤运匕,别施妙诀,使汤纹水脉成物象者,禽兽虫鱼花草之属,纤巧如画。但须臾即就散灭。此茶之变也,时人谓之茶百戏。"分茶不仅能使茶汤形成丰富的泡沫,还能在茶汤中幻化成文字和图案,由此提高点茶的艺术性、娱乐性和观赏性。南宋审安老人《茶具图赞》对所记述的十二种茶具,用拟人化的手法封以官爵,宠以字号,分别为韦鸿胪(茶笼)、木待制(木椎)、金法曹(茶碾)、石转运(茶磨)、胡员外(茶杓)、罗枢密(茶罗)、宗从事(茶帚)、漆雕秘阁(茶托)、陶宝文(茶盏)、汤提点(汤瓶)、竺副帅(茶筅)、司职方(茶巾)。这十二种茶器为南宋最常用的点茶、斗茶、分茶器具,审安老人运用图解,真实再现了南宋茶具的历史面貌。

到了明代,饮茶不再追求浮华,人们也不再以斗茶为乐。明太祖朱元璋于洪武二十四年(1391)正式下诏废弃团茶,散茶由此兴盛。"点茶法"走向式微,"瀹饮法"正式占据主流地位。"瀹饮法"与当今泡茶的方式一样,即把茶置于容器中,加入沸水冲泡后直接饮用。明冯可宾《岕茶笺·论茶具》记载,茶壶以经过窑烧的瓷器为最好,锡制的就要差一些。茶杯以汝窑、官窑、哥窑、定窑烧制的最好。

从上述由唐代至明代所提及的茶具,可以看出随着人们品饮方式由"煎茶法"到"点茶法",再到"瀹饮法",茶具也经历了由陆羽《茶经·四之器》中二十八种饮茶器具到南宋审安老人《茶具图赞》中所记述的十二种茶具,最后到明冯可宾《岕茶笺·论茶具》中一壶一杯由繁至简的变化过程。在茶文化不断变化发展的历史长河中,茶具也随之而变,由此可以看出茶具文化也是茶文化的重要载体之一。

陆龟蒙集·和茶具十咏

茶坞[①]

茗地曲隈回[②],野行多缭绕[③]。向阳就中密,背涧差还少。遥盘云髻慢[④],乱簇香篝小[⑤]。何处好幽期[⑥],满岩春露晓。

【注释】

①茶坞:即茶园、茶圃。坞,本意是指四面高中间低的谷地。茶坞即指四面如屏的山丛深处,分布着生长茂密的连片茶园。

②茗地:茶园。曲隈回:弯曲纡回。

③缭绕:回环盘旋。

④遥盘:远远地盘山而上。云髻:原指采茶姑娘头上的发髻。此指云雾笼罩的山峰。

⑤乱簇:杂乱地堆积。香篝:熏笼。此指茶篮。

⑥幽期:隐逸之期约。此指采茶之约。

【译文】

茶园位于弯曲纡回的山间,山岭间的道路回环盘旋。向阳的地方茶芽生长比较稠密,山涧之后茶芽稀少。迂回登上云雾笼罩的山峰,采摘的茶芽杂乱堆积在茶篮中。什么时候才是采茶的最佳时期呢?当在天刚亮满山露水的时候。

茶人

天赋识灵草[①],自然钟野姿[②]。闲来北山下,似与东风期[3]。雨后探芳去，云间幽路危。唯应报春鸟[4]，得共斯人知。

【注释】

①灵草：茶的美称。

②钟：集聚。野姿：自然朴素的姿容。

③东风：春天的风。期：约定。

④报春鸟：鸟名。南朝梁任昉《述异记》卷上："顾渚山有报春鸟，春至即鸣，秋分亦鸣，似鷤鴂之类也。"《太平广记》卷四六三引《顾渚山记》："顾渚山中有鸟如鸲鹆而小，苍黄色。每至正月二月，作声云：'春起也。'至三月四月，作声云：'春去也。'采茶人呼为报春鸟。"

【译文】

有经验的茶人能够辨别好的茶叶，追求自然朴素的茶道。闲下来到北面的山上寻找茶叶，突然一阵春风吹过下起了雨。等雨后再去寻找茶叶，云雾萦绕山路崎岖难行。只有报春鸟的叫声，能把春天的信息及时告知他们。

茶笋[1]

所孕和气深，时抽玉苕短[2]。轻烟渐结华[3]，嫩蕊初成管[4]。寻来青霭曙[5]，欲去红云暖[6]。秀色自难逢，倾筐不曾满[7]。

【注释】

①茶笋：茶芽。

②玉苕（tiáo）：植物嫩芽的美称。此指茶芽。

③轻烟：轻淡的烟雾。结华：指茶树抽芽。

④初成管：茶芽刚抽出来时状如管。

⑤青霭：指云气。因其色紫，故称。

⑥红云：此指夕阳。

⑦倾筐：原作"顷筐"，本指一种斜口的筐子。后亦以"倾筐"指倾倒筐子。

【译文】

茶芽生长处孕育了深厚的阴阳交合之气，这个季节刚长出来的茶芽较短。山间轻淡的烟雾滋润茶芽，鲜嫩的茶芽刚抽出来时状如管。茶人在太阳透过云气刚露曙光时就上山寻茶，等暖暖的夕阳西下时下山回家。虽然早出晚归去采摘，但忙碌一天茶筐都没有装满。

茶籯[①]

金刀劈翠筠[②]，织似波纹斜。制作自野老[③]，携持伴山娃。昨日斗烟粒[④]，今朝贮绿华[⑤]。争歌调笑曲，日暮方还家。

【注释】

①茶籯（yíng）：采茶用的竹笼。

②翠筠（yún）：绿竹。

③野老：村野老人。

④斗烟粒：指翠竹高耸凌云。

⑤绿华：唐代贡茶名。

【译文】

持刀砍下绿竹，编成纹路似水波的茶籯。村野老人来制作，山娃背着去采茶。昨日翠竹还是凌云状，今日却把绿华贮。欢歌笑语采茶忙，太阳落山方回家。

茶舍

旋取山上材，架为山下屋。门因水势斜，壁任岩隈曲①。朝随鸟俱散，暮与云同宿。不惮采掇劳②，只忧官未足③。

【注释】

①岩隈（wēi）：深山曲折处。

②不惮：不怕。

③官未足：官家的需求难以满足。

【译文】

一趟趟从山上搬运木材，在山下建造茶屋。门因水势而倾斜，墙因山势而蜿蜒。朝随群鸟飞散去干活，暮伴晚霞回茶屋。不怕采茶的辛劳，只恐官家需求难满足。

茶灶《经》云：茶灶无突

无突抱轻岚①，有烟映初旭②。盈锅玉泉沸③，满甑云芽熟④。奇香袭春桂⑤，嫩色凌秋菊。炀者若吾徒⑥，年年看不足。

【注释】

①突：烟囱。岚：山里的雾气。

②初旭：日出时的阳光。

③盈：满。

④甑（zèng）：古代蒸饭的一种瓦器。底部有许多透蒸气的孔格，置

于鬲上蒸煮，如同现代的蒸锅。云芽：上等茶叶的别称。茶喜温和湿润，云雾缭绕之处每产佳茗，故以为名。

⑤春桂：树名。

⑥炀者：灶下烧火的人。吾徒：我辈。

【译文】

雾气环绕着茶灶，旭日与轻烟交相辉映。满锅的泉水已经沸腾，茶甑里的茶芽都已经蒸熟。奇妙的茶香侵袭春桂，茶叶鲜嫩的绿色压倒秋菊。灶下烧火的人犹如我辈，加工的场景年年看不够。

茶焙①

左右捣凝膏②，朝昏布烟缕③。方圆随样拍④，次第依层取。山谣纵高下⑤，火候还文武。见说焙前人，时时炙花脯。紫花，焙人以花为脯。

【注释】

①茶焙：焙茶之具。宋蔡襄《茶录》："茶焙，编竹为之，裹以蒻叶，盖其上，以收火也；隔其中，以有容也；纳火其下，去茶尺许，常温温然，所以养茶色、香味也。"

②左右：指茶焙边加工茶叶的人。凝膏：在捣茶叶时茶汁流出来凝聚在茶叶的表面。膏，茶汁。

③朝昏：早晚。布烟缕：茶焙间布满了袅袅上升的细长烟气。烟缕，袅袅上升的细长烟气。

④方圆随样拍：按模具把茶叶加工成或方或圆的模样。

⑤山谣：山歌。

【译文】

焙茶人捣动使茶叶凝出茶膏，从早到晚茶焙里飘散着袅袅上升的烟气。他们依照模具将茶叶拍打成或方或圆的模样，按照顺序和层次放置茶叶焙干。山歌有高下之分，焙茶的火候也有文火武火的区别。这些都是焙茶前辈传下来的经验，还常把茶焙成花干。紫花，焙茶人把花焙成花干。

茶鼎[①]

新泉气味良，古铁形状丑。那堪风雨夜，更值烟霞友[②]。曾过赪石下[③]，又住清溪口。赪石、清溪，皆江南出茶处。且共荐皋卢[④]，皋卢，茶名。何劳倾斗酒[⑤]。

【注释】

①茶鼎：古代烹茶器，形似古鼎而得名，又简称鼎。

②烟霞友：游山玩水的朋友。

③赪(chēng)石：即赭山。在今浙江杭州萧山区东北。以山石呈赭色，故名。与下文“清溪”皆为古代产茶地。

④皋卢：木名。叶状如茶而大，味苦涩，可代饮料。

⑤斗酒：一斗酒。此指饮酒。

【译文】

刚刚汲取的清泉滋味清爽甘甜，古铁铸成的茶鼎形状丑陋。怎么禁受风雪交加的寒夜，幸好游山玩水的朋友陪伴。曾经一起在赭山下，又一起住在清溪。赪石、清溪，都是江南产茶地。共同品饮皋卢茶，皋卢，茶名。何须劳烦饮酒呢？

茶瓯[①]

昔人谢坘埞[②]，徒为妍词饰[③]。《刘孝威集》有《谢坘埞启》。岂如圭璧姿[④]，又有烟岚色[⑤]。光参筠席上[⑥]，韵雅金罍侧[⑦]。

直使于阗君[8]，从来未尝识。

【注释】

①茶瓯：指饮茶的茶碗、茶杯。

②谢坻㙛：唐时越窑遍布浙东宁绍地区。在上虞东山脚下，有一谢姓窑匠，其烧制之有底茶具，形质兼优。自陆龟蒙之后，“谢坻㙛”遂为上等茶具之雅称。

③妍词：美好的文辞。

④圭璧：古代帝王、诸侯祭祀或朝聘时所用的一种玉器。

⑤烟岚：山林间蒸腾的雾气。

⑥筠(yún)席：竹席的美称。

⑦韵雅：美丽高雅。金罍(léi)：大型盛酒器和礼器。

⑧于阗：汉代西域国名。在今新疆和田一带。

【译文】

古人赞美谢坻㙛，白白浪费了美好的文辞修饰。《刘孝威集》有《谢坻㙛启》。茶瓯有美玉的姿态，又有山林间蒸腾的雾气。茶瓯的光芒在竹席上绽放，也常在奢华的酒器旁显露雅韵。使者面见于阗国王时献上茶瓯，于阗国王却不认识。

煮茶

闲来松间坐，看煮松上雪[1]。时于浪花里，并下蓝英末[2]。倾余精爽健[3]，忽似氛埃灭[4]。不合别观书，但宜窥玉札[5]。

【注释】

①松上雪：古人以雪水煮茶。

②蓝英：蓝色花。此指茶叶。

③倾余：谓畅饮之后。倾，倒出。精爽健：神清气爽，身体轻健。

④氛埃：指喧嚣的尘俗之气。

⑤玉札：对别人书信的敬称。

【译文】

悠闲时在松林中间坐下来，欣赏雪水煮茶。在茶水沸腾泛起浪花时，放入碾碎的茶末一起煎煮。畅饮之后顿觉神清气爽，就好像喧嚣的尘俗之气都消失殆尽。晚上睡不着觉时不适合看书，但适宜看朋友的信札。

皮日休集·茶中杂咏·茶具

茶籝

筤筹晓携去[①]，蓦过山桑坞[②]。开时送紫茗[③]，负处沾清露[④]。歇把傍云泉，归将挂烟树[⑤]。满此是生涯，黄金何足数[⑥]。

【注释】

①筤筹（láng páng）：放置茶叶的竹器。筤、筹为两种竹名。此指用竹编成笼、盘、箕等一类的列茶工具。

②蓦：超越。山桑：地名，在顾渚山附近。

③紫茗：宋代茶名。生长于海南，是一种多年生乔木型大叶茶，以其汤、叶色紫而得名。

④清露：洁净的露水。

⑤烟树：云烟缭绕的树木、丛林。

⑥黄金何足数：化用《汉书·韦贤传》："遗子黄金满籯，不如一经"

的句意,因为这里是咏籯,所以连类而及。意为每天只求采得满籯鲜茶,不再追求满籯黄金。

【译文】

拂晓携带茶籯出门,越过山桑茶坞。不时将紫茗茶送入茶籯,身上沾满露水。疲乏了就在云泉边休憩,归来时将茶籯挂在树上。这种生活已是惬意,即便黄金堆在眼前也不会动心。

茶灶

南山茶事动,灶起岩根傍[①]。水煮石发气,薪燃杉脂香[②]。青琼蒸后凝[③],绿髓炊来光[④]。如何重辛苦,一一输膏粱[⑤]。

【注释】

①岩根傍:岩石的旁边。

②脂香:独特的油脂香气。

③青琼:指茶叶加工过程中挤出的汁液在蒸煮后凝固了。

④绿髓:茶汁。

⑤一一:全部。膏粱:借指富贵人家及其后嗣。

【译文】

南山的茶事已经启动,将烹茶的小炉灶安放在岩石的旁边。水沸腾时岩石上也冒出团团热气,灶中燃烧的杉木渗出独特的油脂香气。茶叶加工中挤出的汁液蒸煮后凝固了,绿色的茶汁在烤炙中发出隐约的光亮。奈何辛苦加工制作的茶叶,最终全部输送至富贵人家享用。

茶焙

凿彼碧岩下,恰应深二尺。泥易带云根[①],烧难碍石脉[②]。初能燥金饼[③]，渐见干琼液[④]。九里共杉林，皆焙名。相望在山侧。

【注释】

①云根：山石。

②石脉：山石的脉络纹理。

③金饼：茶饼。

④琼液：茶汁。

【译文】

在碧岩山下凿茶焙，坑深正好是二尺。烧火焙茶时烟气缭绕，再大的火也不能破坏石头的纹理。刚开始时用来干燥茶饼，渐渐能烘焙出茶汁。九里与杉林，都是茶焙名。在山侧能互相看到。

茶鼎

龙舒有良匠[①]，铸此佳样成。立作菌蠢势[②]，煎为潺湲声[③]。草堂暮云阴，松窗残月明[④]。此时勺复茗，野语知逾清。

【注释】

①龙舒：古国名。又作舒龙。西周、春秋群舒之一。偃姓。在今安徽舒城西南。

②菌蠢：《文选·张衡〈南都赋〉》："芝房菌蠢生其隈，玉膏滵溢流其隅。"李善注："菌蠢，是芝貌。"芝貌，像灵芝那样的形状。

③潺湲（chán yuán）：煎茶时水沸的声音。

④松窗：临松之窗。多以指别墅或书斋。

【译文】

龙舒这个地方有手艺精巧的工匠，设计制造了精美的茶鼎。茶鼎竖立起来像灵芝，煎茶时发出潺湲的声音。草庐门前的晚霞已经变暗，书斋外的残雪还是一片洁白。此时茶鼎里煎煮几壶好茶，体味这清闲宁静的时光。

茶瓯

邢客与越人①，皆能造兹器。圆似月魂堕②，轻如云魄起。枣花势旋眼③，蘋沫香沾齿④。松下时一看，支公亦如此⑤。

【注释】

①邢客与越人：古代邢州与越州出产的茶盏均为上等。陆羽《茶经·四之器》则认为邢瓷不如越瓷。可参看。

②月魂：月亮。

③枣花：古代点茶时，浮在茶盏上面的像栗粒一样的茶沫。

④蘋沫：浮在茶盏上面的茶沫。

⑤支公：晋高僧支遁。支遁(314—366)，字道林，本姓关氏。东晋陈留(今河南开封)人，一说为河东林虑(今河南林县)人。世称“支公”或“林公”。

【译文】

邢窑与越窑的匠人，都能制造这个精美器具。茶瓯形状像圆月，像浮云一样轻盈。点茶时有枣花蘋沫之妙，茶沫沾齿满口清香。坐在松树下用精美的茶瓯品茶，晋高僧支遁也不过如此吧！

《江西志》①：余干县冠山有陆羽茶灶②。羽尝凿石为灶，取越溪水煎茶于此③。

【注释】

①《江西志》:即(雍正)《江西通志》,一百六十二卷,清高其倬、谢旻、陶成、恽鹤生修纂。该志分上谕、星野、沿革、形胜等三十三目,全面记述了江西地理山川、经济政治、风俗物产等。高其倬(1676—1738),字章之,号芙沼,清汉军镶黄旗人。历任内阁学士、广西巡抚、云贵总督、闽浙总督、两江总督、户部尚书等。另著有《味和堂诗集》《堪舆家言》《奏疏》等。

②冠山:又称冕山,在今江西余干。相传唐代茶圣陆羽曾在此煮茶。清雍正《江西通志》卷一一:"冠山,在余干县治东。平地崛起,巍然如冠。一名双覆峰,又名羊角峰。上多奇树怪石,前瞰琵琶洲。相传唐陆羽于此煮茶。……后人因吴楚冠冕之语,易曰冕山。"

③越溪:即余干市湖。在今江西余干城南。清雍正《江西通志》卷十一:"市湖,在余干县治前,中有越水,风日清朗,如镜如练,不与众水相混。唐代陆羽取以煮烹,谓味似镜湖水也。"

【译文】

谢旻《江西通志》记载:在余干县冠山有陆羽茶灶。陆羽曾经在这里凿石建灶,并汲取越溪水来煎茶。

陶穀《清异录》[①]:豹革为囊[②],风神呼吸之具也。煮茶啜之,可以涤滞思而起清风[③]。每引此义,称之为水豹囊[④]。

【注释】

①陶穀《清异录》:四卷,一作二卷,陶穀撰。该书采摭唐及五代新颖之语、奇异之名,汇为一编。分天文、地理、君道、官志、人事等三十七门,共六百四十八则。每则皆立标题,并述事实缘起于其下。陶穀(903—970),字秀实,本姓唐,避石敬瑭讳改。邠州新

平(今陕西彬县)人。陶穀博学多识,历仕后晋、后汉、后周,入宋为翰林学士承旨。

②豹革:豹子皮。

③滞思:犹滞想。凝聚心头的想法。

④水豹囊:茶的别称。

【译文】

陶穀《清异录》记载:用豹子皮做成风囊,可以作为鼓风的器具。煮茶品饮,喝了可以清除凝聚心头的念想而使人神清气爽。人们由此引申此义,将它称为水豹囊。

《曲洧旧闻》[①]:范蜀公与司马温公同游嵩山[②],各携茶以行。温公取纸为帖,蜀公用小木合子盛之,温公见而惊曰:"景仁乃有茶具也!"蜀公闻其言,留合与寺僧而去。后来士大夫茶具,精丽极世间之工巧,而心犹未厌。晁以道尝以此语客[③],客曰:"使温公见今日之茶具,又不知云如何也。"

【注释】

①《曲洧旧闻》:十卷,宋朱弁撰。朱弁建炎元年(1127)使金被留,越十七年和议成乃得归。此书作于留金时,皆追叙北宋遗事,故曰"旧闻"。曲洧,为古地名,本春秋郑曲洧地,宋时属尉氏县,盖以其地近开封,故用以代指故国旧都。书中所记起自太祖,终以徽宗,多述祖宗盛德及诸名臣言行,而于王安石之变法,蔡京之绍述,党争消长情形,言之尤详,其意在申明北宋一代兴衰治乱之由。朱弁(1085—1144),字少章,号观如居士。婺源(今属江西)人。另著有《风月堂诗话》《聘游集》《杂书》《南归诗文》等。

②范蜀公:即范镇(1007—1088),字景仁。华阳(今四川成都)人。

仁宗时，知谏院，累封蜀郡公。著有文集及《东斋记事》等。司马温公：即司马光（1019—1086），字君实，号迂叟，世称涑水先生。陕州夏县（今属山西）人。历仕仁宗、英宗、神宗、哲宗四朝，卒赠太师、温国公，谥文正。著有《资治通鉴》《稽古录》《涑水记闻》等。

③晁以道：即晁说之（1059—1129），字以道，一字伯以，号景迂。济州钜野（今山东巨野）人。博通五经，善诗文、画作。著有《景迂生集》《儒言》《晁氏客语》等。

【译文】

朱弁《曲洧旧闻》记载：范镇与司马光一起游览嵩山，各自携带茶叶前行。司马光用纸作为帖子包茶，范镇则用小木盒来盛茶，司马光看见后惊叹道："景仁还有茶具！"范镇听到他的话，把小木盒留给寺庙里的僧人就走了。后来士大夫家所用的茶具，其精美华丽穷尽世间一切的工巧，然而仍不满足。晁说之曾经跟客人谈起这件事，客人说："假使司马光见到今天的茶具，又不知道会怎么说了。"

《北苑贡茶别录》[①]：茶具有银模、银圈、竹圈、铜圈等。

【注释】

①《北苑贡茶别录》：即《宣和北苑贡茶录》，一卷，宋熊蕃撰。该书先述建茶历史，继述建茶优劣发展变化情况，主述建茶采焙入贡法式。书中有图三十八幅，书后附以采茶诗十章。熊蕃，字茂叔，号独善先生。建阳（今属福建）人。工吟诗，善属文，以王安石之学为宗。

【译文】

熊蕃《宣和北苑贡茶录》记载：茶具有银模、银圈、竹圈、铜圈等。

梅尧臣《宛陵集·茶灶》诗[①]："山寺碧溪头，幽人绿岩畔。夜火竹声干，春瓯茗花乱[②]。兹无雅趣兼，薪桂烦燃爨[③]。"又《茶磨》诗云："楚匠斫山骨[④]，折檀为转脐[⑤]。乾坤人力内，日月蚁行迷[⑥]。"又有《谢晏太祝遗双井茶五品茶具四枚》诗。

【注释】

①梅尧臣(1002—1060)：字圣俞。宣州宣城(今安徽宣城)人。曾为国子监直讲，累迁尚书都官员外郎。曾参与编撰《新唐书》，并为《孙子兵法》作注。著有《宛陵先生文集》。

②春瓯：茶盏。茗花：古代烹点茶时浮在盏面的沫饽。

③薪桂：泛指木柴。燃爨(cuàn)：烧煮。爨，灶。

④楚匠：春秋时著名工匠公输般，曾为楚国制造攻城云梯。后因以"楚匠"称能工巧匠。山骨：山中岩石。

⑤折檀：古代石磨边有推柄，常以檀木为之。转脐：磨心的转轴。

⑥日月蚁行迷：《艺文类聚》卷九七引《抱朴子》曰："周髀家云：天圆如张盖，地方如棋局。天旁转，如推磨而左行，日月右行，随天右转，故日月实东行，而天牵之以西没。譬之于蚁行磨之上，磨左旋而蚁右去，磨疾而蚁迟，故不得(不)随磨左回焉。"古代天文学认为日月的运行，如同蚂蚁在磨上爬，随磨转动而行。后用此典指随世浮沉，庸碌无为。

【译文】

梅尧臣在《宛陵集》中的《茶灶》诗中写道："山寺碧溪头，幽人绿岩畔。夜火竹声干，春瓯茗花乱。兹无雅趣兼，薪桂烦燃爨。"又在《茶磨》诗中写道："楚匠斫山骨，折檀为转脐。乾坤人力内，日月蚁行迷。"又有《谢晏太祝遗双井茶五品茶具四枚》的诗。

《武夷志》：五曲朱文公书院前①，溪中有茶灶。文公诗云："仙翁遗石灶，宛在水中央。饮罢方舟去，茶烟袅细香。"

【注释】

①朱文公：朱熹（1130—1200），字元晦，又字仲晦，号晦庵晦翁、考亭、紫阳，谥文，世称朱文公。徽州府婺源（今属江西）人。宋闽学派的代表人物，儒学集大成者，世尊称为朱子。著有《四书章句集注》《周易本义》《诗集传》《楚辞集注》《韩文考异》《近思录》《周易参同契考异》等。书院：即紫阳书院，原名武夷精舍。淳熙十年（1183），朱熹于武夷五曲隐屏山麓建"武夷精舍"，四周有茶圃三处，植茶百余株，朱熹在讲学之余，行吟茶丛。

【译文】

《武夷志》记载：在武夷山的五曲隐屏山麓朱熹紫阳书院前，山溪中建有茶灶。朱熹《茶灶》诗写道："仙翁遗石灶，宛在水中央。饮罢方舟去，茶烟袅细香。"

《群芳谱》：黄山谷云①："相茶瓢与相筇竹同法②，不欲肥而欲瘦，但须饱风霜耳。"

【注释】

①黄山谷：即黄庭坚。黄庭坚（1045—1105），字鲁直，号山谷道人、双井老人，晚号涪翁。洪州分宁（今江西修水）人。能文善书，著有《山谷集》等。

②茶瓢：一种舀水注汤茶具。筇（qióng）竹：亦作邛竹。手杖。因产邛都县（今四川西昌东南），故名。

【译文】

王象晋《群芳谱》记载：黄庭坚曾说："选茶瓢和选手杖的方法相同，

不要选择太粗的而应该选择较为细小的，但必须是饱经风霜的老竹。”

乐纯《雪庵清史》：陆叟溺于茗事[①]，尝为茶论，并煎炙之法[②]，造茶具二十四事[③]，以都统笼贮之[④]。时好事者家藏一副，于是若韦鸿胪、木待制、金法曹、石转运、胡员外、罗枢密、宗从事、漆雕秘阁、陶宝文、汤提点、竺副帅、司职方辈[⑤]，皆入吾篇中矣。

【注释】

①溺：沉溺。

②煎炙之法：烹调方法。指煮和炙。

③事：件，副。

④都统笼：贮藏各种茶具的大笼子。

⑤韦鸿胪：对茶焙笼的戏称。韦，古代用竹简书写，用皮绳编缀称“韦编”。此处表明茶焙笼为竹简编制而成。木待制：对茶臼的戏称。木，表明茶臼为木质。金法曹：对茶碾的戏称。金，表明茶碾为金属所制。石转运：对茶磨的戏称。石，表明茶磨为石质。胡员外：对茶杓的戏称。这是舀水点汤的茶具。胡，“葫”的谐音，葫芦剖半而成瓢，又称牺杓。罗枢密：对茶罗的戏称。罗，即点明为茶罗。宗从事：宋代对茶帚或茶刷的谑称。宗，“棕”字谐音，表明茶帚为棕丝制成。陶宝文：对茶盏即兔毫盏的戏称。陶，表明茶盏为陶制品。汤提点：宋代对茶瓶、茶壶的戏称。因其功能为注汤点茶而得名。竺副帅：对茶筅的戏称。竺，“竹”字谐音，表明茶筅乃竹制。司职方：对茶巾的戏称。此指用丝织成的方形茶巾。司职，“丝织”谐音，此处喻指用丝织品制作。方，即方巾。

【译文】

乐纯在《雪庵清史》记载：陆羽沉湎于茶事之中，曾著有《茶经》，兼及煎煮和烘焙的方法，并制造茶具二十四件，用贮藏各种茶具的大笼子贮存。当时有喜好茶事的人家都会收藏一副茶具，于是像韦鸿胪、木待制、金法曹、石转运、胡员外、罗枢密、宗从事、漆雕秘阁、陶宝文、汤提点、竺副帅、司职方等以古代官爵名称命名的茶具，都进入我的竹笼里面了。

许次纾《茶疏》：凡士人登山临水①，必命壶觞②，若茗碗熏炉③，置而不问，是徒豪举耳④。余特置游装⑤，精茗名香，同行异室。茶罂、铫、注、瓯、洗、盆、巾诸具毕备⑥，而附以香奁、小炉、香囊、匙、箸⑦。……未曾汲水，先备茶具，必洁，必燥。瀹时壶盖必仰置，磁盂勿覆案上。漆气、食气，皆能败茶。

【注释】

①士人：古时指读书人。

②壶觞(shāng)：盛酒器物，代指酒。觞，酒杯。

③熏炉：用于熏香等的炉子。

④豪举：谓豪侠之人互相称举以自炫耀。

⑤游装：出游装备。

⑥罂(yīng)：古代瓷质贮茶用具。圆唇、短颈、鼓腹、平底。铫(diào)：一种带柄有嘴的小锅。注：用于斟注的小壶。

⑦香奁(lián)：杂置香料的匣子。香囊：装着香料的袋子。匙(chí)：舀汤用的小勺子。箸(zhù)：筷子。

【译文】

许次纾《茶疏》记载：只要读书人游山玩水，必定会带着酒壶和酒杯，至于像茶碗、熏炉之类，就弃置一旁不予理睬了，这是豪侠之人互相称举以自炫耀而已。我特意置办了出游装备，将精品茶叶和名贵香料带着一起出行，住下时则要放在另外一间房中。茶瓶、茶铫、茶壶、茶杯、茶洗、瓷盆、方巾等各种茶具齐备，而且还附带香奁、小炉、香囊、羹匙、筷子等。……在没有汲取泉水之前，就要先准备好茶具，茶具必须清洁而干燥。冲茶时壶盖必须仰放在桌子上，瓷盘也不要倒扣在桌案上。瓷盘如果倒扣着的话，那么桌案上油漆的气味和食物的味道，都会破坏茶的味道。

朱存理《茶具图赞·序》：饮之用必先茶，而制茶必有其具。锡具姓而系名①，宠以爵，加以号，季宋之弥文②。然清逸高远，上通王公，下逮林野，亦雅道也③。愿与十二先生周旋，尝山泉极品以终身。此间富贵也，天岂靳乎哉④？

【注释】

①锡：给予，赐给。

②季宋：宋朝末年。弥文：更加崇尚文饰。

③雅道：高雅不俗。

④靳：吝惜，不肯给予。

【译文】

朱存理《茶具图赞·序》记载：品饮之功效，必先选茶，而制茶必须要先有茶具。赐予茶具姓名，并宠以爵位，加以名号，这些都是宋朝末年更加崇尚文饰的表象。然而这种做法格调清逸高远，上到王公贵族，下到山野村夫，也是一种高雅之道。我希望能够常与茶具十二先生打交道，终生品尝极品山泉。这人间的富贵，上天难道会不肯给予吗？

审安老人茶具十二先生姓名[1]：**韦鸿胪**、文鼎，景旸，四窗闲叟。**木待制**、利济，忘机，隔竹主人。**金法曹**、研古，元锴，雍之旧民，铄古，仲鉴，和琴先生。**石转运**、凿齿，遄行，香屋隐君。**胡员外**、惟一，宗许，贮月仙翁。**罗枢密**、若药，传师，思隐寮长。**宗从事**、子弗，不遗，扫云溪友。**漆雕秘阁**、承之，易持，古台老人。**陶宝文**、去越，自厚，兔园上客。**汤提点**、发新，一鸣，温谷遗老。**竺副帅**、善调，希默，雪涛公子。**司职方**。成式，如素，洁斋居士。

【注释】

①审安老人：即宋元之际董真卿。今考陈乃乾《室名别号索引》云："元代鄱阳董真卿书斋名'审安书室'。"董真卿，字季真。宋末元初饶州德兴（今江西德兴）人。著有《周易会通》《茶具图赞》。《茶具图赞》，一卷，记述十二种茶具。审安老人运用图解，以拟人法赋予茶具姓名、字、雅号，并用官名称呼之。虽为游戏文字，却反映了南宋茶具的历史真实面貌。这十二种茶具依次为茶炉（焙）、茶臼、茶碾、茶磨、茶瓢、茶罗、茶刷、盏托、茶碗、茶瓶、茶筅、茶巾。确为南宋最常见的点茶、斗茶、分茶器具。茶具十二先生：指上述十二种茶具。

【译文】

审安老人这十二种茶具的名号分别为：**韦鸿胪**、文鼎，景旸，四窗闲叟。**木待制**、利济，忘机，隔竹主人。**金法曹**、研古，元锴，雍之旧民，铄古，仲鉴，和琴先生。**石转运**、凿齿，遄行，香屋隐君。**胡员外**、惟一，宗许，贮月仙翁。**罗枢密**、若药，传师，思隐寮长。**宗从事**、子弗，不遗，扫云溪友。**漆雕秘阁**、承之，易持，古台老人。**陶宝文**、去越，自厚，兔园上客。**汤提点**、发新，一鸣，温谷遗老。**竺副帅**、善调，希默，雪涛公子。**司职方**。成式，如素，洁斋居士。

高濂《遵生八笺》[①]：茶具十六事，收贮于器局内[②]，供役于苦节君者[③]，故立名管之。盖欲归统于一，以其素有贞心雅操[④]，而自能守之也。商象、古石鼎也，用以煎茶。降红、铜火箸也，用以簇火，不用联索为便。递火、铜火斗也，用以搬火。团风、素竹扇也，用以发火。分盈、挹水勺也，用以量水斤两，即《茶经》水则也。执权、准茶秤也，用以衡茶，每勺水二斤，用茶一两。注春、磁瓦壶也，用以注茶。啜香、磁瓦瓯也，用以啜茗。撩云、竹茶匙也，用以取果。纳敬、竹茶橐也，用以放盏。漉尘、洗茶篮也，用以浣茶。归洁、竹筅帚也[⑤]，用以涤壶。受污、拭抹布也，用以洁瓯。静沸、竹架，即《茶经》支镀也。运锋、劖果刀也[⑥]，用以切果。甘钝。木砧墩也。

【注释】

①高濂《遵生八笺》：十九卷，明高濂撰。该书以遵生（养生）为主旨，从清修妙论笺、四时调摄笺、延年却病笺、饮馔服食笺、燕闲清赏笺、灵秘丹药笺、起居安乐笺、尘外遐举笺八个方面论述延年之术、却病之方。

②器局：茶具名。竹编方形箱笼，用以收存茶器具。

③苦节君：明人对竹茶炉的戏称。

④贞心：坚定不移的心地。雅操：高尚的操守。

⑤竹筅（xiǎn）帚：用竹丝做成的洗涤用具。

⑥劖（chán）：古代一种铲、斫工具。

【译文】

高濂《遵生八笺》记载：茶具十六件，都收藏贮存在竹编方形箱笼内，用来供竹茶炉使用，因此将其一一命名以便于管理。这样也是想将其归于一统，因为茶叶一向有坚贞的心志和高尚的操守，能够坚守之。商象、即古石鼎，用于煮茶。降红、即铜火筷，用以簇火，不用铁链连在一起时很方便。**递火**、即铜火斗,用来搬火。**团风**、即素竹扇,用来发火。**分盈**、即挹水勺,用来称量水的斤两,就是《茶经》里面说的水则。**执权**、即量茶的秤,用来衡量茶,每勺茶要用水二斤,用茶一两。**注春**、即瓷瓦壶,用来倒茶。**啜香**、即瓷瓦瓯,用来喝茶。**撩云**、即竹茶匙,用来取果。**纳敬**、即竹茶橐,用来放置茶盏。**漉尘**、即洗茶篮,用来洗茶。**归洁**、即竹筅帚,用来清洗茶壶。**受污**、即拭抹布,用来清洁茶瓯。**静沸**、即竹架,就是《茶经》中所说的支鍑。**运锋**、即劖果刀,用来切水果。**甘钝**。即木砧墩。

王友石《谱》[1]:竹炉并分封茶具六事:**苦节君**、湘竹风炉也,用以煎茶,更有行省收藏之[2]。**建城**、以箬为笼[3],封茶以贮庋阁[4]。**云屯**、磁瓦瓶,用以勺泉以供煮水。**水曹**、即磁缸瓦缶,用以贮泉,以供火鼎。**乌府**、以竹为篮,用以盛炭,为煎茶之资。**器局**、编竹为方箱,用以总收以上诸茶具者。**品司**。编竹为圆撞提盒,用以收贮各品茶叶,以待烹品者也。

【注释】

①王友石《谱》:即明钱椿年《茶谱》的附录。王友石,即王绂(fú,1362—1416),字孟端,号九龙山人,又号友石生。无锡(今属江苏)人。博学,能诗文。擅长山水画,吴门画派先驱,其画竹妙绝一时。有《友石山房集》《潇湘秋意图》《墨竹图》《枯木竹石图》等传世。

②行省:即苦节君行省,唐宋时称都篮。明人野外烹茶时盛放茶具的大竹篮,上有把,可提、可挑。因常随竹炉一起出行,故得此谑称。

③箬(ruò):竹名。即箬竹。

④庋(guǐ)阁:搁置器物的架子。

【译文】

王绂《谱》记载:竹炉并分封其他六件茶具:**苦节君**、即湘竹做的风炉,用以煎茶,更有都篮来贮藏它。**建城**、即箬竹做成的笼子,包裹茶叶以贮存在搁置器物的架子上。**云屯**、即瓷瓦瓶,用于舀取泉水以供烧水。**水曹**、即瓷瓦锅,用来贮存泉水以供应火鼎。**乌府**、即用竹子做篮,用来盛木炭,作为煮茶必备的燃料。**器局**、即用竹子编成的方形箱子,用来将上述所有的茶具收拢起来集中贮存。**品司**。即用竹子编成的圆形的提盒,用来收藏贮存各种茶叶,以待烹煮品饮。

屠赤水《茶笺·茶具》①:湘筠焙、焙茶箱也。鸣泉、煮茶磁罐。沉垢、古茶洗。合香、藏日支茶瓶,以贮司品者。易持。用以纳茶,即漆雕秘阁。

【注释】

①屠赤水《茶笺》:即屠隆于1590年写成的《考槃馀事》。全书四卷,十六节,因节亦称"笺"。其"茶笺"部,在1613年喻政编印《茶书全集》时,单独作为一书,改称《茶说》。

【译文】

屠隆《茶笺·茶具》记载:**湘筠焙**、即烘焙茶叶用的箱子。**鸣泉**、即煮茶用的瓷罐。**沉垢**、即古代洗茶时的用具。**合香**、即收藏日常用的茶瓶,用以贮存各种茶叶。**易持**。用来盛茶叶,即漆雕秘阁。

屠隆《考槃馀事》:构一斗室①,相傍书斋,内设茶具,教一童子专主茶役,以供长日清谈,寒宵兀坐②。此幽人首务,不可少废者。

【注释】

①斗室:形容极小的屋子。

②寒宵兀坐:寒夜独自端坐。寒宵,寒夜。兀坐,独自端坐。

【译文】

屠隆《考槃馀事》记载：构建一个极小的屋子，与书斋相邻，室内设置好茶具，教一童子专门从事烹茶事宜，以供终日清谈，寒夜独自端坐。这是幽隐之人的首要事务，不可稍有荒废。

《灌园史》[①]：卢廷璧嗜茶成癖[②]，号茶庵。尝蓄元僧讵可庭茶具十事[③]，具衣冠拜之。

【注释】

①《灌园史》：明代园艺专著。

②卢廷璧：元代名士，嗜茶成癖，被明代小说家冯梦龙收入《古今谭概·癖嗜部》。

③讵可庭：元僧人，其他不详，待考。

【译文】

陈诗教《灌园史》记载：卢廷璧饮茶成瘾，号称茶庵。他曾经收藏元代僧人讵可庭的十件茶具，每次都衣冠整齐进行参拜。

周亮工《闽小记》[①]：闽人以粗瓷胆瓶贮茶。近鼓山支提新茗出[②]，一时尽学新安，制为方圆锡具，遂觉神采奕奕不同。

【注释】

①周亮工《闽小记》：四卷，清周亮工撰。该书详述了闽中人情、风俗、物产、琐事遗闻等。周亮工（1612—1672），名亮，字元亮，号栎园。祥符（今河南开封）人。明末清初书画家。另著有《读画录》《印人传》《赖古堂书画跋》《赖古堂印谱》《赖古堂诗集》。

②鼓山：即今福建福州东南鼓山。《方舆胜览》卷一〇“福州山川”条：“鼓山在闽县，有石状如鼓，故名。或云每雷雨作，其中簸荡若鼓声。”支提：塔、刹的别称。此指佛教寺院。

【译文】

周亮工《闽小记》记载：福建人用粗瓷胆瓶贮存茶叶。近年来鼓山佛教寺院的新茶出产后，一时间人们全都学习新安的做法，制成方形和圆形的锡茶具，顿时觉得神采奕奕。

冯可宾《岕茶笺·论茶具》[①]：茶壶，以窑器为上[②]，锡次之。茶杯，汝、官、哥、定如未可多得[③]，则适意者为佳耳[④]。

【注释】

①冯可宾《岕茶笺》：明冯可宾著。全篇约一千字。分序岕名、论采茶、论蒸茶、论焙茶、论藏茶、辨真赝、论烹茶、品泉水、论茶具、茶壶大小、茶宜、禁忌等十二则。后附岕茶笺跋，有岕茶笺十一条。冯可宾，字桢卿。明益都（今山东青州）人。擅画，尝作《竹石图》。喜藏书，辑刊《广百川学海》。

②窑器：陶瓷名词。指经过窑烧的陶瓷器。

③汝：汝窑。宋代著名瓷窑之一。窑址在今河南临汝境内，古代属汝州，故名。官：官窑。宋代著名瓷窑之一。北宋大观、政和年间，宫廷自建瓷窑烧造瓷器，故称。哥：哥窑。宋代著名瓷窑之一。窑址在浙江龙泉南华琉山下。北宋处州龙泉县旧有龙泉窑，南宋章生一、生二兄弟在此制瓷，各主一窑。生一所制之瓷号哥窑，生二所制者号弟窑。哥窑之瓷以胎细质白著称。定：定窑。宋代著名瓷窑之一。窑址在今河北曲阳涧磁村、燕山村，古代属定州，因名。

④适意：适合心意。

【译文】

冯可宾《岕茶笺·论茶具》记载：茶壶，以经过窑烧的瓷器为最好，锡制的就要差一些。茶杯，汝窑、官窑、哥窑、定窑烧制的最好，如果不可多得，只要适合心意就好。

李日华《紫桃轩杂缀》[①]：昌化茶[②]，大叶如桃枝柳梗，乃极香。余过逆旅偶得[③]，手摩其焙甑，三日龙麝气不断[④]。

【注释】

①李日华《紫桃轩杂缀》：三卷，又缀三卷。以论书、画为主要内容，颇有可采之处。余皆为采拾古人说部文献，但均没其出处来源，无甚可采。

②昌化茶：明代茶名。为浙江昌化（今浙江临安西天目溪畔）所产茶的统称。以龙塘山所产的品质最佳。

③逆旅：客舍，旅馆。

④龙麝：龙涎香与麝香的并称。

【译文】

李日华《紫桃轩杂缀》记载：昌化茶，叶像桃叶和柳梗那么大，味道极其香美。我途经当地的旅馆偶然得到一些，用手在制茶的焙甑上摩挲，龙涎、麝香的味道三日不绝。

臞仙云[①]：古之所有茶灶，但闻其名，未尝见其物，想必无如此清气也。予乃陶土粉以为瓦器，不用泥土为之，大能耐火，虽猛焰不裂。径不过尺五，高不过二尺余，上下皆镂铭、颂、箴戒之[②]。又置汤壶于上，其座皆空，下有阳谷之穴，可以藏瓢瓯之具，清气倍常[③]。

【注释】

①臞仙：即朱权(1378—1448)，自号臞仙、大明奇士，又号涵虚子、丹丘先生。明太祖朱元璋第十七子，洪武二十四年(1391)封为宁王。谥献，故后世称宁献王。著有《大罗天》《私奔相如》《太和正音谱》《务头集韵》《琼林雅韵》《汉唐秘史》《通鉴博论》等。

②铭：铸、刻或写在器物上记述生平、事迹或警诫自己的文字。颂：文体的一种，指以颂扬为目的的诗文。箴：文体的一种，以规诫为表达的主题。戒：告诫，警示。

③倍常：大不同于一般。

【译文】

朱权说：古代所有的茶灶，只听说过它的名字，未曾看到实物，想必也没有如此的清香之气。于是我就用陶土烧制成瓦器，不用泥土烧制，更能耐火，即使是很猛烈的火焰也不会被烧裂。它的直径不过一尺五寸，高不过二尺多一点，上下都镂刻有铭、颂、箴戒之类文字以警示后人。又把汤壶放在它的上面，底座是空的，下面还有空的地方，可以贮藏瓢、瓯等器具，清香之气不同寻常。

《重庆府志》[①]：涪江青蟾石[②]，为茶磨极佳。

【注释】

①《重庆府志》：九卷，清王梦庚修，寇宗纂。卷首有重庆府舆地全图等。正文分舆地、祠祀、食货、职官、学校、武备、选举、人物、艺文九门，含疆域形势、氏族、盐法、茶法等五十二目。详细记叙古代重庆的建制沿革、山川地理、人文历史等。王梦庚，字西缠。金华(今属浙江)人。嘉庆贡生，官松潘厅同知。寇宗，字万川。渠县(今属四川)人。道光举人，官教谕。

②涪江：又称内江、绵江、外水。嘉陵江支流。在四川东部和重庆

西北部。

【译文】

《重庆府志》记载：涪江的青蟾石，用来做茶磨最好。

《南安府志》[①]：崇义县出茶磨[②]，以上犹县石门山石为之尤佳[③]。苍黳缜密[④]，镌琢堪施。

【注释】

①《南安府志》：清陈奕禧撰。该书记载了南安府当地历史、地理、风俗、人物、文教、物产等。陈奕禧（1648—1709），原名憙，字六谦，一字子文，号香泉、葑叟、玉山居士。海宁（今属浙江）人。康熙四十八年（1709）擢南安知府。另著有《虞洲集》《春霭堂集》《益州于役记》《皋兰载笔》《金石遗文录》《隐绿轩题识》等。

②崇义县：明正德十二年（1517）划上犹、南康、大庾三县地置，治今江西崇义，隶南安府。《读史方舆纪要》"南安府崇义县"条："近上犹之崇义乡，因名。"

③上犹县：五代杨吴天祐中于南康县西南郭设上犹场，以处犹石嶂（今油石嶂）之南，益江水（今上犹江）之北而得名。南唐保大十年（952）升场置县，沿用场名。《大明一统志》"上犹县"条："以地有犹水，故名。"即今江西上犹。

④苍黳（yī）：青黑色。黳，黑色美石。

【译文】

陈奕禧《南安府志》记载：崇义县出产茶磨，以上犹县石门山的石头制成的为最好。那里的石头色泽青黑，纹理细致精密，很适合镌刻雕琢。

闻龙《茶笺》[①]：茶具涤毕，覆于竹架，俟其自干为佳。其拭巾只宜拭外，切忌拭内。盖布帨虽洁[2]，一经人手极易作气。纵器不干，亦无大害。

【注释】

①闻龙《茶笺》：一卷，明闻龙撰。共有十则，记述茶的采摘、炒焙、收藏诸法，并记家乡山泉、品啜及老友茶事。闻龙，字隐鳞，一字仲连，晚号飞遁翁。四明（今浙江宁波）人。

②布帨（shuì）：布巾。帨，巾。

【译文】

闻龙《茶笺》记载：茶具清洗完毕，反扣过来放在竹架上，要等它自己晾干为好。抹布只适于擦拭茶具的外面，千万不要擦拭它的里面。因为布巾虽然很干净，然一旦经过人手就容易沾染上异味。即使喝茶时器具不干，也没什么大碍。

三之造

【题解】

本章共搜集文献九十则，主要论述了茶叶的采制工序，包括茶叶的采制，茶叶品质的鉴别，成品茶的贮藏方法等。较为全面地总结了之前茶饼制造中的种种问题，并且指出了在茶饼制造过程中应该注意的一些细节。

“撷茶以黎明，见日则止”，这与陆羽《茶经》“凌露采焉”及赵汝砺《北苑别录》“采茶之法，须是侵晨，不可见日”有异曲同工之妙，说明了采摘茶叶的时间必定要在黎明日出以前，不可以见到太阳。因为凌晨茶叶上露水未干，茶芽肥嫩圆润。

“茶之始芽萌，则有白合，不去害茶味。既撷则有乌蒂，不去害茶色。”这是讲述在茶叶拣茶工序中遇到白合、乌蒂不去除的话，会损害茶的味道及茶的色泽。

“用爪断芽，不以指揉”“凡断芽必以甲，不以指”，指采茶的时候要用指甲迅速掐断茶芽，而不要用手指揉搓茶芽。用手指揉搓容易使茶叶沾染湿气并容易损伤茶叶。

“茶之美恶，尤系于蒸芽、压黄之得失。”讲述茶品质的好坏，取决于蒸芽和压黄两道关键工序。蒸制茶芽以刚蒸熟发出香气为好，压黄以茶汁一旦榨干马上停止为好，能够把握这两道关键工序，那么制造茶叶的技术就已经掌握了十之八九了。

“涤芽惟洁，濯器惟净，蒸压惟其宜，研膏惟熟，焙火惟良。”讲述只有茶芽清洗干净、茶具清洁、蒸压火候得当、研膏惟求趁热、烘焙茶饼的火力惟求长久等才能制出精品茶。

“采茶制茶，最忌手汗、体膻、口臭、多涕、不洁之人及月信妇人，更忌酒气。盖茶酒性不相入，故采茶制茶，切忌沾醉。”讲述采茶制茶时应注意采茶人及周围环境的清洁，特别忌讳酒气，因为茶和酒本性不相宜。但《蛮瓯志》却记载有“刘禹锡用菊花苗做成的调味品、腌制的萝卜干儿以换取白居易的六斑茶用来醒酒”的故事，可见虽然采制茶叶时忌讳酒气，但茶却具有醒酒的功效。

“藏茶切勿临风近火。临风易冷，近火先黄。其置顿之所，须在时时坐卧之处，逼近人气，则常温而不寒。必须板房，不宜土室。板房温燥，土室潮蒸。”“藏法喜温燥而恶冷湿，喜清凉而恶郁蒸，宜清触而忌香惹。藏用火焙，不可日晒。”这两者都讲述了茶叶储藏应选择温暖干燥之所，要注意通风等。

《唐书》[①]：太和七年正月[②]，吴、蜀贡新茶，皆于冬中作法为之[③]。上务恭俭[④]，不欲逆物性[⑤]，诏所在贡茶，宜于立春后造。

【注释】

①《唐书》：二百卷，五代后晋刘昫、张昭远等撰。《唐书》记载了唐朝自高祖武德元年(618)至唐昭宣帝天祐四年(907)共二百九十年的历史。在北宋编撰的《新唐书》问世以后，《唐书》始有新旧之分，此为《旧唐书》。刘昫(887—947)，字耀远。涿州归义(今河北容城)人。

②太和七年：833年。太和，即大和，唐文宗年号(827—835)。

③冬中：冬天。

④上务恭俭：皇上为政恭谨俭约。恭俭，恭谨俭约。

⑤逆物性：违背万物生长规律。

【译文】

刘昫等《唐书》记载：太和七年正月，吴地、蜀地进贡的新茶，都是在冬天加工制作而成。皇上为政恭谨俭约，不愿违背万物生长规律，于是下诏给各地进贡茶的治所，应在立春之后再制作加工新茶。

《北堂书钞》[①]：《茶谱》续补云："龙安造骑火茶[②]，最为上品。骑火者，言不在火前，不在火后作也。清明改火[③]，故曰火。"

【注释】

①《北堂书钞》：一百六十卷，为虞世南任隋秘书郎时所撰。北堂，隋代秘书省的后堂。全书分帝王、后妃、政术、刑法等十九部，八百五十一类。虞世南（558—638），字伯施。越州余姚（今属浙江）人。性情刚烈，直言敢谏，位列凌烟阁二十四功臣之一。善书法，为"初唐四大家"之一。

②龙安：唐武德三年（620）置，属绵州。治所在今四川安县东北。骑火茶：上等茶名。古人清明改火，故茶有火前、火后之分，此茶既不在火前，也不在火后，故称之曰骑火茶。

③改火：《论语·阳货》："旧谷既没，新谷既升，钻燧改火，期可已矣。"何晏集解引马融曰："《周书·月令》有更火之文。春取榆柳之火，夏取枣杏之火，季夏取桑柘之火，秋取柞楢之火，冬取槐檀之火。一年之中，钻火各异木，故曰改火也。"

【译文】

虞世南《北堂书钞》记载：毛文锡《茶谱》续补说："龙安制造的骑火

茶,是最上等的品种。骑火指既不在清明改火之前,也不在清明改火之后制作。而在清明节改火时制作,就称为火。”

《大观茶论》:茶工作于惊蛰①,尤以得天时为急②。轻寒,英华渐长③,条达而不迫④,茶工从容致力⑤,故其色味两全。故焙人得茶天为庆⑥。

【注释】

①惊蛰:二十四节气之一。此时气温上升,土地解冻,春雷始鸣,蛰伏过冬的动物惊起活动,故名。

②天时:自然运行的时序,此处指农时。

③英华:言花木之美。此指茶叶芽尖。

④条达:条理通达,指茶叶舒展地生长。

⑤致力:尽力,竭力。

⑥茶天:最适宜茶树生长和茶叶制造的天时。庆:庆幸,天之恩遇。

【译文】

宋徽宗《大观茶论》记载:茶工在惊蛰时节开始采摘和加工制造茶叶,尤其要以得到天时为当务之急。天气微凉,茶叶芽尖开始生长,舒缓而不急迫,茶工时间较为充裕,可以尽心竭力地工作,因此茶的色泽与气味都很完美。所以焙茶的工人非常庆幸能得到制茶的天时,认为这是上天的恩惠。

撷茶以黎明①,见日则止。用爪断芽,不以指揉。凡芽如雀舌、谷粒者,为斗品②。一枪一旗为拣芽,一枪二旗为次之,余斯为下。茶之始芽萌,则有白合③,不去害茶味。既撷则有乌蒂④,不去害茶色。

【注释】

①撷(xié)茶:采茶。撷,摘取,采摘。

②斗品:宋代最高档的名茶,亦称斗茶。因其为宋代精选出来的用于斗茶的极品名茶而得名。

③白合:茶始萌芽时两片合抱而生的有损茶味的小叶,是制茶时必须剔除的叶子。

④乌蒂:又称鱼叶、奶叶、胎叶,茶籽萌发或新梢每次生长抽出的第一片或头几片不完全叶。

【译文】

采茶要在黎明时分,看到太阳升起就要停止采摘。采茶的时候要用指甲掐断茶芽,而不能用手指揉搓。凡是茶芽细小如雀舌、谷粒的,都是茶叶中的精品。一芽带一叶的被称为拣芽,一芽带两叶的稍差一些,其余的都是下等茶了。茶刚开始萌芽生长的时候,会出现两片合抱而生的小叶即白合,要是不去除掉会损害茶的味道。刚采摘下来的茶上面有每次生长抽出的第一片或头几片不完全叶即乌蒂,要是不去除掉会损害茶的色泽。

茶之美恶,尤系于蒸芽、压黄之得失[①]。蒸芽欲及熟而香,压黄欲膏尽亟止。如此则制造之功十得八九矣。

【注释】

①压黄:唐宋团、饼茶制作工序。指茶芽蒸过后压榨去茶汁。

【译文】

茶叶品质的优劣,尤其是在于蒸制茶芽和压黄这两道制作工序的得失。蒸制茶芽以刚蒸熟发出香气为好,压黄以茶汁一旦榨干马上停止为好。能够把这两步做好,那么制造茶叶的技术就已经掌握了十之八九了。

涤芽惟洁，濯器惟净[①]，蒸压惟其宜，研膏惟熟，焙火惟良。造茶，先度日晷之长短[②]，均工力之众寡，会采择之多少，使一日造成。恐茶过宿，则害色味。

【注释】

①濯（zhuó）：洗涤。

②日晷（guǐ）：古代测日影定时刻的仪器。由晷盘和晷针组成。此指时间。

【译文】

清洗茶芽惟求清洁，洗涤茶具惟求洁净，蒸制茶芽和压黄惟求时机火候适宜，研膏惟求趁热，烘焙茶饼的火力惟求均匀。制造茶的时候，首先要估计时间的长短，均衡地分配所需的劳力，合计出采摘茶叶的多少，使之在一日内制造完成。惟恐采摘下来未能加工的茶叶存放一夜，会损害茶的色泽和味道。

茶之范度不同[①]，如人之有首面也。其首面之异同，难以概论。要之，色莹彻而不驳[②]，质缜绎而不浮[③]，举之凝结，碾之则铿然[④]，可验其为精品也。有得于言意之表者[⑤]。

【注释】

①范度：品类式样。

②莹彻：即莹澈。莹洁透明。驳：色彩错杂，混杂不精纯。

③缜绎（zhěn yì）：细致严密而连续不断。浮：轻浮，空虚。

④铿然：声音响亮貌，坚实貌。

⑤言意：指言语和意旨。

【译文】

茶的品类式样不同,就像人的外表一样。茶饼表面形状的异同,很难一概而论。总之,那些色泽莹洁透明而不混杂的,质地严密厚实而不轻浮的,拿在手中可以感到凝结坚固,用茶碾碾磨时声音响亮坚实,可以验证为是茶饼中的精品。茶的鉴别,有的可以通过言语和意旨的表述来得出结论。

白茶自为一种,与常茶不同。其条敷阐①,其叶莹薄②。崖林之间,偶然生出。有者不过四五家,生者不过一二株,所造止于二三銙而已。须制造精微,运度得宜③,则表里昭澈④,如玉之在璞,他无与伦也。

【注释】

①敷阐:润泽而舒展。

②莹薄:有光泽且细薄。

③运度:用心测度。

④昭澈:光润清亮。

【译文】

白茶自成一个品种,与一般的茶不同。它的枝条润泽而舒展,茶的叶芽有光泽而且细薄。这种茶树是在崖壁丛林之间偶然自发生长出来的稀有品种。有这种茶的人家不过四五户,每户也就不过一二株,所能制造出的白茶也只有二三銙而已。在制造白茶的时候必须精细,运作适宜,这样制作出来的白茶才会表里都光润清亮,就像包在石中尚未雕琢的玉石一般,其品质无与伦比。

蔡襄《茶录》:茶味主于甘滑①,惟北苑凤凰山连属诸焙所造者味佳。隔溪诸山，虽及时加意制作，色味皆重，莫能及也。又有水泉不甘，能损茶味，前世之论水品者以此。

【注释】

①甘滑：甘甜润滑。

【译文】

蔡襄《茶录》记载：对茶味道的衡量标准是甘甜润滑，只有建安北苑凤凰山一带所焙制出来的茶味道绝佳。隔溪对岸的其他各山所产茶叶，虽然采摘及时，特别留意用心制作，其色泽和味道还是比较浓重浑浊，比不上北苑茶。还有所选用的泉水不够甘甜，也会有损于茶的味道，前人已经专门论述水的品级，就是因为这个缘故。

《东溪试茶录》：建溪茶比他郡最先，北苑、壑源者尤早。岁多暖，则先惊蛰十日即芽；岁多寒，则后惊蛰五日始发。先芽者，气味俱不佳，惟过惊蛰者为第一。民间常以惊蛰为候①。诸焙后北苑者半月，去远则益晚②。

【注释】

①以惊蛰为候：以惊蛰来作为采制茶叶的时节。

②去远则益晚：离北苑越远，茶叶采摘日期就越晚。

【译文】

宋子安《东溪试茶录》记载：建溪茶要比其他郡县的茶都要早，北苑、壑源出产的茶尤其早。如果天气暖和，那么在惊蛰前十天就会发芽；如果天气寒冷，那么在惊蛰后五天也就开始发芽了。那些先发芽的气味都不好，只有过了惊蛰而发的叶芽最好。民间经常以惊蛰来作为采制茶叶的时节。其他诸多焙制茶叶的地方要比北苑的茶晚半月左右，距离北苑越远，茶叶采摘日期就越晚。

凡断芽必以甲不以指，以甲则速断不柔[①]，以指则多湿易损。择之必精，濯之必洁，蒸之必香，火之必良，一失其度，俱为茶病。

【注释】

①速断不柔：迅速掐断而不揉搓叶芽。

【译文】

凡是掐断茶芽一定要用指甲而不可以用手指，因为用指甲可迅速掐断而不揉搓叶芽，用手指则容易使茶叶沾染湿气并容易损伤茶叶。要选择精品的茶叶，清洗一定要干净，蒸制一定要保留香气，烘焙时一定要掌握好火候，一旦错失其应有的标准尺度，都会有损于茶叶的品质。

芽择肥乳，则甘香而粥面着盏而不散[①]。土瘠而芽短，则云脚涣乱[②]，去盏而易散。叶梗长，则受水鲜白；叶梗短，则色黄而泛。乌蒂、白合，茶之大病。不去乌蒂，则色黄黑而恶。不去白合，则味苦涩。蒸芽必熟，去膏必尽。蒸芽未熟，则草木气存。去膏未尽，则色浊而味重。受烟则香夺，压黄则味失，此皆茶之病也。

【注释】

①粥面：浓茶表面所凝结的薄膜，以其状如粥膜，故称粥面。

②云脚：茶的别称。

【译文】

茶芽要选择肥嫩厚实的，这样制造出来的茶才会甘甜清香，烹点出的茶汤附着茶盏而不易涣散。贫瘠土壤中生长出来的茶芽则较为短小,煎煮出来的茶汤容易云脚涣散,上面漂浮的沫饽去盏也易散。茶叶的梗长,烹煮出的茶汤色泽鲜白;茶叶的梗短,烹煮出的茶汤就会色泽泛黄。乌蒂和白合是茶叶的两大病害。不去掉乌蒂的话,那么烹煮出来的茶汤色泽黄黑令人厌恶。要是不去掉白合的话,那么烹煮出来的茶汤味道就很苦涩。在蒸制茶芽的时候一定要将茶叶蒸熟,在制作的时候还一定要把茶汁榨尽。如果茶芽没有蒸熟,那么煮出来的茶会带有草木的气味。如果茶汁没有完全去除,那么煮出来的茶就会色泽浑浊而且茶汤的味道浓重。茶饼要是受到烟火气过多就会侵夺茶原有的香气,压黄的时候做不好就会使茶味丧失,这些都是制作茶叶的过程中存在的弊病。

《北苑别录》:御园四十六所,广袤三十余里①。自官平而上为内园,官坑而下为外园。方春灵芽萌坼②,先民焙十余日,如九窠十二陇、龙游窠、小苦竹、张坑、西际,又为禁园之先也。而石门、乳吉、香口三外焙,常后北苑五七日兴工。每日采茶蒸榨以过黄③,悉送北苑并造。

【注释】

①广袤(mào):指土地面积。从东到西的长度叫"广",从南到北的长度叫"袤"。

②萌坼(chè):萌芽。

③过黄:制茶术语。宋代制作贡茶时,制銙后的干燥过程称"过黄"。

【译文】

赵汝砺《北苑别录》记载:北苑有皇家御用茶园共四十六所,分布在方圆三十余里的地方。自官平以上为内园,官坑以下为外园。每到春天茶树萌芽之际，北苑采摘茶叶要比民间茶园早十多天，例如九窠十二陇、龙游窠、小苦竹、张坑、西际这些地方，又是皇家御用茶园中采摘茶叶最早的。而像石门、乳吉、香口这三个外焙茶的地方，通常要比北苑晚五到七天开工。每天采摘茶叶、蒸制茶叶、榨出茶汁，以将茶叶过黄，然后全部送到北苑一起烘焙并制造。

造茶旧分四局。匠者起好胜之心，彼此相夸，不能无弊，遂并而为二焉。故茶堂有东局、西局之名，茶銙有东作、西作之号。凡茶之初出研盆，荡之欲其匀，揉之欲其腻，然后入圈制銙，随笪过黄①。故有方銙，有花銙，有大龙，有小龙，品色不同，其名亦异。随纲系之于贡茶云。

【注释】

①笪（dá）：粗竹席。这里用以摊蒸熟的茶芽。

【译文】

制造茶叶原来分为四个茶局。后来工匠们起了好胜之心，相互夸耀自己，不免造成很多弊端，于是就合并为两个茶局了。所以茶堂有东局、西局的名号，茶銙又有东作、西作的名号。大凡刚蒸制研磨完初出研盆的茶，要通过摇荡使其均匀，通过揉搓使其足够细腻，然后将其倒入茶模中制成茶銙，放在粗竹席上进行过黄烘焙。这样制成的茶饼有方銙，花銙，大龙团，小龙团，各种品色不同，名号也不一样。随着不同的批次列入进贡茶叶的名录。

采茶之法，须是侵晨①，不可见日。晨则夜露未晞②，茶芽肥润。见日则为阳气所薄③，使芽之膏腴内耗，至受水而不鲜明。故每日常以五更挝鼓集群夫于凤凰山④，山有伐鼓亭，日役采夫二百二十二人。监采官人给一牌入山，至辰刻⑤，则复鸣锣以聚之，恐其逾时贪多务得也。大抵采茶亦须习熟⑥，募夫之际必择土著及谙晓之人⑦，非特识茶发早晚所在⑧，而于采摘亦知其指要耳⑨。

【注释】

①侵晨：黎明，拂晓。

②晞（xī）：干。

③薄：同“迫”。

④挝（zhuā）鼓：击鼓。

⑤辰刻：亦称辰时。古时将一昼夜分为十二时辰，与十二地支相配。辰时相当于今之七至九时。

⑥习熟：技艺娴熟。

⑦土著：世代居住本地的人。谙（ān）晓：熟悉通晓。

⑧非特：不仅，不只。

⑨指要：要领，要义。

【译文】

采摘茶叶的时间，必定要在黎明，不可见到太阳。清晨茶叶上夜间的露水未干，茶芽肥嫩圆润。一旦见到太阳就会被阳气所迫，使得茶芽的茶汁膏腴有所损耗，等到受水时就不鲜明清澈。所以每天常在五更时分击鼓聚集劳力在凤凰山，凤凰山上有伐鼓亭，每天来凤凰山采摘茶叶的工匠达到二百二十二人。监采官给每人发一块牌子进山，采茶到辰时，就再次鸣锣集合，恐怕采茶人为了贪多而过了时辰。大抵说采茶也需要技艺娴熟，所以在招募劳力时大都会选择那些世代居住本地的人和那些熟悉通晓采茶技艺的人，这样做不仅是为了知道茶芽萌发的早晚情况，而且在采摘茶芽时也能够知道其中的要领。

茶有小芽，有中芽，有紫芽，有白合，有乌蒂，不可不辨。小芽者，其小如鹰爪。初造龙团胜雪、白茶，以其芽先次蒸熟，置之水盆中，剔取其精英，仅如针小，谓之水芽，是小芽中之最精者也。中芽，古谓之一枪二旗是也。紫芽，叶之紫者也。白合，乃小芽有两叶抱而生者是也。乌蒂，茶之带头是也。凡茶，以水芽为上，小芽次之，中芽又次之。紫芽、白合、乌蒂，在所不取。使其择焉而精，则茶之色味无不佳。万一杂之以所不取，则首面不均，色浊而味重也。

【译文】

茶芽有小芽，有中芽，有紫芽，有白合，有乌蒂等，不可不仔细辨别。小芽，小如鹰爪。最初制造龙团胜雪和白茶时，就是将小芽分成先后的顺序来蒸熟，放置在水盆里，剔取小芽只有针尖那么小的精华，称为水芽，水芽是小芽中最为精华的部分。中芽，就是以前所说的一芽带二叶。紫芽，是叶子呈紫色的茶芽。白合，是两叶合抱而生的小叶芽。乌蒂，是带有蒂头的叶芽。总之，茶芽以水芽为最上品，小芽稍差一些，中芽又差一些。紫芽、白合、乌蒂，根本不能取用。只有在选择茶时精心挑选，那么茶的色泽和味道就没有不好的。万一茶中掺杂进了不能取用的紫芽、白合、乌蒂，那么制作出来的茶饼表面纹理就会不均匀，烹煮出来的茶汤也会色泽浑浊，味道浓重。

惊蛰节，万物始萌。每岁常以前三日开焙，遇闰则后之，以其气候少迟故也。

【译文】

惊蛰时节，万物开始萌生发芽。所以每年通常都会在惊蛰前三天开始烘焙制茶，遇到闰年就会稍稍推迟，这是由于气候稍迟的缘故。

蒸芽再四洗涤[①]，取令洁净，然后入甑，俟汤沸蒸之。然蒸有过熟之患，有不熟之患。过熟，则色黄而味淡；不熟，则色青而易沉，而有草木之气。故唯以得中为当。

【注释】

①再四：反复多次。

【译文】

蒸制茶芽时要反复多次洗涤，使取出来的茶芽清洁干净，然后再放入蒸笼中，等水烧开了后进行蒸制。然而蒸茶有蒸的太熟和蒸的不熟的问题。蒸得太熟，茶的色泽发黄味道较淡；蒸得不熟，茶的色泽发青而容易下沉，并且会带有草木的气味。所以蒸制茶芽还是以火候适中为好。

茶既蒸熟，谓之茶黄，须淋洗数过，欲其冷也。方入小榨，以去其水，又入大榨，以出其膏，水芽则以高榨压之，以其芽嫩故也。先包以布帛，束以竹皮，然后入大榨压之，至中夜取出揉匀[①]，复如前入榨，谓之翻榨。彻晓奋击[②]，必至于干净而后已。盖建茶之味远而力厚，非江茶之比。江茶畏沉其膏，建茶唯恐其膏之不尽。膏不尽，则色味重浊矣。

【注释】

①中夜：半夜。

②彻晓：直至天明。

【译文】

茶叶蒸熟之后，称为茶黄，茶黄必须要冲洗数遍，以便使茶冷却。才放入小榨之中，以去其水分，之后再放入大榨，以便压榨出茶汁，水芽是用高榨来压制的，因为其芽鲜嫩的缘故。压榨的时候要先用布帛将茶叶包起来，再用竹皮束缚捆扎好，然后再放在大榨中进行压榨，到半夜取出来将其揉搓均匀，再按前一道工序重新压榨一次，称为翻榨。用力捶打直到天明，必须要等到彻底把茶汁压榨干净为止。建安茶的味道悠远而且力道浑厚，不是江南茶所能够比拟的。江南茶压榨时忌讳茶汁外流，而建安茶压榨时则惟恐茶汁压榨不尽。茶汁要是压榨不尽的话，那么茶汤的色泽和味道就厚重而浑浊。

茶之过黄，初入烈火焙之，次过沸汤爁之①，凡如是者三，而后宿一火，至翌日②，遂过烟焙之。火不欲烈，烈则面泡而色黑。又不欲烟，烟则香尽而味焦。但取其温温而已③。凡火之数多寡，皆视其銙之厚薄。銙之厚者，有十火至于十五火④。銙之薄者，六火至于八火。火数既足，然后过汤上出色。出色之后，置之密室，急以扇扇之，则色泽自然光莹矣。

【注释】

①爁（làn）：炙烤。

②翌日：指第二天。

③温温：和暖，不冷不热。

④十火：过十次火。

【译文】

茶饼烘焙的过程称为过黄，要先放入烈火中烘焙，之后沸汤煮过再进行炙烤，如此反复三次，而后再烤炙一夜，到第二天再用带烟的温火烘焙。火不能太炽烈，火太炽烈茶饼表面容易起泡而且色泽发黑。烟气也不要过于浓重，烟气浓重茶饼味道尽失而且容易焦苦。只要用和暖的小火就可以了。至于炙烤次数的多少，要看茶镑的薄厚而定。茶镑厚的，要过十次火到十五次火。茶镑薄的，要过六次火到八次火。烤足火的次数之后，再将烤过的茶饼入汤、上色。在出色之后，要将茶放置在密室之中，赶紧用扇子快速扇风，那么茶饼的色泽自然就光润晶莹了。

研茶之具，以柯为杵①，以瓦为盆，分团酌水，亦皆有数。上而胜雪、白茶以十六水，下而拣芽之水六，小龙凤四，大龙凤二，其余皆一十二焉。自十二水而上，曰研一团，自六水而下，曰研三团至七团。每水研之，必至于水干茶熟而后已。水不干，则茶不熟，茶不熟，则首面不匀，煎试易沉。故研夫尤贵于强有力者也。尝谓天下之理，未有不相须而成者②。有北苑之芽，而后有龙井之水。龙井之水清而且甘，昼夜酌之而不竭，凡茶自北苑上者皆资焉③。此亦犹锦之于蜀江④，胶之于阿井也⑤，讵不信然⑥？

【注释】

①柯：树枝。杵：捣物的棒槌。

②相须而成：指互相依靠，互相配合，以促使成功。须，依靠。《礼记·昏义》："故天子之与后，犹日之与月，阴之与阳，相须而后成者也。"

③资：取材，得益。

④锦之于蜀江：古代成都是蜀锦著名产地，以蜀江漂洗的为最好。蜀江，传说蜀人织锦濯其中则锦色鲜艳，濯于他水，则锦色暗淡，故又称"锦江"。

⑤阿井：在古东阿县城(今山东阳谷东北阿城镇)。井水清洌甘美，用以煮胶，称为“阿胶”。《水经·河水注》：“大城北门内西侧皋上有大井，其巨若轮，深六七丈，岁尝煮胶以贡天府，《本草》所谓阿胶也，故世俗有阿井之名。”

⑥讵(jù)不信然：难道不是这样吗？讵，难道。

【译文】

研磨茶的器具，用树枝来作杵，用瓦器作盆，根据茶等级不同研茶中兑水的次数也有规定。上到龙团胜雪、白茶，研茶时要加十六次水，下到拣芽，研茶时要加六次水，小龙凤团茶要加四次水，大龙凤团茶要加二次水，其余的大都要加十二次水。加十二次水以上的茶，叫做研一团，加六次水以下的茶，叫做研三团或研七团。在每次加水研茶时，一定要等到水干茶熟之后才停止。若是水不干，那么茶就不熟，茶不熟，那么茶饼的表面就不均匀，煎煮时就容易下沉。因此研磨茶叶的人要特别强壮而有力。我以前认为天下的道理没有不是互相依靠，以促使成功的。有北苑的茶叶，而后有龙井的泉水。龙井的泉水清洌而甘甜，即使日夜取用也不会枯竭，凡是北苑出产的贡茶都得益于龙井的泉水。这就好比蜀江水漂洗出最好的蜀锦，阿井制出最好的阿胶，难道不是这样的吗？

姚宽《西溪丛语》[①]：建州龙焙面北，谓之北苑。有一泉极清淡，谓之御泉。用其池水造茶，即坏茶味。惟龙团胜雪、白茶二种，谓之水芽，先蒸后拣。每一芽先去外两小叶，谓之乌蒂；又次取两嫩叶，谓之白合；留小心芽置于水中，呼为水芽。聚之稍多，即研焙为二品，即龙团胜雪、白茶也。茶之极精好者，无出于此。每銙计工价近二十千，其他皆先拣而后蒸研，其味次第减也。茶有十纲[②]，第一纲、第二纲太嫩，第三纲最妙，自六纲至十纲，小团至大团而止。

【注释】

①姚宽《西溪丛语》：即宋姚宽《姚氏残语》。

②纲：用作量词。批。

【译文】

姚宽《西溪丛语》记载：建州龙焙面向北方，称为北苑。有一眼泉，泉水极其清淡，称为御泉。用池子里面的水来制造茶，就会破坏茶原有的味道。只有龙团胜雪和白茶这两种，被称为水芽，水芽要先蒸熟然后再摘拣。每一片茶芽都要先剥去外面的两片小叶子，称为乌蒂；其次还要摘取里面的两片小嫩叶，称为白合；留下中心小芽置于水中，称为水芽。积聚稍多之后，研制、烘焙为二品，即龙团胜雪、白茶。这两种茶是茶中极品，没有超过这两种的。每一銙茶加工制作的费用将近二十千，其他的茶都是先挑拣而后才蒸制研磨，其味道也依次递减。贡茶一共有十个批次，其中第一、第二批的茶太嫩，第三批的茶最好，自第六批到第十批的茶，由小团至大团而止。

黄儒《品茶要录》：茶事起于惊蛰前，其采芽如鹰爪。初造曰试焙，又曰一火，其次曰二火。二火之茶，已次一火矣。故市茶芽者，惟伺出于三火前者为最佳。尤喜薄寒气候①，阴不至冻。芽发时尤畏霜，有造于一火、二火者皆遇霜，而三火霜霁②，则三火之茶胜矣。晴不至于暄③，则谷芽含养约勒而滋长有渐④，采工亦优为矣。凡试时泛色鲜白，隐于薄雾者，得于佳时而然也。有造于积雨者，其色昏黄，或气候暴暄，茶芽蒸发，采工汗手薰渍，拣摘不洁，则制造虽多，皆为常品矣。试时色非鲜白，水脚微红者⑤，过时之病也。

【注释】

①薄寒：微寒。

②霜霁：霜冻的天气消失。霁，泛指风霜雨雪停止，天气晴好。

③暄（xuān）：炎热。

④含养约勒：指茶叶的养分内敛不外泄。约勒，约束。滋长有渐：生长有度，不快也不慢。

⑤水脚：试茶后杯壁留下的水痕。宋苏轼《和蒋夔寄茶》："沙溪北苑强分别，水脚一线争谁先？"

【译文】

黄儒《品茶要录》记载：制作茶叶要在惊蛰之前开始，采摘的茶芽像鹰爪一样细小。第一次制造称为试焙，又叫一火，其次叫二火。二火所制的茶叶，已经次于一火所制的茶叶了。因此市场上所卖的茶叶，只有认准在三火之前的茶叶才是最好的。特别喜欢微凉天气下采摘的茶叶，虽然天气阴冷但还不至于冰冻。初生的茶芽最怕见风霜，有的在一火、二火制茶时会遇到风霜，到三火时霜冻已经消散，因此三火所制的茶叶就是最好的。天气晴朗但尚未炎热时，茶叶的养分内敛不外泄，生长有度，对于采制茶叶的人来说这是最佳的时机。只要是烹试时泛出鲜白色，隐隐约约好像处于薄雾之中的茶叶，都是在最佳时节采制的好茶。茶叶采制时碰上雨水多的天气，那么煮出来的茶汤色泽昏暗发黄，碰上阳光曝晒的时候，茶芽水分蒸发，采茶人汗手熏染浸渍，采摘的茶叶也拣择不干净，虽然制造的茶叶数量很多，但都是平常的品类。烹试时茶汤色泽不是鲜白的，试茶后杯壁留下的水痕有一点泛红，这就是茶叶采制超过了适当时机的弊病。

茶芽初采，不过盈筐而已，趋时争新之势然也[①]。既采而蒸，既蒸而研。蒸或不熟，虽精芽而所损已多。试时味作桃仁气者，不熟之病也。唯正熟者，味甘香。

【注释】

①趋时争新：迎合时尚，争着出新。

【译文】

茶芽初次采摘，也不过一满筐而已，这是迎合时尚，争着出新的形势所造成。茶芽采摘之后要蒸制，蒸熟之后还要再进行研茶。蒸茶如果没有蒸熟的话，即使是精选的茶芽也会受到很大损失。烹试时茶中带核桃仁的气味，就是茶芽没有蒸熟的弊病。只有正好蒸熟的茶芽，茶的味道才会甘甜清香。

蒸芽，以气为候①，视之不可以不谨也②。试时色黄而粟纹大者，过熟之病也。然过熟愈于不熟③，以甘香之味胜也。故君谟论色，则以青白胜黄白。而余论味，则以黄白胜青白。

【注释】

①以气为候：以蒸汽强弱为标准。

②谨：谨慎。

③愈：胜过。

【译文】

蒸制茶芽，以蒸汽强弱为标准，所以观测不可以不谨慎。烹试的时候，如果茶色泛黄而且粟纹过大的，这是蒸得过熟的弊病。然而蒸得过熟胜过蒸得不熟的茶叶，因为甘甜清香的味道要胜过蒸得不熟的茶叶。因此蔡襄在评论茶的色泽时，以青白色胜过黄白色。而我论茶的味道，则认为黄白色要胜过青白色。

茶，蒸不可以逾久，久则过熟，又久则汤干而焦釜之气出①。茶工有乏薪汤以益之，是致蒸损茶黄。故试时色多昏黯,气味焦恶者,焦釜之病也。建人谓之热锅气。

【注释】

①焦釜:古代制茶时茶病的术语。指蒸青过久而使釜中水烧干致使焦糊之气入茶。

【译文】

茶,蒸的时间不可以太长,蒸的时间太长茶叶就容易过熟,而且也容易把水分烤干致使焦糊之气入茶。蒸茶的工匠这时要往里面加进新水,这就使得蒸制的茶叶损坏变黄。所以在试茶时茶汤色泽昏暗,气味焦糊难闻的,正是这种锅底焦糊的弊病。建安人将这种气味称为热锅气。

夫茶,本以芽叶之物就之棬模①。既出棬,上笪焙之②,用火务令通热,即以灰覆之,虚其中,以透火气。然茶民不喜用实炭③,号为冷火。以茶饼新湿,急欲干以见售,故用火常带烟焰④。烟焰既多,稍失看候,必致薰损茶饼。试时其色昏红,气味带焦者,伤焙之病也。

【注释】

①棬(quān)模:用曲木制作的模具。

②笪(dá):粗竹席。

③实炭:完全炭化的木炭。

④烟焰:带有烟和火焰的明火。

【译文】

茶叶,本来只是植物的叶芽,采制之后放入棬模压制成型。压制成型后取出,放在粗竹席上用炭火烘烤,烘烤时火一定要通畅透彻,然后再将炉灰覆盖在炭火上面,灰和炭火的中间要虚,这样可以透出火气。然而茶农不喜欢用实炭，称为冷火。由于刚制的新茶饼都会带有湿气，茶农希望快速烘干以待出售，所以烘烤时常常会有带有烟和火焰的明火。烟和火焰过大，烘烤时稍不留意照看，就会熏坏和烤糊茶饼。烹试时茶汤色泽昏暗发红，带有焦糊气味的，那就是烘烤时茶饼熏烤过头的弊病。

茶饼光黄而又如阴润者①，榨不干也。榨欲尽去其膏，膏尽则有如干竹叶之意。唯喜饰首面者，故榨不欲干，以利易售。试时色虽鲜白，其味带苦者，渍膏之病也。

【注释】

①阴润：阴湿滋润。

【译文】

茶饼表面光润发黄而又阴湿滋润的，那就是蒸熟的茶叶没有榨干茶汁的缘故。所以榨茶就应该将茶汁完全去尽，使得茶汁尽除的茶叶就像干竹叶一样。然而有人为了装饰茶饼表面光泽，故意不把茶叶的茶汁榨干，以便利于销售。烹试时茶的色泽虽然鲜白，但却会带有苦味，这就是茶叶中含有茶汁的弊病。

茶色清洁鲜明，则香与味亦如之。故采佳品者，常于半晓间冲蒙云雾而出①，或以瓷罐汲新泉悬胸臆间②，采得即投于中，盖欲其鲜也。如或日气烘烁③，茶芽暴长，工力不给，其采芽已陈而不及蒸，蒸而不及研，研或出宿而后制④，试时色不鲜明，薄如坏卵气者，乃压黄之病也。

【注释】

①半晓：拂晓。冲蒙云雾：顶着云雾。

②胸臆间：胸前。

③日气烘烁：阳光强烈。

④出宿：住宿于外。此指超过一夜。

【译文】

茶的色泽清洁鲜明，那么香气和味道也很好。所以要想采摘上好的茶叶，茶农常常都是在拂晓时就顶着云雾去采，或者在瓷罐里装上新汲的泉水挂在胸前，采得茶芽就立即投入水中，大概是为保持茶的新鲜。有时候阳光强烈，茶芽疯长，采茶人力不足，采摘的茶芽放的时间太久没有及时蒸制，蒸制之后又没有及时研磨，研磨后又要超过一夜才制作，烹试时茶的色泽就不会鲜明，而且会略带有臭鸡蛋的味道，这就是压了工时的茶黄带来的弊病。

茶之精绝者曰斗，曰亚斗，其次拣芽。茶芽，斗品虽最上，园户或止一株，盖天材间有特异[①]，非能皆然也。且物之变势无常，而人之耳目有尽[②]，故造斗品之家，有昔优而今劣、前负而后胜者。虽人工有至有不至，亦造化推移不可得而擅也[③]。其造，一火曰斗，二火曰亚斗，不过十数镑而已。拣芽则不然，遍园陇中择其精英者耳。其或贪多务得，又滋色泽，往往以白合盗叶间之。试时色虽鲜白，其味涩淡者，间白合盗叶之病也[④]。一凡鹰爪之芽，有两小叶抱而生者，白合也。新条叶之初生而白者，盗叶也。造拣芽者，只剔取鹰爪，而白合不用，况盗叶乎？

【注释】

①天材：天然的资源物产。

②耳目：耳闻目见。

③造化推移：自然的变化。擅：专有。

④盗叶：指新发枝条上初生的嫩枝。

【译文】

茶叶中的精品、绝品称为斗、亚斗，其次是拣芽。在所有的茶芽之中，斗品虽然是最上乘，但一个茶园里面也只有一棵这样的茶树，大概天然的资源物产也是有差异，不是所有茶树都能长出这样的精品茶芽。而且事物变化无常，人的耳闻目见又都有限，所以能够制作斗品的园户，有以前品质优良而现在品质粗劣的、也有以前品质低劣而现在品质优良的。虽然说有人工技艺的差异，然而随着自然的变化和时间的推移不可能使某人得以专有。茶叶的制造，一火称为斗，二火称为亚斗，每年不过能制造十几銙而已。然而拣芽就不是这样，遍寻茶园山陇之间，只要选择茶芽的精华就可以了。有时候茶农为贪图数量多，又为了滋润茶的色泽，往往把白合和盗叶也掺杂在茶芽里面。烹试时茶汤色泽虽呈鲜白色，味道却苦涩淡薄，这就是茶中掺杂了白合和盗叶的弊病。一个鹰爪那样的小茶芽，有两片很小的叶子合抱而生的，就是白合。茶树新枝条刚长出来的时候是白色的叶子，就是盗叶。采制拣芽的人，只是剔取中间的鹰爪，去掉白合而不用，何况是盗叶呢？

物固不可以容伪，况饮食之物，尤不可也。故茶有入他草者，建人号为入杂①。銙列入柿叶②，常品入桴槛叶③，二叶易致，又滋色泽，园民欺售直而为之。试时无粟纹甘香，盏面浮散，隐如微毛，或星星如纤絮者④，入杂之病也。善茶品者，侧盏视之，所入之多寡，从可知矣。向上下品有之，近虽銙列，亦或勾使⑤。

【注释】

①入杂：指茶叶中夹杂其他植物芽叶或杂物。

②锜列入柿叶:指在制造锜茶时掺杂有柿树的叶子。

③桴槛叶:不详。

④纤絮:棉絮丝。

⑤亦或勾使:也有被引诱而做出入杂的行为。勾使,勾引而为。

【译文】

人们日常所用的物品都容不得掺假,何况饮食用的物品,就更不可以了。因此茶叶中如果掺杂其他的草木叶子,建安人就将其称为入杂。在制造锜茶时掺杂有柿树叶子,平常的品类会掺杂桴槛叶子,因为这两种叶子容易得到,而且又能够增加茶叶的色泽,是茶农为了欺骗客商卖好价钱才这样做的。这种茶叶烹试时没有粟纹,而且味道并不甘甜清香,茶汤表面浮散,隐隐有微小细毛,或星星点点好像棉絮丝一般,这就是茶叶中入杂的弊病。善于品茶的人,会将茶杯侧过来看,那么茶中掺入杂叶的多少就可以知道了。以前通常上品、下品茶叶有入杂现象,近来即使锜茶,也有被引诱而做出入杂的行为。

《万花谷》[①]:龙焙泉在建安城东凤凰山,一名御泉。北苑造贡茶,社前芽细如针,用此水研造,每片计工直钱四万分。试其色如乳,乃最精也。

【注释】

①《万花谷》:即《锦绣万花谷》,全书前、后、续共一百二十卷,不著撰者姓氏。序中言本书录述古人文集、佛老异书,至于百家传记、医技、稗官、齐谐小说等。全书内容庞博,包含天文、地理、宗教、官职、内廷、器物、礼法、风俗、历史、诗文、音乐等多个方面。

【译文】

《锦绣万花谷》记载:龙焙泉在建安城东侧凤凰山,又叫做御泉。北苑制造贡茶，社前茶茶芽像针一样细小，用龙焙泉泉水加以研造，每片茶合计工值四万钱。烹试时茶汤的色泽像乳汁一样，就是茶中的最佳者。

《文献通考》[1]：宋人造茶有二类，曰片，曰散。片者即龙团旧法，散者则不蒸而干之，如今时之茶也。始知南渡之后[2]，茶渐以不蒸为贵矣。

【注释】

①《文献通考》：简称《通考》，三百四十八卷，宋末元初马端临编撰。该书记述了从上古到宋朝宁宗时期的典章制度，是继《通典》《通志》之后，规模最大的一部记述历代典章制度的著作，和《通典》《通志》合称“三通”。马端临（1254—1323），字贵与，号行洲。乐平（今属江西）人。另著有《多识录》《义根墨守》等。

②南渡：犹南迁。宋高宗渡长江迁于南方建都，故史称南渡。

【译文】

马端临《文献通考》记载：宋朝人制造茶叶分为两种，一种称为片茶，一种称为散茶。片茶就是采用龙凤团茶的传统制造方法，散茶就是将茶叶不进行蒸制而直接烘干，就像今天的制茶方法。由此可知在宋室南渡之后，茶叶渐渐以不蒸制的为贵了。

《学林新编》[1]：茶之佳者，造在社前；其次火前，谓寒食前也；其下则雨前，谓谷雨前也。唐僧齐己诗曰：“高人爱惜藏岩里，白甄封题寄火前。”[2]其言火前，盖未知社前之为佳也。唐人于茶，虽有陆羽《茶经》，而持论未精。至本朝蔡君谟《茶录》，则持论精矣。

【注释】

①《学林新编》：或称《学林》，十卷，宋王观国撰。书名系取《汉书·叙传》"正文字惟学林"之语。该书以考辨文字的形体、音韵和字义为主，博引《十三经》《史记》《汉书》及前人诗文，广采《说文解字》《玉篇》《广韵》《经典释文》等注疏笺释之说，资料搜集详备，论述得失，考证异同，往往有独到之见。王观国，字彦宾。长沙（今属湖南）人。宋文字学家。

②"唐僧齐己诗曰"几句：即僧人齐己的《闻道林诸友尝茶因有寄》诗。齐己（864—943?），唐末五代诗僧，本姓胡，名得生。长沙（今属湖南）人。甀（zhuì），古代坛子一类的瓦器。

【译文】

王观国《学林新编》记载：茶中精品，要在春社以前制造；其次要在火前，就是寒食节以前制造；最下等的是雨前茶，就是在谷雨之前制造。唐代僧人齐己《闻道林诸友尝茶因有寄》诗中写道："高人爱惜藏岩里，白甀封题寄火前。"这里所说的火前茶，大概是他还不知道社前茶为最好的缘故。唐代人对茶的研究，虽然已经有陆羽的《茶经》，但是所持论点还不精深。直到本朝蔡襄的《茶录》，才达到持论精深的地步。

《苕溪诗话》[①]：北苑，官焙也，漕司岁贡为上[②]；壑源，私焙也，土人亦以入贡，为次。二焙相去三四里间。若沙溪，外焙也，与二焙绝远，为下。故鲁直诗"莫遣沙溪来乱真"是也。官焙造茶，尝在惊蛰后。

【注释】

①《苕溪诗话》：即宋胡仔《苕溪渔隐丛话》。

②漕司：亦称漕运司。管理催征税赋、出纳钱粮、办理上供以及漕

运等事的官署或官员。北宋称转运司,南宋称漕司,元代称漕运司。

【译文】

胡仔《苕溪渔隐丛话》记载:北苑,是官府的茶焙,制造转运司每年的贡茶,称为上品;壑源,是民间私人茶焙,当地人也会制作贡茶,茶的品质稍次。这两处茶焙相隔三四里远。如沙溪,就称为外焙,与北苑和壑源相隔很远,茶叶品质低下。所以黄庭坚有"莫遣沙溪来乱真"的诗句,说的正是这种情况。官焙烘制茶叶,常常是在惊蛰以后。

朱翌《猗觉寮记》①:唐造茶与今不同,今采茶者得芽即蒸熟焙干,唐则旋摘旋炒。刘梦得《试茶歌》②:"自傍芳丛摘鹰嘴③,斯须炒成满室香。"又云:"阳崖阴岭各不同,未若竹下莓苔地④。"竹间茶最佳⑤。

【注释】

①朱翌《猗觉寮记》:即《猗觉寮杂记》,二卷,宋朱翌撰。"猗觉寮"可能是作者的书斋名,引作书名。上卷是诗话,仅考证典据而不评论诗的工拙;下卷杂论文章,兼及史事。朱翌(1097—1167),字新仲,号灊山居士、省事老人。舒州怀宁(今安徽潜山)人。另著有《灊山集》《灊山诗馀》等。

②刘梦得《试茶歌》:即唐刘禹锡《西山兰若试茶歌》。刘梦得,即刘禹锡(772—842),字梦得。洛阳(今属河南)人。有"诗豪"之称。著有《刘禹锡集》等。

③鹰嘴:指茶芽,初生茶芽似鹰嘴,故名。

④莓苔:青苔。

⑤竹间茶:唐代名茶。永州(今湖南零陵)龙兴寺采制。龙兴寺首

创我国历史上茶园庇荫栽培法。在今一些茶区仍采用茶竹间种法。

【译文】

朱翌《猗觉寮杂记》记载：唐代制茶方法与今天不同，今天采摘的茶芽会马上蒸熟再烘焙干，唐人则是将采摘下来的茶芽随即翻炒。刘禹锡在《西山兰若试茶歌》写道："自傍芳丛摘鹰嘴，斯须炒成满室香。"又写道："阳崖阴岭各不同，未若竹下莓苔地。"生长在竹林之间的茶叶品质最好。

《武夷志》：通仙井在御茶园，水极甘洌，每当造茶之候，则井自溢，以供取用。

【译文】

《武夷志》记载：通仙井在御茶园，水质非常甘美清澄，每当制造茶叶的时候，井水就会自然溢出，以供人们取用。

《金史》①：泰和五年春②，罢造茶之防。

【注释】

①《金史》：一百三十五卷，元脱脱主修。记载了上起收国元年(1115)阿骨打称帝建立金朝，下至天兴三年(1234)蒙古灭金一百二十年历史。脱脱(1314—1356)，亦作托克托、脱脱帖木儿，蔑里乞氏，字大用，蒙古族蔑儿乞人。另主修《辽史》《宋史》。

②泰和五年：1205年。泰和，金章宗年号(1201—1208)。

【译文】

脱脱《金史》记载：泰和五年春天，废除了造茶的禁令。

张源《茶录》[①]：茶之妙，在乎始造之精，藏之得法，点之得宜[②]。优劣定于始铛[③]，清浊系乎末火[④]。

【注释】

①张源《茶录》：一卷，明张源撰。分采茶、造茶、辨茶、藏茶、火候等二十三则。张源，字伯渊，号樵海山人。包山（今江苏苏州）人。

②点之得宜：冲泡方法要合适。

③始铛（chēng）：初入锅时。铛，锅。

④末火：最后的火候。

【译文】

张源《茶录》记载：茶叶的奥妙，在于制造时要精益求精，收藏要得法，冲泡方法要适宜。茶叶品质的优劣，在开始入锅炒制时就决定了，而茶汤的清浊取决于最后的火候。

火烈香清，铛寒神倦[①]。火烈生焦，柴疏失翠。久延则过熟，速起却还生。熟则犯黄，生则着黑。带白点者无妨，绝焦点者最胜。

【注释】

①铛寒：锅中温度不够。神倦：茶的滋味不纯正。

【译文】

火力强烈，茶的滋味就清香宜人；锅中温度不够，茶的滋味就不纯正。火力太强烈，茶容易被烘焦；柴薪火力太小，茶容易失去翠色。蒸制时间太久，茶叶就会过熟；蒸制时间短，茶叶又会不熟。过熟，茶叶会泛出黄色；不熟，茶叶就会带有黑色。带白点的茶并没有大碍，一点也没炒焦的茶最好。

藏茶切勿临风近火。临风易冷,近火先黄。其置顿之所,须在时时坐卧之处,逼近人气,则常温而不寒。必须板房[①],不宜土室[②]。板房温燥,土室潮蒸。又要透风,勿置幽隐之处[③],不惟易生湿润[④],兼恐有失检点[⑤]。

【注释】

①板房:木板隔成的房间。

②土室:土屋。

③幽隐之处:指隐蔽之处。

④不惟:不仅,不但。

⑤检点:查看,查点。

【译文】

储藏茶叶千万不要临近风口和靠近火的地方。临近风口,茶叶就容易受冷;靠近火,茶叶的色泽就会先变黄。茶叶设置安顿的处所,必须在我们经常坐卧起居的地方,靠近人气,就会使茶保持恒温的状态而不会寒冷。茶叶必须放在木板隔成的房间,不适合用土屋来贮藏。因为木板隔成的房间温暖干燥,土屋则潮湿蒸热。在贮藏茶叶的时候还要注意通风,不要放置在隐蔽的地方,因为那样不仅容易潮湿,还恐怕容易忘记查看。

谢肇淛《五杂俎》:古人造茶,多舂令细[①],末而蒸之。唐诗"家僮隔竹敲茶臼"是也。至宋始用碾。若揉而焙之,则本朝始也。但揉者,恐不及细末之耐藏耳。

【注释】

①舂(chōng):把东西放在石臼或钵里捣去皮壳或捣碎。

【译文】

谢肇淛《五杂组》记载:古人制造茶叶,大多是将茶叶舂捣成细末,然后再将茶叶上笼蒸熟。唐诗中所说“家僮隔竹敲茶臼”就是指的这种情况。到了宋朝开始用茶碾。将茶揉在一起烘焙,是从本朝开始。但是揉的茶,恐怕不如研成细末容易收藏。

今造团之法皆不传,而建茶之品,亦远出吴会诸品下①。其武夷、清源二种,虽与上国争衡②,而所产不多,十九赝鼎③,故遂令声价靡复不振。

【注释】

①吴会:古地区名。指今江浙一带。宋范成大《吴郡志》卷四八:“吴本秦会稽郡,后汉分为吴、会稽二郡。后世指二浙之地,通称吴会。”

②上国:春秋时称中原各诸侯国为上国,与吴楚诸国相对而言。此指江浙诸名茶。争衡:争强好胜,比试高低。

③赝鼎:伪造的鼎,泛指赝品。

【译文】

如今制造团茶的方法都不再流传,因而建茶的品质也远在江浙各个品种之下。其中福建的武夷茶、清源茶两个品种,虽然能与江浙诸名茶比试高低,然而产量不多,而且十之八九是赝品,所以使得福建茶的名誉身价一直萎靡不振。

闽之方山、太姥、支提①,俱产佳茗,而制造不如法,故名不出里闬②。予尝过松萝,遇一制茶僧,询其法,曰:“茶之香,原不甚相远,惟焙之者火候极难调耳。茶叶尖者太嫩,而蒂多老。至火候匀时，尖者已焦，而蒂尚未熟。二者杂之，茶安得佳？”制松萝者，每叶皆剪去其尖蒂，但留中段，故茶皆一色。而工力烦矣，宜其价之高也。闽人急于售利，每斤不过百钱，安得费工如许？若价高，即无市者矣。故近来建茶所以不振也。

【注释】

①方山：即今福建五虎山。由福州市南望，端方如几，故又名“方山”。因产露芽茶而闻名。太姥：即今福建太姥山。因产太姥山古白茶而闻名。支提：即福建支提山。因产支提茶而闻名。

②里闬(hàn)：里门。代指乡里。

【译文】

福建的方山、太姥山、支提山等地都出产好茶，然而没有好的制茶方法，因此名声不出乡里。我曾经到过松萝山，遇到一位制茶的僧人，并向他询问制茶的方法，他说：“茶叶本身的香味，原本相差不多，只是在烘焙的时候火候特别难把握罢了。茶叶尖部太嫩，而蒂部又太老。所以在烘焙时火候均匀，尖部已经焦枯，而蒂部却还没有炒熟。将两者掺杂在一起烘焙，又怎么能制出上好的茶叶呢？”制造松萝茶时，每片叶子都要剪掉尖部和蒂部，而只保留中间的部分，因此制成的茶色泽一样。然而工序、人力方面过于烦琐，价格也应该高昂。福建人急于卖出赚钱，每斤茶不超过百钱，又怎么会耗费那么多工夫制茶呢？如果价格太高，就没有市场了。因此近年来福建茶一直萎靡不振。

罗廪《茶解》：采茶制茶，最忌手汗、体膻、口臭、多涕、不洁之人及月信妇人[①]，更忌酒气。盖茶酒性不相入，故采茶制茶，切忌沾醉[②]。

【注释】

①膻：像羊肉的气味。月信：月经。按月而至，如潮有信，故称。

②沾醉：大醉。因酒醉时胸襟沾湿，故称。

【译文】

罗廪《茶解》记载：在采茶和制茶时，最忌讳手上有汗、身体有膻味、口臭、多鼻涕、不干净的人和月经期间的妇人，更忌讳带有酒气。这是因为茶和酒的本性不相宜，所以在采茶和制茶时，最忌讳醉酒。

茶性淫[①]，易于染着[②]，无论腥秽及有气息之物不宜近[③]，即名香亦不宜近。

【注释】

①淫：过多，过甚。此指发散快。

②染着：污染，沾染。

③腥秽：腥气，污秽。气息：气味。

【译文】

茶的本性发散快，容易沾染，所以无论是腥气、污秽以及有气味的物品都不宜接近，即使名贵香料也不宜接近。

许次纾《茶疏》：岕茶非夏前不摘。初试摘者，谓之开园；采自正夏，谓之春茶。其地稍寒，故须待时，此又不当以太迟病之。往时无秋日摘者，近乃有之。七八月重摘一番，谓之早春。其品甚佳，不嫌少薄。他山射利[①]，多摘梅茶[②]，以梅雨时采故名。梅茶苦涩，且伤秋摘，佳产戒之。

【注释】

①射利：谋取财利。

②梅茶：指江南梅雨季节采制的茶。

【译文】

许次纾《茶疏》记载：岕茶不到立夏之前不采摘。初次采摘的茶叶，称为开园；立夏时采摘的茶叶，称为春茶。气候稍微冷的话，就需要等待一段时间，对此又不能以采摘太迟而责备。以前没有在秋天采茶的，近来才有人这样做。在七八月份时再重新采摘一次，称为早春。采来的茶叶品质很好，饮用起来没有味道淡薄的感觉。其他山上的茶农为了谋取财利，大多会去采摘梅茶，因是在梅雨季节采制的而得名。梅茶的味道又苦又涩，而且还会有损于秋天的采摘，品种优良的茶树要禁止采摘梅茶。

茶初摘时，香气未透，必借火力以发其香。然茶性不耐劳，炒不宜久。多取入铛，则手力不匀。久于铛中，过熟而香散矣。炒茶之铛，最忌新铁。须预取一铛以备炒，毋得别作他用。一说惟常煮饭者佳，既无铁腥，亦无脂腻[①]。炒茶之薪，仅可树枝，勿用干叶。干则火力猛炽[②]，叶则易焰、易灭。铛必磨洗莹洁，旋摘旋炒。一铛之内，仅可四两，先用文火炒软，次加武火催之。手加木指[③]，急急炒转，以半熟为度，微俟香发，是其候也。

【注释】

①脂腻：油腻，油脂。

②猛炽：猛烈炽热。

③木指：炒茶时用的一种工具。

【译文】

茶芽刚开始采摘时，香气没有完全散发，必须要借助火力炒制以使茶的香气散发出来。然而茶叶本性又耐不住折腾,所以炒制时间不应过长。如果锅里放了太多的茶,那么在炒制时用力就不会很均匀。放在锅里面的时间要是过长,茶叶炒得过熟那么香气也就散尽了。炒茶的锅,最忌讳的就是新的铁锅。必须事先准备一口炒茶时专用的锅,不得作其他用途。也有人说要用经常煮饭的锅最好,既没有铁腥味,也没有油腻味。炒茶用的柴火,只能用树枝,而不能用树干和树叶。因为树干燃烧时火力猛烈炽热,树叶燃烧时易产生火焰又容易熄灭。炒茶时,锅要洗得干干净净,茶叶要随摘随炒。一锅只能放四两茶叶,要先用小火将茶叶炒软,再用大火催熟。手上戴上木指快速翻炒,炒到半熟为准,等到茶的香味微微散发出来,也就到火候了。

清明太早,立夏太迟,谷雨前后,其时适中。若再迟一二日,待其气力完足,香烈尤倍,易于收藏。

【译文】

清明时采摘太早,立夏时采摘又太晚,只有在谷雨前后,时间正合适。如果再晚一两天,等茶叶蕴涵的气力充分释放,清香甘冽成倍增长,而且容易收藏。

藏茶于庋阁①,其方宜砖底数层,四围砖砌。形若火炉,愈大愈善,勿近土墙。顿瓮其上,随时取灶下火灰,候冷,簇于瓮傍。半尺以外,仍随时取火灰簇之,令里灰常燥,以避风湿。却忌火气入瓮,盖能黄茶耳。日用所须,贮于小磁瓶中者,亦当箬包苎扎②,勿令见风。且宜置于案头,勿近有气味之物,亦不可用纸包。盖茶性畏纸,纸成于水中,受水气多也。纸裹一夕,即随纸作气而茶味尽矣。虽再焙之,少顷即润。雁荡诸山之茶，首坐此病。纸帖贻远，安得复佳？

【注释】

①庋（guǐ）阁：搁置器物的架子。

②苎（zhù）：植物名。苎麻。

【译文】

将茶叶存放在庋阁，方法是用几层砖铺地，四周也用砖围砌起来。形状如同火炉，越大越好，不要靠近土墙。把收藏茶叶的瓮放置在上面，随时取灶下的火灰，等冷却了，再堆放在瓮周围。在半尺以外，仍然要随时取火灰堆起来，使里面的灰能够长期保持干燥，以避免风和潮气。但要切忌让火气进入瓮里面，因为这会使茶叶变黄。日常所用的茶，贮存在小瓷瓶中，也应当用箬竹叶包裹苎麻绳扎起来，不要见风。而且适合放在几案或书桌上，不要接近有气味的物品，也不能用纸来包裹。这大概是因为茶的本性比较怕纸，而纸是在水中制成的，所以接受水气较多。用纸包裹茶叶一个晚上，茶就会吸收纸中水气从而使茶的味道败坏殆尽了。虽然再将茶烘焙一次，可一会儿就又湿润了。雁荡各山所产的茶叶，首先就有这个毛病。用纸包裹茶叶寄赠给远方的亲友，怎么还能再有好茶呢？

茶之味清，而性易移，藏法喜温燥而恶冷湿，喜清凉而恶郁蒸[①]，宜清触而忌香惹。藏用火焙，不可日晒。世人多用竹器贮茶，虽加箬叶拥护，然箬性峭劲[②]，不甚伏帖[③]，风湿易侵。至于地炉中顿放，万万不可。人有以竹器盛茶，置被笼中，用火即黄，除火即润。忌之！忌之！

【注释】

①郁蒸：闷热。

②峭劲：挺拔坚劲，刚健。

③伏帖：平伏而紧贴在上面。

【译文】

茶叶的味道清香，然而其本性容易转变，储藏时喜欢温暖干燥而忌冰冷潮湿，喜欢清凉而忌闷热，喜欢清新之气而忌沾染香气。收藏时要用炭火烘焙，不能让太阳直晒。世人多用竹器来贮存茶叶，虽然加上箬竹叶来保护，然而箬竹生性挺拔坚劲，不能平伏而紧贴在上面，风和湿气也容易侵入。至于将茶放置地炉里，更是绝对不行。有人用竹器来盛茶，并将其放在笼中，用火烘烤马上变黄，离开火马上湿润。这种方法切忌不可使用，这是大忌！

闻龙《茶笺》：尝考《经》言，茶焙甚详。愚谓今人不必全用此法。予构一焙室[①]，高不逾寻[②]，方不及丈，纵广正等[③]。四围及顶绵纸密糊[④]，无小罅隙[⑤]，置三四火缸于中，安新竹筛于缸内，预洗新麻布一片以衬之。散所炒茶于筛上，阖户而焙[⑥]。上面不可覆盖，以茶叶尚润，一覆则气闷罨黄[⑦]，须焙二三时，俟润气既尽，然后覆以竹箕[⑧]。焙极干出缸，待冷，入器收藏。后再焙，亦用此法，则香色与味犹不致大减。

【注释】

①构：建造。

②寻：古代的长度单位，一寻等于八尺。

③纵广：长度与宽度。正等：相等。

④绵纸：一种用树木的韧皮纤维制成的纸。色白柔韧，纤维细长如绵，故称。

⑤罅(xià)隙：缝隙，裂缝。

⑥阖户：闭门。

⑦罨(yǎn)黄：指掩盖发酵物，保湿保温，以利霉菌发育，长成黄色孢子。

⑧竹箕：用竹编的簸箕。

【译文】

闻龙《茶笺》记载：我曾经考察《茶经》里面讲述茶焙的方法，非常详尽。我认为现在不必完全采用这个方法。我自己建造一间用来焙茶的屋子，高不超过八尺，方不过一丈，长和宽相等。四周和房顶都用绵纸糊得很细密，不留一点缝隙，再放置三四个火缸于室内，把新的竹筛放在缸里，用事先洗过的一片新麻布衬着。然后再将炒过的茶叶散放在竹筛上面，关上门进行烘焙。竹筛上面不能覆盖东西，因为那时茶叶还比较湿润，一旦覆盖上东西就会使通气不顺而颜色变黄，必须再烘焙两三个时辰，等到茶叶湿润的气息完全散尽，然后盖上用竹编的簸箕。这样直到烘焙非常干燥的时候出缸，等待冷却以后放入器具收藏。以后再进行烘焙，也用这种方法，那么茶的香味、色泽就不会大幅度减弱。

诸名茶法多用炒，惟罗岕宜于蒸焙，味真蕴藉[①]，世竞珍之。即顾渚、阳羡，密迩洞山[②]，不复仿此。想此法偏宜于岕，未可概施诸他茗也。然《经》已云“蒸之焙之”，则所从来远矣。

【注释】

①蕴藉：含而不露。

②密迩：贴近，靠近。

【译文】

名茶大多炒制而成，只有罗岕茶适宜蒸焙，味道真的含而不露，世人争相珍藏。即使顾渚、阳羡，靠近洞山等地的茶也不再仿照这种方法来制作。我认为这种方法只适宜于罗岕茶，不可以把它一概施用于其他茶叶。然而《茶经》已经说“蒸之焙之”，那这种说法由来已久了。

吴人绝重岕茶，往往杂以黑箬，大是阙事①。余每藏茶，必令樵青入山采竹箭箬②，拭净烘干，护罂四周③，半用剪碎拌入茶中。经年发覆④，青翠如新。

【注释】

①阙事：遗憾的事。

②樵青：年轻的打柴人。

③罂：古代大腹小口的盛贮器。

④经年：经过一年。发覆：揭除蔽障。此指打开封口。

【译文】

苏州人特别推崇罗岕茶，经常掺杂青黑色的箬竹叶，这是令人很遗憾的事情。我每次收藏茶叶时，都一定会让年轻的打柴人到山里面去采摘竹箭叶，将其擦拭干净后再烘干，然后围在罂的四周，另有一半剪碎拌进茶叶中。过了一年再打开封口，茶叶依然青翠如新。

吴兴姚叔度言：“茶若多焙一次，则香味随减一次。”予验之良然①。但于始焙时，烘令极燥，多用炭箬，如法封固，即梅雨连旬②，燥仍自若。惟开坛频取，所以生润，不得不再焙耳。自四月至八月，极宜致谨。九月以后，天气渐肃，便可解严矣③。虽然，能不弛懈尤妙④。

【注释】

①良然：果然如此。

②连旬：接连数旬。

③解严：解除非常的戒备措施。此指可以开坛取用。

④弛懈：松懈，放松。

【译文】

吴兴的姚叔度说："茶叶如果多烘焙一次，那么香味就会随之减少一次。"我试时果然如此。但是开始烘焙的时候，要是把茶叶烘焙得特别干燥，多用木炭和箬竹叶，按照上述方法牢固封存，那么即使接连数旬的梅雨，茶叶依然像原来一样干燥。只是经常打开坛子取茶，才使茶受潮，不得不再次烘焙罢了。自四月到八月间，尤应加倍小心谨慎。九月以后，天气渐渐变冷，便可以开坛取用了。即使这样，能不经常开坛更好。

炒茶时须用一人从傍扇之，以祛热气，否则茶之色香味俱减，此予所亲试。扇者色翠，不扇者色黄。炒起出铛时，置大磁盆中，仍须急扇，令热气稍退。以手重揉之，再散入铛，以文火炒干之。盖揉则其津上浮，点时香味易出。田子艺以生晒不炒不揉者为佳①，其法亦未之试耳。

【注释】

①田子艺：即田艺蘅（1524—?），字子艺，号品嵒子。钱塘（今浙江杭州）人。著有《田子艺集》《大明同文集》《留青日札》《煮泉小品》等。生晒：亦称"晒青"。按现代制茶理论解释，生晒即为鲜叶之失水萎凋过程。

【译文】

炒茶时需要一个人在旁边扇风，以便去除热气，否则茶的色泽和香味就都会大幅消减，我曾亲自试验过。有人扇风的茶叶色泽青翠，而无人扇风的茶叶色泽发黄。炒好出锅时，放入大瓷盆中，仍然需要用力急扇风,使热气能够稍微减退。用手反复揉搓,再次散入锅里,用小火干炒。因为揉搓会使茶的津液上浮,烹点时茶的香味就容易散发出来。田艺蘅认为只是生晒不炒不揉的茶叶最好,这种方法我没有试过。

《群芳谱》:以花拌茶,颇有别致。凡梅花、木樨、茉莉、玫瑰、蔷薇、兰、蕙、金橘、栀子、木香之属[①],皆与茶宜。当于诸花香气全时摘拌,三停茶[②],一停花,收于磁罐中,一层茶一层花相间填满,以纸箬封固入净锅中,重汤煮之,取出待冷,再以纸封裹,于火上焙干贮用。但上好细芽茶,忌用花香,反夺其真味。惟平等茶宜之[③]。

【注释】

①木樨:即桂花。蕙:即蕙兰。木香:荼蘼花的别名。观赏植物。蔓生,春末夏初开白色或黄色花,略有香气。

②停:成数,总数分成几份,其中一份叫一停。

③平等茶:平常的茶。

【译文】

王象晋《群芳谱》记载:用花来拌茶,颇为与众不同。大凡梅花、桂花、茉莉花、玫瑰花、蔷薇花、兰花、蕙兰花、金橘花、栀子花、木香之类,都与茶性相宜。应当在这些花的香气正浓时采摘下来拌入茶中,三份茶叶,一份花,收起来放进瓷罐里,要一层茶叶一层花相互隔开填满,用纸和箬竹叶封固好放进干净的锅里,再放入水里煮,取出来等冷却了以后,再用纸封裹起来,在火上烘焙干燥贮存待用。但是上好的细芽茶,忌用花香,因为会侵夺茶原本的味道。只有平常的茶叶适宜。

《云林遗事》[①]:莲花茶,就池沼中[②],于早饭前日初出时,择取莲花蕊略绽者，以手指拨开，入茶满其中，用麻丝缚扎，定经一宿。次早连花摘之，取茶纸包晒，如此三次。锡罐盛贮，扎口收藏。

【注释】

①《云林遗事》：一卷，明顾元庆撰。此书专记元末著名画家、诗人倪瓒事。倪瓒号云林，故题《云林遗事》。分高逸、诗画、洁癖、游寓、饮食五目，生动逼真地描写倪瓒神采风貌，反映了当时士大夫的风尚操守，具有较高的史料和文学价值。顾元庆（1487—1565），字大有，号大石山人。长洲（今江苏苏州）人。另著有《瘗鹤铭考》《夷白斋诗话》《茶谱》《阳山新录》《檐曝偶谈》《十友谱》《山房清事》等。

②池沼：池和沼。泛指池塘。

【译文】

顾元庆《云林遗事》记载：莲花茶，莲花盛开在池塘中，在早饭之前太阳刚出来时，选取略微绽放的莲花蕊，用手指拨开，往其中放满茶叶，用麻线或丝线捆扎紧，一定要经过一夜。第二天早晨同莲花一起采摘下来，用茶纸包起来晾晒，这样反复三次。再用锡罐装好贮存，把口封好收藏。

邢士襄《茶说》①：凌露无云②，采候之上③。霁日融和④，采候之次。积日重阴⑤，不知其可⑥。

【注释】

①邢士襄《茶说》：明邢士襄撰。邢士襄，字三若。《茶说》，仅见于此处。

②凌露：踏着露水。

③采候：采茶的时候。

④霁(jì)日：雨后初晴。融和：暖和。

⑤积日：累日，连日。重阴：指云层密布的阴天。

⑥不知其可：不知道怎么能行。

【译文】

邢士襄《茶说》记载：清晨踏着露水，天空无云，这是采摘茶叶的最好天气。雨后初晴天气暖和，这是采摘茶叶的较好天气。连日阴天或阴雨，不知道怎么能采茶。

田艺蘅《煮泉小品》：芽茶以火作者为次，生晒者为上，亦更近自然，且断烟火气耳。况作人手器不洁，火候失宜，皆能损其香色也。生晒茶瀹之瓯中[①]，则旗枪舒畅，清翠鲜明，香洁胜于火炒，尤为可爱。

【注释】

①瀹(yuè)：浸泡。

【译文】

田艺蘅《煮泉小品》记载：茶芽用火烘焙的品质稍差一些，以阳光晒制的茶叶品质最好，也更接近于自然本色，而且断绝烟火气味。况且制作人的手和器具不干净，火候掌握不恰当，都会损坏茶叶的香味和色泽。生晒的茶叶浸泡在茶瓯里，叶芽就会舒展，青翠鲜明，香味和洁净都胜过火炒的茶，尤其可爱。

《洞山茶系》：岕茶采焙定以立夏后三日，阴雨又需之。世人妄云“雨前真岕”，抑亦未知茶事矣。茶园既开，入山卖草枝者[①]，日不下二三百石。山民收制[②]，以假混真。好事家躬往予租[③]，采焙戒视惟谨[④]，多被潜易真茶去。人地相京，高价分买，家不能二三斤。近有采嫩叶、除尖蒂、抽细筋焙之[⑤]，亦曰片茶。不去尖筋，炒而复焙，燥如叶状，曰摊茶，并难多得。又有俟茶市将阑[⑥]，采取剩叶焙之，名曰修山茶，香味足而色差老。若今四方所货岕片，多是南岳片子，署为“骗茶”可矣。茶贾炫人，率以长潮等茶[⑦]，本岕亦不可得。噫！安得起陆龟蒙于九京[⑧]，与之赓《茶人诗》也[⑨]。茶人皆有市心，令予徒仰真茶而已。故余烦闷时，每诵姚合《乞茶诗》一过[⑩]。

【注释】

①草枝：宋代称散茶为草枝，相对团茶而言。

②收制：买来制茶。

③躬往：亲自前往。予租：租定。

④戒视惟谨：小心谨慎地监督。

⑤抽细筋：相当于抽细针。指将茶芽从两片茶叶中摘出。

⑥阑：尾声。

⑦长潮：即长潮岕，位于今浙江长兴县城西。

⑧九京：犹九泉。指地下。

⑨赓(gēng)：赓和。续用他人原韵或题意唱和。

⑩姚合(781？—846)：字大凝。陕州峡石(今河南陕县)人。授武功主簿，终秘书少监。世称姚武功，其诗派称武功体。著有《姚少监诗集》《极玄集》等。一过：一遍。

【译文】

周高起《洞山岕茶系》记载：罗岕茶的采摘和烘焙，一定在立夏后的第三天,遇到阴雨天就需要再推迟几天。世人妄言说“雨前真岕”,也许是因为不懂茶事。茶园开放以后,到山里面去卖的散茶,每天都不会少于二三百石。山里茶农买来制茶,用来以假乱真。喜欢茶事的人亲自前往山中租定茶园,采摘和烘焙的时候小心谨慎地监督,但也多被暗中替换了真正的茶叶。人们会竞相用高价来购买,这样的茶每家也不过二三斤罢了。近来有人采摘嫩叶、去掉叶尖和叶蒂、抽取细针来烘焙,这样的茶也称为片茶。如果不去掉叶尖、叶蒂和细针,炒完再烘焙干燥,形状像叶子,这样的茶被称为摊茶,也不易多得。还有等到茶市快结束时,用采摘剩下的茶叶来烘焙,称为修山茶,这种茶虽然香味充足但是色泽较老。就像如今各地卖的岕片茶,大多是南岳片子,可以称为“骗茶”了。茶商为了迷惑人,通常以长潮等地茶叶充数,真正的岕茶也不可能得到。唉!怎么能使陆龟蒙死而复生,与他一起唱和《茶人诗》呢?如今茶农都有赚钱之心,让我只能徒自仰望真正的茶而已。因此我在烦闷的时候,经常会诵读一遍姚合的《乞茶诗》。

《月令广义》①:炒茶每锅不过半斤,先用干炒,后微洒水,以布卷起,揉做。

【注释】

①《月令广义》:全书二十四卷,另卷首一卷,明冯应京撰,戴任续。分为岁令、每月令、春令、正月令等,所记有政典、事文、名数、气候、历考、礼节等。冯应京(1555—1606),字可大,号慕冈,谥恭节。盱眙(今属江苏)人。另著有《六家诗名物疏》《经世实用编》等。

【译文】

冯应京《月令广义》记载:炒茶的时候每锅不能超过半斤,首先将茶干炒,再稍微洒点水,用布卷起来揉搓。

茶择净微蒸，候变色，摊开，扇去湿热气。揉做毕，用火焙干，以箬叶包之。语曰："善蒸不若善炒，善晒不若善焙。"盖茶以炒而焙者为佳耳。

【译文】

茶叶要挑选干净的，稍微蒸一下，等到变了颜色再摊开，扇去湿气、热气。揉搓好后，用火将茶叶烘焙干燥，再用箬竹叶包起来。俗话说："善蒸不若善炒，善晒不若善焙。"大概就是茶叶在炒后再进行烘焙的为最好。

《农政全书》：采茶在四月。嫩则益人，粗则损人。茶之为道，释滞去垢①，破睡除烦②，功则著矣。其或采造藏贮之无法，碾焙煎试之失宜，则虽建芽浙茗，只为常品耳。此制作之法，宜亟讲也③。

【注释】

①释滞去垢：消除壅滞，祛除污垢。

②破睡除烦：破除睡意，清除烦恼。

③亟讲：多加练习研究。

【译文】

徐光启《农政全书》记载：采茶应该在四月。鲜嫩的茶对人的身体有益，粗老的茶对人的身体有害。茶可以消除壅滞，祛除污垢，破除睡意，清除烦恼，功用非常明显。但是如果在采摘、制造、贮藏的时候不讲究方法，研磨、焙制、烹试时又方法不得当，那么即使是建安贡茶、浙江名茶，也只能变为平常的品类而已。茶的制作方法，应该多加练习研究。

冯梦祯《快雪堂漫录》[1]：炒茶锅令极净。茶要少，火要猛，以手拌炒，令软净取出，摊于匾中[2]，略用手揉之。揉去焦梗，冷定复炒，极燥而止。不得便入瓶，置于净处，不可近湿。一二日后再入锅炒，令极燥，摊冷，然后收藏。

【注释】

①冯梦祯《快雪堂漫录》：一卷，明冯梦祯撰。多载神怪及因果报应之事。冯梦祯（1546—1605），字开之。秀水（今浙江嘉兴）人。另著有《快雪堂集》《历代贡举志》等。

②匾：一种用竹篾编成的器具，圆形的下底，边框很浅，用来养蚕、盛粮食等。

【译文】

冯梦祯《快雪堂漫录》记载：用来炒茶的锅要极其干净。放入茶叶要少，火势要猛烈，用手搅拌着炒，等茶软绵洁净了取出来，摊开放进匾中，用手轻轻揉搓。拣去已经炒焦的茶梗，待冷却以后再炒，一直要炒到完全干燥为止。炒完的茶不要马上放进瓶里，而应放在干净地方，不可接近湿气。一两天后再将茶放进锅里炒，炒到茶叶极干燥，摊开冷却，然后再进行收藏。

藏茶之罂，先用汤煮过烘燥。乃烧栗炭透红投罂中[1]，覆之令黑。去炭及灰，入茶五分，投入冷炭，再入茶，将满，又以宿箬叶实之，用厚纸封固罂口。更包燥净无气味砖石压之，置于高燥透风处，不得傍墙壁及泥地方得。

【注释】

①栗炭：木炭。指把树木截成段，在炭窑中点燃，烧到一定程度，封

闭炭窑空气进入，余热继续加热木材干馏，水分和木焦油被熘出，木材碳化所形成的木炭。

【译文】

贮藏茶叶的瓷器，要先用开水煮过再烘烤干燥。把烧透红的木炭投入瓷器中，盖上之后让炭火变黑。去掉炭和灰，放入一半茶叶，投入冷却的木炭，再放入茶叶，快满的时候，再用陈旧的箬竹叶将瓶子塞实，用厚纸封住瓶口。再用包好的干燥洁净并且没有气味的砖石压在上面，放在高处干燥通风的地方，不得靠近墙壁和有泥土的地方。

屠长卿《考槃馀事》：茶宜箬叶而畏香药①，喜温燥而忌冷湿。故收藏之法，先于清明时收买箬叶，拣其最青者，预焙极燥，以竹丝编之，每四片编为一块，听用②。又买宜兴新坚大罂，可容茶十斤以上者，洗净焙干听用。山中采焙回，复焙一番，去其茶子、老叶、梗屑及枯焦者，以大盆埋伏生炭，覆以灶中敲细，赤火既不生烟，又不易过。置茶焙下焙之，约以二斤作一焙。别用炭火入大炉内，将罂悬架其上，烘至燥极而止。先以编箬衬于罂底，茶焙燥后，扇冷方入。茶之燥，以拈起即成末为验③。随焙随入，既满，又以箬叶覆于茶上，每茶一斤约用箬二两。罂口用尺八纸焙燥封固④，约六七层，摵以方厚白木板一块⑤，亦取焙燥者。然后于向明净室或高阁藏之。用时以新燥宜兴小瓶，约可受四五两者，另贮。取用后随即包整。夏至后三日再焙一次，秋分后三日又焙一次，一阳后三日又焙一次⑥，连山中共焙五次。从此直至交新，色味如一。罂中用浅，更以燥箬叶满贮之，虽久不浥⑦。

【注释】

①香药:香料。

②听用:听候使用。

③为验:作为标准。

④尺八纸:一尺八寸见方的纸。

⑤擫(yè):压。

⑥一阳:即一阳生,又称冬至。冬至后白天渐长,古代认为是阳气初动,故冬至又称“一阳生”。

⑦浥(yì):潮湿。

【译文】

屠隆《考槃馀事》记载:茶叶适宜箬竹叶而忌讳香料,喜欢温暖干燥而忌讳阴冷潮湿。因此茶叶的收藏方法,要在清明时购买一些箬竹叶,挑拣其中最青翠的预先烘焙干燥,用竹丝编起来,每四片编成一块,听候使用。再购买宜兴新出产的大的坚固陶罂,可容纳十斤以上茶叶,洗干净烘焙干燥后,听候使用。从山里采摘并且烘焙的茶叶,回来再烘焙一次,要去除里面的茶子、老叶、梗屑和焦枯的部分,用大盆装满生炭,扣在灶里敲碎,赤火既不生烟,又不容易使火过热。放在茶焙下面烘焙,一焙大约可以烘焙两斤。另将炭火放进大炉内,把陶罂架在上面,烘到极其干燥为止。放的时候先把编好的箬竹叶衬在陶罂下面,茶叶烘焙干燥,扇风冷却后再放进去。茶叶的干燥程度,以捻起成粉末状为标准。边烘焙边放入陶罂,盛满了以后,再将箬竹叶盖在茶叶的上面,每一斤茶叶大约需要用二两箬竹叶。瓶口用一尺八寸大小的干燥纸密封,大约要封六七层,再压上一块方形厚重的白色木板,也要选用烘焙干燥的。然后选择朝向明亮并且干净的屋子或高大的阁楼收藏。取用时要用新买干燥的宜兴小陶瓶,大约可盛四五两茶叶,另外贮存。取用以后马上包装整齐。夏至后三天又烘焙一次,秋分后三天再烘焙一次,冬至后三天又烘焙一次,加上在山中进行的烘焙,一共烘焙五次。此后直到来年新茶上市，这些贮藏的茶色泽香味始终如新。如果陶罂中茶叶取用后不满，就用干燥的箬竹叶填满贮存，这样即使贮存很长时间也不会受潮。

又一法，以中坛盛茶，约十斤一瓶。每年烧稻草灰入大桶内，将茶瓶座于桶中，以灰四面填桶，瓶上覆灰筑实。用时拨灰开瓶，取茶些少，仍复封瓶覆灰，则再无蒸坏之患。次年另换新灰。

【译文】

还有一个藏茶的方法，用中型的坛子来盛茶，大约十斤一瓶。每年烧稻草灰放入大桶内，再将茶瓶放进桶中，用灰将桶的四周填满，茶瓶上面也用灰压实盖好。用的时候拨开灰打开瓶子，取出少量的茶叶，仍旧密封茶瓶覆盖好上面的灰，这样就再没有蒸坏的担心了。第二年需要另外换上新灰。

又一法，于空楼中悬架，将茶瓶口朝下放，则不蒸。缘蒸气自天而下也。

【译文】

还有一个藏茶的方法，在空楼中悬挂一个架子，将茶瓶口朝下放置，这样就不会有蒸汽而受潮。因为蒸汽是自上而下的。

采茶时，先自带锅入山，别租一室，择茶工之尤良者，倍其雇值①。戒其搓摩，勿使生硬，勿令过焦。细细炒燥，扇冷方贮罂中。

【注释】

①倍其雇值:加倍给他工钱。

【译文】

采摘茶叶时,先自己带锅进山,另外租用一间房子,挑选制茶技术好的工人,加倍给他工钱。告诫他采茶时不要用手揉搓,制茶时不要使茶叶生硬,烘焙时要避免茶叶过焦。慢慢地将茶叶炒制干燥,扇风冷却后再贮藏到陶罂中。

采茶,不必太细,细则芽初萌而味欠足;不可太青,青则叶已老而味欠嫩。须在谷雨前后,觅成梗带叶微绿色而团且厚者为上。更须天色晴明,采之方妙。若闽广岭南,多瘴疠之气[①],必待日出山霁,雾瘴岚气收净[②],采之可也。

【注释】

①瘴疠:瘴气。南部、西南部地区山林间湿热蒸发能致病之气。

②雾瘴:瘴气。岚气:山中雾气。

【译文】

采摘茶叶,不要选择太细小的茶芽,细小的茶芽刚萌发出来,味道欠足;也不要选择太青翠的茶叶,茶叶过青说明茶叶已老,味道欠嫩。必须在谷雨前后,寻找成梗带微绿色团状并很厚实的叶芽为上。更需要在天色晴朗的时候,采摘更好。像福建、广东岭南一带多有瘴气,必须等到太阳出来,瘴气和山中雾气散尽,才可以进山采摘茶叶。

冯可宾《岕茶笺》:茶,雨前精神未足,夏后则梗叶太粗。然以细嫩为妙,须当交夏时,看风日晴和,月露初收,亲自监采入篮。如烈日之下,应防篮内郁蒸,又须伞盖。至舍,速倾于净匾内薄摊，细拣枯枝、病叶、蛸丝、青牛之类[①]，一一剔去，方为精洁也。

【注释】

①蛸(xiāo)丝：蟢子等蜘蛛所结的网。蛸，蜘蛛的一种，脚很长。通称蟢子。青牛：指蝤蛴(qiú qí)一类小虫子。

【译文】

冯可宾《岕茶笺》记载：茶叶，在谷雨前精神尚未充足，立夏以后则梗叶太粗。然而茶叶以细嫩为好，必须选择在春夏交替之际，观察天气晴朗，月光下的露滴刚刚开始收起，亲自监督采摘放入篮中。如在炎热的烈日下采摘，应防止篮子里过于闷热，又需要用伞遮盖。到了家中，马上倒入洁净的匾里薄薄地摊开，仔细挑拣其中的枯枝、病叶、蛸丝、青牛之类的杂物，一一剔除干净，这才算精致洁净。

蒸茶，须看叶之老嫩，定蒸之迟速，以皮梗碎而色带赤为度。若太熟，则失鲜。其锅内汤，须频换新水，盖熟汤能夺茶味也。

【译文】

蒸制茶芽，必须要看叶子的老嫩，来决定蒸制慢与快，以皮梗破碎且茶汤带红为标准。如果蒸制太熟，就失去茶叶的鲜味。蒸锅里的水必须时常更换新水，因为熟汤能侵夺茶叶的纯正香味。

陈眉公《太平清话》[①]：吴人于十月中采小春茶，此时不独逗漏花枝[②]，而尤喜日光晴暖。从此蹉过[③]，霜凄雁冻[④]，不复可堪矣。

【注释】

①陈眉公《太平清话》：四卷，陈继儒撰。主要记述古今琐事，其中的一些文人事迹，对研究文学史亦有一定参考价值。

②不独：不仅，不但。逗漏：透露，显露。

③蹉过：错失，错过。

④霜凄雁冻：霜冻降临。指天气变冷。

【译文】

陈继儒《太平清话》记载：苏州人在每年十月中采摘小春茶，这时不仅花枝显露，并且阳光晴朗和暖。如果错过这个时节，天气变冷，就不再适合采茶了。

眉公云："采茶欲精，藏茶欲燥，烹茶欲洁。"

【译文】

陈继儒说："采茶时要讲究精细，贮藏茶时要讲究干燥，烹制茶时要讲究洁净。"

吴拭云："山中采茶歌，凄清哀婉①，韵态悠长，一声从云际飘来，未尝不潸然堕泪②。吴歌未便能动人如此也③！"

【注释】

①凄清：凄凉冷清。哀婉：悲伤婉转。

②潸（shān）然：流泪的样子。

③吴歌：吴地之歌。亦指江南民歌。《晋书·乐志下》："吴歌杂曲，并出江南。东晋以来，稍有增广。"

【译文】

吴拭说:“山中的采茶歌,凄清哀婉,音调悠长,一声声从云际里飘来,未尝不让人流下眼泪。即使是吴歌也未必能如此动人!”

熊明遇《岕山茶记》:贮茶器中,先以生炭火煅过,于烈日中暴之,令火灭,乃乱插茶中,封固罂口,覆以新砖,置于高爽近人处。霉天雨候,切忌发覆,须于晴燥日开取。其空缺处,即当以箬填满,封闭如故,方为可久。

【译文】

熊明遇《岕山茶记》记载:贮存茶叶的陶罂,先用生炭火煅烧,再放在烈日下曝晒,使火熄灭,于是散乱地放入茶叶,密封好瓶口,盖上新砖,放在高处清爽人易接近的地方。阴天下雨的时候,千万不要打开封口,必须等到清爽干燥的日子打开取出。取完茶后空缺的地方,立即用箬竹叶填满,像以前一样密封好,这样才能使茶保存长久。

《云蕉馆记谈》①:明玉珍子昇②,在重庆取涪江青蟾石为茶磨,令宫人以武隆雪锦茶碾③,焙以大足县香霏亭海棠花④,味倍于常。海棠无香,独此地有香,焙茶尤妙。

【注释】

①《云蕉馆记谈》:一卷,明孔迩述撰。共十九条,述陈友谅事约据其半,又数条述明玉珍、明昇事,多为他书未载。

②明玉珍(1329—1366):原名瑞,字玉珍。随州(今属湖北)人。元末义军领袖。至正二十二年(1362)明玉珍受刘桢等人拥立称帝,国号大夏,都重庆。至正二十六年(1366)春,明玉珍病故,庙

号太祖。子明昇继位，后大夏国为朱元璋所灭。

③武隆：今重庆武隆区。因境内有武龙山得名。

④大足县：今重庆大足区。以境内大足川为名。

【译文】

孔迩述《云蕉馆记谈》记载：明玉珍的儿子明昇，在重庆取涪江的青蟆石做成茶磨，让宫里的人用武隆雪锦茶碾，焙制大足县香霏亭的海棠花茶，味道比平常的茶要好得多。海棠花原本没有香味，唯独这个地方的海棠花有香味，用来焙茶的效果最好。

《诗话》：顾渚涌金泉，每岁造茶时，太守先祭拜，然后水稍出。造贡茶毕，水渐减。至供堂茶毕，已减半矣。太守茶毕，遂涸。北苑龙焙泉亦然。

【译文】

胡仔《苕溪渔隐丛话》记载：顾渚有涌金泉，在每年造茶的时候，太守都会首先祭拜，然后泉水稍稍涌出。制造贡茶完毕，水也就减小了。到进供中央各部堂官的茶制造完毕，水流已经减半。等到太守所要的茶制造完毕，水就完全干涸了。北苑的龙焙泉也是这样。

《紫桃轩杂缀》：天下有好茶，为凡手焙坏。有好山水，为俗子妆点坏[①]。有好子弟，为庸师教坏。真无可奈何耳！

【注释】

①俗子：指见识浅陋或鄙俗的人。

【译文】

李日华《紫桃轩杂缀》记载：天下有好茶，被庸俗的匠人焙制坏了。

天下有好山水，被见识浅陋的人装点坏了。天下有好子弟，却被平庸的老师教育坏了。这真是没有办法的事情啊！

匡庐绝顶产茶，在云雾蒸蔚中[①]，极有胜韵，而僧拙于焙，瀹之为赤卤，岂复有茶哉！戊戌春，小住东林[②]，同门人董献可、曹不随、万南仲[③]，手自焙茶，有“浅碧从教如冻柳，清芬不遣杂花飞”之句。既成，色香味殆绝。

【注释】

①云雾蒸蔚：如云雾之蒸腾会集。

②东林：指庐山东林寺。

③门人：弟子。

【译文】

庐山的最高峰出产茶叶，在云雾蒸腾之中，很有韵致，然而僧人不擅长焙制，冲泡出的茶为红褐色，难道还有茶味吗？戊戌年春天，我在庐山东林寺暂住一段时间，同弟子董献可、曹不随、万南仲亲自焙制茶叶，有“浅碧从教如冻柳，清芬不遣杂花飞”的诗句。制成以后，茶的色香味绝佳。

顾渚，前朝名品，正以采摘初芽，加之法制，所谓“罄一亩之入[①]，仅充半环”[②]，取精之多，自然擅妙也。今碌碌诸叶茶中，无殊菜沈[③]，何胜括目[④]。

【注释】

①罄：用尽。

②半环：半方茶饼。

③菜沈：菜叶。

④括目：注目观看。

【译文】

顾渚茶，前朝的名茶，正是用采摘刚萌发的茶芽，如法焙制，所谓的“用尽一亩茶园所产，仅制成半方茶饼”，顾渚茶选取精华之多，自然独擅精妙。如今的顾渚茶制作平庸，混杂于平常的茶叶中，与菜叶没什么两样，怎么能引起人们关注呢？

金华仙洞与闽中武夷俱良材，而厄于焙手①。

【注释】

①厄：受困。

【译文】

浙江金华仙洞与福建武夷山出产的茶叶都是优良品种，然而受困于烘焙人的技艺。

埭头本草市溪庵施济之品①，近有苏焙者，以色稍青，遂混常价。

【注释】

①埭头：地名，疑为今福建莆田埭头镇或今江苏溧阳埭头镇。草市：乡村集市。施济：施舍，救济。

【译文】

埭头原本乡村集市有溪庵施舍的茶，最近有苏州人在焙制，因色泽稍青，于是就与平常的茶价格无异。

《岕茶汇钞》：岕茶不炒，甑中蒸熟，然后烘焙。缘其摘迟,枝叶微老,炒不能软,徒枯碎耳。亦有一种细炒岕,乃他山炒焙,以欺好奇者。岕中人惜茶,决不忍嫩采,以伤树本。余意他山摘茶,亦当如岕之迟摘老蒸,似无不可。但未经尝试,不敢漫作。

【译文】

冒襄《岕茶汇钞》记载:罗岕茶不用炒制,先放在甑中蒸熟,然后再烘焙。这是因为岕茶采摘较晚,枝叶稍老,炒制以后并不能变软,只会焦枯破碎。还有一种细炒岕茶,是用其他山上的茶叶炒制烘焙的,用来欺骗好奇的人。岕中的茶农爱惜茶叶,绝不忍心采摘嫩芽,以伤了树的根本。我认为从其他山中采摘的茶叶,也应该像岕茶一样采摘得较晚,采用蒸制方法,似乎也没有什么不可以。但没有经过尝试,不敢随便评论。

茶以初出雨前者佳,惟罗岕立夏开园。吴中所贵梗粗叶厚者,有箫箬之气,还是夏前六七日如雀舌者,最不易得。

【译文】

茶叶以谷雨前萌发的茶芽为最好,只有罗岕是在立夏时开园采茶。吴中的人喜欢梗粗叶厚的茶,夹带箫箬竹叶的气味,还是在立夏前六七天像雀舌的茶芽,最不容易得到。

《檀几丛书》①:南岳贡茶,天子所尝,不敢置品②。县官修贡,期以清明日入山肃祭,乃始开园采造。视松萝、虎丘而色香丰美,自是天家清供③,名曰片茶。初亦如岕茶制法,万历丙辰④,僧稠荫游松萝⑤,乃仿制为片。

【注释】

①《檀几丛书》：一百五十七种，清王晫、张潮同编。所谓檀几，据凡例说：古有七宝灵檀几，几上有文字，随意所及，文字辄现，今书中为经史子集，为礼节大端，为家门训戒，为土物琐屑，种种毕具，有意披览，展卷即得，名曰檀几。王晫（zhuō，1636—?），原名棐，号木庵、丹麓。仁和（今浙江杭州）人。另著有《霞举堂集》《墙东草堂词》《遂生集》等。张潮，字山来，号心斋、三在道人。歙县（今属安徽）人。另著有《花影词》《幽梦影》等。

②置品：品评等级高低。

③清供：清雅的供品。

④万历丙辰：即万历四十四年（1616）。

⑤僧稠荫：长兴人。僧稠荫在万历四十四年（1616）游松萝后制南岳贡片，岕中之人尊称其为幽溪大师。

【译文】

《檀几丛书》记载：南岳衡山的贡茶，专门供天子享用，不敢品评等级高低。县官献纳贡品，定期在清明节时到山里祭祀，这时才开园采摘制造茶叶。与松萝茶、虎丘茶相比，它的色泽和香味都丰富美好，自然是皇家清雅的供品，称为片茶。起初也是按照罗岕茶制作方法，万历丙辰年间，僧人稠荫游历松萝山，才开始仿制成片茶。

冯时可《滇行记略》[①]：滇南城外石马井泉[②]，无异惠泉[③]。感通寺茶[④]，不下天池、伏龙[⑤]，特此中人不善焙制耳。徽州松萝，旧亦无闻，偶虎丘一僧往松萝庵，如虎丘法焙制，遂见嗜于天下[⑥]。恨此泉不逢陆鸿渐，此茶不逢虎丘僧也。

【注释】

①冯时可《滇行记略》:一卷,明冯时可撰。内容不详。

②滇南:云南别称。因云南简称为滇,又位于中国南端,因而又称滇南。

③惠泉:即惠山泉,在江苏无锡惠山山麓。相传经唐代陆羽品题而得名。开凿于唐大历元年(766)。水质甘香醇滑,唐人以其宜茶,品为天下第二。宋徽宗时成为宫廷贡品。分上池、中池和下池,上池水质最好。

④感通寺茶:云南大理白族名茶,因出自云南大理白族自治州感通寺而得名。《明一统志·大理府物产》:"感通茶,感通寺出,味胜他处者。"

⑤不下:不次于。天池:即天池茶。因产于苏州天池山而得名。伏龙:即伏龙茶。因产于吴中伏龙而得名。

⑥见嗜于天下:被天下人喜爱。

【译文】

冯时可《滇行记略》记载:云南城外的石马井泉,水质与无锡的惠山泉没有什么差别。感通寺的茶叶,也不次于苏州天池茶和伏龙茶,只是这里的人不善于焙制茶叶罢了。徽州的松萝茶以前也不为人知,偶然有一位虎丘僧人来到松萝庵,就按照虎丘茶的制作方法进行焙制,于是被天下人喜爱。遗憾的是这里的泉水没有遇到陆羽的品鉴,这里的茶叶也没有遇到虎丘僧人的焙制。

《湖州志》:长兴县啄木岭金沙泉①,唐时每岁造茶之所也,在湖、常二郡界,泉处沙中,居常无水②。将造茶,二郡太守毕至,具仪注③,拜敕祭泉,顷之发源。其夕清溢,供御者毕,水即微减;供堂者毕,水已半之;太守造毕,水即涸矣。

太守或还旆稽期[4]，则示风雷之变[5]，或见鸷兽、毒蛇、木魅、阳晱之类焉[6]。商旅多以顾渚水造之[7]，无沾金沙者。今之紫笋，即用顾渚造者，亦甚佳矣。

【注释】

①啄木岭金沙泉：即浙江长兴顾渚山金沙泉。

②居常：平常。

③仪注：礼节，仪节。

④还旆（pèi）：回归队伍的旗帜。此指太守回府。稽期：拖延日期。

⑤风雷之变：指上天示警的灾异现象。

⑥鸷（zhì）兽：猛兽。木魅：老树变成的妖魅。阳晱（shǎn）：浮尘在阳光照耀下出现的似雾非雾的景象。

⑦商旅：指来往各地做买卖的商人。

【译文】

《湖州志》记载：长兴县啄木岭的金沙泉，是唐朝每年制造贡茶的地方，在湖州、常州两郡交界处，泉水在沙中，平常没有水。每年将要造茶的时候，两郡的太守都来到这里，举行完备的仪式，拜祭泉水，顷刻间泉水涌出。傍晚时分泉水清澈四溢，供皇家用的茶制造完毕，水就会减小；等到进贡中央各部堂官的茶制造完毕，水流已经减半；等到太守所要的茶制造完毕，泉水就完全干涸了。一旦太守造茶拖延日期，就会出现上天示警的灾异现象，有时会见到猛兽、毒蛇、木魅、阳晱等一类的东西。来往各地做买卖的商人也多用顾渚泉水来造茶，无法受到金沙泉水的恩泽普及。如今的紫笋茶，就是用顾渚泉水制造的，也非常好。

高濂《八笺》[1]：藏茶之法，以箬叶封裹入茶焙中[2]，两三日一次。用火当如人体之温温然，而湿润自去。若火多，则茶焦，不可食矣。

【注释】

①高濂《八笺》：即高濂《遵生八笺》。

②封裹：密封包扎。

【译文】

高濂《遵生八笺》记载：贮藏茶叶的方法，用箬竹叶密封包扎起来放进茶焙中，两三天烘焙一次。火的温度应当接近人的体温，湿气就会自然祛除。如果火力太大，茶叶就会焦枯，不能食用了。

周亮工《闽小记》：武夷岃崱[①]，紫帽、龙山皆产茶[②]。僧拙于焙，既采，则先蒸而后焙，故色多紫赤，只堪供宫中浣濯用耳[③]。近有以松萝法制之者，即试之，色香亦具足，经旬月[④]，则紫赤如故。盖制茶者，不过土著数僧耳。语三吴之法[⑤]，转转相效[⑥]，旧态毕露。此须如昔人论琵琶法，使数年不近，尽忘其故调，而后以三吴之法行之，或有当也。

【注释】

①岃崱（lì zè）：形容山峰高耸。

②紫帽：即紫帽山。在福建晋江西北的紫帽镇。常有紫云覆盖，又因山形似古代官帽，故名。龙山：在福建清流南。

③宫中：这里指寺院里。浣濯（huàn zhuó）：洗涤。

④旬月：一个月。

⑤三吴：地名。一般指吴兴、吴郡、会稽。北魏郦道元《水经注·渐水》："永建中，阳羡周嘉上书，以县（会稽）远，赴会至难，求得分置，遂以浙江西为吴，以东为会稽。汉高帝十二年，一吴也，后分

为三,世号‘三吴’。吴兴、吴郡、会稽其一焉。”

⑥转转:渐渐。

【译文】

周亮工《闽小记》记载:福建武夷山山峰高耸,紫帽山、龙山都出产茶叶。当地的僧人不善于焙制,采摘来的茶叶先蒸后焙,因此茶汤色泽多为紫红色,只能供宫里洗涤所用。近来有采用松萝茶的方法进行焙制的茶,经过试验,色泽和香味也足,经过一个月,茶色依然多为紫红色。大概焙制茶叶的人,只是当地的几个僧人而已。谈论三吴地区的制茶方法,渐渐相互效仿,旧态完全显露。这就好比古人论弹奏琵琶的方法,假使多年都未曾弹奏,把以前的音调全部忘记,后来再用三吴地区的制茶方法进行焙制,或许还有其适用的地方。

徐茂吴云①:“实茶大瓮,底置箬,瓮口封闭,倒放,则过夏不黄,以其气不外泄也。”子晋云②:“当倒放有盖缸内。缸宜砂底,则不生水而常燥。加谨封贮,不宜见日,见日则生翳而味损矣③。藏又不宜于热处。新茶不宜骤用,贮过黄梅④,其味始足。”

【注释】

①徐茂吴:即徐桂。明诗文作家。

②子晋:即乐子晋。冯梦祯的朋友。

③翳(yì):病症名。

④黄梅:即黄梅天,亦作黄霉天。指春末夏初梅子黄熟时,这期间我国长江中下游地区连续下雨,空气潮湿,衣服等容易发霉。

【译文】

徐桂说:“把茶叶放在大瓮里,瓮底放上箬竹叶,瓮口封闭,颠倒过来放置，这样即使经过夏天茶叶也不会变黄，因为茶叶的气味不会往外泄露。"乐子晋说："茶叶应该倒放在有盖的缸里。缸应该是砂底，这样就不会产生水汽而且常年干燥。谨慎密封贮存，不宜见到阳光，见到阳光就容易生病损害茶的味道。贮藏的地方又不应该太热。新茶不适宜马上饮用，贮藏过了黄梅天，茶的味道才会充足。"

张大复《梅花笔谈》：松萝之香馥馥①，庙后之味闲闲②，顾渚扑人鼻孔，齿颊都异③，久而不忘。然其妙在造，凡宇内道地之产④，性相近也，习相远也。吾深夜被酒⑤，发张震封所遗顾渚⑥，连啜而醒。

【注释】

①香馥馥：香味很浓。

②闲闲：清淡。

③齿颊：牙齿与腮颊。

④宇内：为中国疆域之内。道地：真正是有名产地出产的。

⑤被酒：为酒所醉。犹中酒。

⑥发：打开。遗（wèi）：赠与。

【译文】

张大复《梅花草堂笔谈》记载：松萝茶的香味很浓，庙后茶的味道清淡，顾渚茶香气扑鼻，品饮时口感各不相同，久久不能忘记。然而茶的奥妙在于制造，大凡为中国疆域之内真正的名茶，其本性都是非常相近，只是制造和品饮的方式相差甚远。我深夜曾为酒所醉，打开张震赠与的顾渚茶，连饮几杯，随即清醒。

宗室文昭《古瓻集》①：桐花颇有清味②，因收花以熏茶，命之曰桐茶。有“长泉细火夜煎茶，觉有桐香入齿牙”之句。

【注释】

①文昭《古瓻集》：即《紫幢轩诗集·古瓻集》，三卷，文昭著。文昭(1680—1732)，字子晋，号紫幢、芗婴居士、北柴山人、松栖居士等。清宗室，工诗善画。另著有《读画辑略》等。

②桐花：桐树的花。

【译文】

清宗室文昭《紫幢轩诗集·古瓻集》记载：桐花颇有清新味道，于是收桐花用来熏茶，命名为桐茶。有“长泉细火夜煎茶，觉有桐香入齿牙”的诗句。

王草堂《茶说》[1]：武夷茶，自谷雨采至立夏，谓之头春；约隔二旬复采，谓之二春；又隔又采，谓之三春。头春叶粗味浓，二春、三春叶渐细，味渐薄，且带苦矣。夏末秋初又采一次，名为秋露，香更浓，味亦佳，但为来年计，惜之不能多采耳。茶采后以竹筐匀铺，架于风日中，名曰晒青。俟其青色渐收，然后再加炒焙。阳羡岕片只蒸不炒，火焙以成。松萝、龙井皆炒而不焙，故其色纯。独武夷炒焙兼施，烹出之时半青半红，青者乃炒色，红者乃焙色也。茶采而摊，摊而摝[2]，香气发越即炒[3]，过时不及皆不可。既炒既焙，复拣去其中老叶枝蒂，使之一色。释超全诗云[4]：“如梅斯馥兰斯馨，心闲手敏工夫细。”形容殆尽矣。

【注释】

①王草堂：即王复礼，字需人，号草堂。钱塘(今浙江杭州)人。另

著有《御览孤山志》等。

②攎(lǜ):摇动。

③发越:散发。

④释超全(1627—1712):俗名阮旻锡。同安(今属福建)人。性嗜茶,幼习茶书,善烹工夫茶,有制茶工艺。

【译文】

王复礼《茶说》记载:武夷茶,从谷雨到立夏采制的,称为头春;大约间隔两旬又采制的,称为二春;又间隔两旬采制的,称为三春。头春的茶,叶芽粗壮,味道浓郁;二春、三春的茶,叶芽渐渐变细,味道也渐渐变淡,而且带有苦味。夏末秋初时再采制一次,称为秋露,其香气更加浓郁,味道也更好,但是为了来年打算,珍惜茶树而不能多采。茶叶采摘以后要在竹筐上面铺放均匀,架在通风且阳光充足的地方,称为晒青。等到茶叶的青色渐渐消退,然后再炒焙。阳羡的岕片茶则只蒸不炒,用火烘焙而成。松萝茶和龙井茶都是只炒而不用烘焙,所以色泽纯正。只有武夷茶是炒和烘焙两种方法都用,这样烹制出来的茶色半青半红,青的是炒过的茶色,红的是烘焙而成的茶色。茶叶采摘后要摊开,摊开以后要用手摇动,香气散发出来随即炒制,炒过或火候不到都不行。经过炒制或烘焙以后的茶,再拣去其中的老叶和枝蒂,使茶的色泽统一。僧人超全有诗写道:"如梅斯馥兰斯馨,心闲手敏工夫细。"形容得很贴切。

王草堂《节物出典》[①]:《养生仁术》云:"谷雨日采茶,炒藏合法,能治痰及百病。"

【注释】

①《节物出典》:应为《节品出典》,五卷,清王复礼撰。《四库全书总目》《中国丛书综录》均未著录。据《贩书偶记》记载,此书为"钱

塘王复礼撰,无刻书朝代,约康熙壬午(1702)杭城尊行斋刊”。

【译文】

王复礼《节品出典》记载:《养生仁术》说:“谷雨时采摘茶叶,炒制和收藏的方法得当,可以袪痰及医治百病。”

《随见录》:凡茶见日则味夺,惟武夷茶喜日晒。

【译文】

屈擢升《随见录》记载:大凡茶叶见了阳光味道就会被侵夺,只有武夷茶喜欢阳光曝晒。

武夷造茶,其岩茶以僧家所制者最为得法[①]。至洲茶中采回时[②],逐片择其背上有白毛者,另炒另焙,谓之白毫,又名寿星眉。摘初发之芽,一旗未展者,谓之莲子心。连枝二寸剪下烘焙者,谓之凤尾、龙须。要皆异其制造,以欺人射利,实无足取焉。

【注释】

①岩茶:乌龙茶名。产于福建境内的武夷山。

②洲茶:乌龙茶名。产于福建武夷山九曲沿溪两岸,品质不及岩茶。

【译文】

武夷山制造的茶叶,其中武夷岩茶以寺庙里的僧人制造最为得法。至于洲茶采摘回来后,要逐片挑拣背上有白毛的茶叶,单独炒焙,称为白毫,又称为寿星眉。采摘刚萌发的茶芽,一个茶芽没有舒展开的,称为莲子心。连同两寸长的枝条一起剪下来烘焙的,称为凤尾、龙须。要是都追求奇异的制作方法,以欺骗人谋取财利,实在不值得取用。

卷中

四之器

【题解】

陆羽在《茶经·二之具》中详细介绍了从事采茶、蒸茶、捣茶、拍茶、焙茶、穿茶、封茶等一系列制茶工具，《四之器》中详细介绍了二十四组共计二十八种全套饮茶器具，可见陆羽在编写《茶经》时，从内心是将“具”与“器”严格区别开来。《续茶经》各章虽然依照陆羽《茶经》体例所命名，但就具体内容而言，却并非一成不变。本章与《二之具》界线比较模糊，《二之具》中除陆龟蒙《奉和袭美茶具十咏》与皮日休《茶中杂咏·茶具》五首中个别提及制茶工具，其他则都是介绍饮茶器具。显然作者虽刻意模仿陆羽《茶经》的写作体例，但仍将《二之具》与《四之器》相为混淆，可见其并未完全领会陆羽《茶经》的真谛。

本章共搜集文献六十三则，主要论述了由唐至清各个时期的饮茶用具，通过大量史料，较为系统地叙述了自唐至清茶具的名称、形状、用材、规格、制作方法、用途，以及器具对茶汤品质的影响，还论述了各地茶具的好坏及使用规则等。通过大量史料，生动地再现了中国茶具由粗至精、由大至小、由繁至简，最终由奢华富丽的金银器到反璞归真的紫砂器的发展史。

清张大复《闻雁斋笔谈》认为，茶叶采摘后装进筐里，那么茶的自然之性必借阳光而散发，而且遇到的知己是水。然而不经过茶灶、茶炉的烹煮,那效果也不好。所以说饮茶是一件富贵的事情。饮茶是富贵事,这与陆羽在《茶经》所提及的“最宜精行俭德之人”“茶性俭”观点背道而驰。在陆羽看来,以“茶性俭”应由有“精行俭德之人”的茶人享用。但是,随着社会经济的飞速发展,历代王公贵族在饮茶时不仅要享受口福,还要处处炫耀自己高贵的社会地位。如宋周密《癸辛杂识》记载:宋朝时长沙制造的茶具精致巧妙,每副茶具都要用白银三百钱或五百钱。丞相赵葵在做潭州知府时,曾用上千两黄金制造茶具,以进献给皇上。

明周高起《阳羡茗壶系》记载:茶到了明万历年间,就不再碾成细屑配上香料制成团饼了,于是人们饮茶的方式也由烹煮改为冲泡了。茶壶也淘汰了银壶、锡壶以及福建和河南的瓷壶,而开始崇尚宜兴的紫砂壶了。伴随宜兴紫砂的兴起,产生了如金沙寺僧、供春、董翰、赵梁、玄锡、时朋、时大彬、李茂林、李仲芳、徐友泉、欧正春等紫砂名家,他们制作的紫砂壶超凡脱俗,别具匠心。

《御史台记》[①]:唐制,御史有三院[②]:一曰台院[③],其僚为侍御史[④];二曰殿院[⑤],其僚为殿中侍御史;三曰察院[⑥],其僚为监察御史。察院厅居南,会昌初[⑦],监察御史郑路所葺[⑧]。礼察厅,谓之松厅,以其南有古松也。刑察厅,谓之魇厅,以寝于此者多梦魇也[⑨]。兵察厅,主掌院中茶,其茶必市蜀之佳者,贮于陶器,以防暑湿[⑩]。御史辄躬亲缄启[⑪],故谓之茶瓶厅。

【注释】

①《御史台记》:十二卷,唐韩琬撰。主要记载唐朝初年至唐玄宗开元五年(717)一百年间御史大夫、御史中丞、侍御史、殿中侍御

史、监察御史以及主薄、录事等的姓名、行事等。也记述了御史台官制的沿革。韩琬,字茂贞。邓州南阳(今属河南)人。曾任按察使、殿中侍御史。另著有《续史记》《南征记》等。

②御史:即御史台。我国古代监察官署名称,又名宪台。

③台院:御史台的基本组成部分之一,执掌纠弹中央百官,参与大理寺的审判和审理皇帝交付的重大案件的监察机构。

④僚:官。

⑤殿院:御史台的基本组成部分之一,掌管殿建仪卫、京城纠察等事。

⑥察院:御史台的基本组成部分之一,由监察御史掌之。

⑦会昌:唐武宗年号(841—846)。

⑧葺(qì):修建,整理。

⑨梦魇(yǎn):恶梦,常常伴之以压抑感和胸闷以致把睡觉人惊醒。

⑩暑湿:炎热潮湿。

⑪躬亲缄启:亲自封存或开启。

【译文】

韩琬《御史台记》记载:唐代制度,御史台分为三院:第一个叫台院,其官员称为侍御史;第二个叫殿院,其官员称为殿中侍御史;第三个叫察院,其官员称为监察御史。察院的办公大厅在南面,会昌初年,由监察御史郑路修建。礼察厅,称为松厅,因为厅南面有古松。刑察厅,称为魇厅,因为在这里睡觉的人大多做恶梦。兵察厅,主要管理察院的茶饮,这里的茶叶一定要购买蜀茶中的佳品,贮存在陶器里,以避免炎热潮湿。御史往往亲自封存或开启,因此又称为茶瓶厅。

《资暇集》:茶托子①,始建中蜀相崔宁之女②,以茶杯无衬,病其熨指③,取碟子承之。既啜而杯倾。乃以蜡环碟子之央,其杯遂定,即命工匠以漆代蜡环,进于蜀相。蜀相奇之，为制名而话于宾亲[④]，人人为便，用于当代。是后传者更环其底，愈新其制，以至百状焉。

【注释】

①茶托子：亦称茶托，古代流行的一种放置茶盏的承盘。

②建中：唐德宗年号(780—783)。崔宁(723—783)：唐名将。

③病其熨指：担心烫伤了手指。病，担心。

④宾亲：宾客与亲族。即亲朋好友。

【译文】

李匡义《资暇集》记载：茶托，创使于建中年间蜀相崔宁的女儿，因为茶杯没有衬垫，担心烫伤了手指，于是就取碟子将茶杯托住。品饮之后，杯子也倒了。于是她就用蜡环绕在碟子中央，茶杯就固定住了，随即命工匠用油漆代替蜡环，进献给蜀相。蜀相非常惊奇，亲自为它命名并且告诉亲朋好友，人们认为很方便，当时就流行开来。后来，传承人再将它的底部弄得更圆，制作更加新奇，以至茶托有上百种形状。

贞元初，青郓油缯为荷叶形[①]，以衬茶碗，别为一家之碟。今人多云托子始此，非也。蜀相即今升平崔家[②]，讯则知矣[③]。

【注释】

①青：地名，今山东青州。郓(yùn)：地名，今山东郓城。油缯(zēng)：用缯布加油漆制成。

②升平：唐天宝十二载(753)析宜君县西北升平等三乡置，属坊州。治所在今陕西宜君西北。

③讯：问。

【译文】

贞元初年，青州、郓城人用缯布加油漆制成荷叶形状，用来衬垫茶碗，成为另一种碟子。如今的人大多认为茶托起源于此，其实不是。蜀相就是今天升平的崔家，一问便知。

《大观茶论·茶器》：罗碾，碾以银为上，熟铁次之。槽欲深而峻，轮欲锐而薄。罗欲细而面紧，碾必力而速。惟再罗，则入汤轻泛，粥面光凝，尽茶之色。

【译文】

宋徽宗《大观茶论·茶器》记载：罗碾，茶碾用银制的为最好，熟铁的稍差一些。槽内尽量又深又陡，轮子最好是薄而锋利。罗筛要细密而罗面要拉紧，碾茶时必须用力而且速度要快。只有两次罗筛的茶，加进开水后才会轻轻漂浮，茶汤表面有光泽凝聚，充分展示了茶的色泽。

盏须度茶之多少，用盏之大小。盏高茶少，则掩蔽茶色；茶多盏小，则受汤不尽。惟盏热，则茶发立耐久。

【译文】

茶盏，需要度量茶叶的多少，从而决定茶盏的大小。若是茶盏高而茶少，就会掩盖茶的色泽；若是茶叶多而茶盏小，就会使茶叶不能完全接受浸泡。只有茶盏热了，才会使茶叶充分挥发其色香味，并且持续时间较长。

筅以筯竹老者为之[①]，身欲厚重，筅欲疏劲[②]，本欲壮而末必眇[③]，当如剑脊之状[④]。盖身厚重，则操之有力而易于运用。筅疏劲如剑脊，则击拂虽过[⑤]，而浮沫不生。

【注释】

①筋竹：一种中实而强劲的竹，竹梢尖锐，可作矛用。

②疏劲：分散而有力。

③眇（miǎo）：细小。

④剑脊：剑身中间棱起的中分线。古剑两刃薄而中间厚，其形如鱼脊，故称剑脊。

⑤击拂：布茶时的一种手法。

【译文】

茶筅，用中实而强劲的老竹加工而成，筅把厚重不轻佻，筅帚分散而有力，根部要粗壮末梢要纤细，应该像剑脊的样子。因为茶筅厚重，就能在操作时有力且运用方便。筅帚分散有力像剑脊一样，这样即使击拂时用力过猛也不会产生浮沫。

瓶宜金银，大小之制，惟所裁给[①]。注汤利害，独瓶之口嘴而已。嘴之口差大而宛直[②]，则注汤力紧而不散。嘴之末欲圆小而峻削，则用汤有节而不滴沥[③]。盖汤力紧则发速有节，不滴沥则茶面不破。

【注释】

①裁给：根据实际用途来设计。

②差大：指瓶口紧缩，与瓶身的宽大形成的反差。宛直：曲度不大。

③滴沥：指注水后滴水不停。

【译文】

茶瓶，适宜用金银铸造，至于大小规格，就要根据实际用途来设计。

冲沸的水流入茶盏，只取决于茶瓶口嘴的大小和形状而已。茶瓶口嘴与瓶身反差大而且曲度较小的话，这样倒茶力道紧凑水流就不容易分散。茶瓶的出水口要圆而小并且尖削，这样倒茶时有节制而不会滴水不停。倒茶时力量集中并且快慢有节制，不滴水就不会破坏茶面的汤花。

勺之大小，当以可受一盏茶为量。有余不足，倾勺烦数，茶必冰矣。

【译文】

茶勺的大小，应当以可容纳一盏茶水为标准。茶勺太大或太小的话，就要反复多次用勺舀取倾倒，这样茶水就必然凉了。

蔡襄《茶录·茶器》：茶焙，编竹为之，裹以箬叶。盖其上，以收火也；隔其中，以有容也。纳火其下，去茶尺许，常温温然，所以养茶色香味也。

【译文】

蔡襄《茶录·茶器》记载：茶焙，用竹篾编织而成，外面包裹一层箬竹叶。盖在上面，以便收拢火气；中间隔开，以便增大里面的空间。把茶饼放在上层，在下面放置焙茶的炭火，距离茶饼一尺左右，可以保持其温热的状态，就是为了保养茶的色香味。

茶笼，茶不入焙者，宜密封裹，以箬笼盛之，置高处，切勿近湿气。

【译文】

茶笼，暂时不烘焙的茶饼，应该密封包裹起来，用箬竹制成的茶笼盛放，放置在高处，千万不要接近潮湿之气。

砧椎，盖以碎茶。砧以木为之，椎则或金或铁，取于便用。

【译文】

砧椎，用来捣碎茶饼。砧板用木头制成，椎用金或用铁制成，取决于方便实用。

茶钤，屈金铁为之，用以炙茶[①]。

【注释】

①炙茶：烘焙茶叶。

【译文】

茶钤，用屈曲的金或铁制成，用来烘焙茶叶。

茶碾，以银或铁为之。黄金性柔，铜及碖石皆能生铣，音星[①]。不入用。

【注释】

①碖(yú)石：像玉一样的美石。铣(shēng)：铁锈。与古音不同。

【译文】

茶碾，用银或铁制成。黄金本性柔软，铜和碖石又容易生锈，铣，读音为星。不能选用。

茶罗，以绝细为佳。罗底用蜀东川鹅溪绢之密者[①]，投汤中揉洗以罩之。

【注释】

①鹅溪绢：产于四川盐亭鹅溪的绢帛。唐代为贡品，宋人书画尤重之。

【译文】

茶罗，以网眼极细的为好。罗底用四川东川盐亭鹅溪绢最细密的绢帛，放进开水里揉洗干净再罩在上面。

茶盏，茶色白，宜黑盏。建安所造者绀黑[①]，纹如兔毫[②]，其坯微厚，熁之久热难冷[③]，最为要用。出他处者，或薄或色紫，皆不及也。其青白盏，斗试自不用[④]。

【注释】

①绀(gàn)黑：黑里透红。

②兔毫：兔毛。

③熁(xié)：烤。

④斗试：即斗茶。比赛茶的优劣。

【译文】

茶盏，茶的色泽白，适宜黑色茶盏。建安制造的茶盏黑里透红，纹理就像兔毛一样，而且内壁稍厚，烤过以后能够长久保持热度，很难冷却，最适合饮茶使用。其他地方出产的茶盏，不是坯太薄就是颜色发紫，都不如建安茶盏。其中青白色茶盏，在斗茶的时候自然不会使用。

茶匙要重，击拂有力。黄金为上，人间以银铁为之。竹者太轻，建茶不取。

【译文】

茶匙，要重一些，这样击拂才会有力。黄金制成的最好，民间用银或铁制成。竹子制成的茶匙太轻，建茶一般不用。

茶瓶要小者，易于候汤，且点茶注汤有准[①]。黄金为上，若人间以银铁或瓷石为之。若瓶大啜存，停久味过，则不佳矣。

【注释】

①点茶：冲泡沏茶的一种方法。

【译文】

茶瓶，要小一些，这样容易观察水的变化过程，而且往杯子里面注水泡茶也好把握。黄金制成的最好，民间大多都是用银、铁或瓷器制成。如果茶瓶过大，品饮后有所剩余，停放久了茶味过熟，就不好了。

孙穆《鸡林类事》[①]：高丽方言[②]，茶匙曰茶戍[③]。

【注释】

①孙穆《鸡林类事》：三卷，宋孙穆著。是一部有关朝鲜风土、朝制、语言的著作，原作还附有《表文集》。孙穆，在高丽王朝肃宗在位期间（1096—1105），曾出使高丽王都开城。

②高丽：朝鲜历史上的王朝（918—1392）。

③茶戍：茶匙的异称。

【译文】

孙穆《鸡林类事》记载：高丽方言，茶匙称为茶戍。

《清波杂志》：长沙匠者，造茶器极精致，工直之厚，等所用白金之数，士大夫家多有之，寘几案间[①]，但知以侈靡相夸[②]，初不常用也。凡茶宜锡，窃意以锡为合，适用而不侈。贴以纸，则茶味易损。

【注释】

①寘（zhì）：放置。

②侈靡：奢华。

【译文】

周煇《清波杂志》记载：长沙工匠制作的茶器非常精致，工价费用之高几乎等同于所使用白银的数量，士大夫家大多都有非常精致的茶具，放置在茶几案头，只知道相互炫耀奢华，起初并不经常使用。一般茶叶比较适宜锡器，我私下以为用锡制的作茶盒，这样既适用又不奢华。如果器具贴上纸，那茶味就容易受损。

张芸叟云[①]："吕申公家有茶罗子[②]，一金饰，一棕栏。方接客索银罗子[③]，常客也[④]；金罗子，禁近也[⑤]；棕栏，则公辅必矣[⑥]。家人常挨排于屏间以候之。"

【注释】

①张芸叟：即张舜民，字芸叟，自号浮休居士，又号矴斋。邠州（今陕西彬县）人。著有《画墁集》等。

②吕申公：即吕公著（1018—1089），字晦叔。寿州（今安徽凤台）人。早年因恩荫补任奉礼郎，并进士及第，官至司空、平章军国重事。元祐四年（1089），吕公著逝世，哲宗亲临致祭，赠太师、申国公，谥正献。著有《五州录》《吕申公掌记》《吕正献集》《吕氏孝

经要语》《葵亭集》等。

③索：索要。

④常客：平常的客人。

⑤禁近：禁中帝王身边。多指翰林院或官署在宫中的文学近侍之臣。

⑥公辅：古代三公、四辅，均为天子之佐。借指宰相一类的大臣。

【译文】

张舜民说："吕公著家里有茶罗子，一个以黄金装饰，一个以棕毛为栏。接待客人时索要银罗子，说明是平常的朋友；索要金罗子，说明是皇帝身边的近臣；索要棕栏罗子，那肯定是宰相一类的大臣。家里的下人常常排列在屏风间等候召唤。"

《黄庭坚集·同公择咏茶碾》诗：要及新香碾一杯，不应传宝到云来。碎身粉骨方余味，莫厌声喧万壑雷。

【译文】

《黄庭坚集》中有《同公择咏茶碾》诗写道：要及新香碾一杯，不应传宝到云来。碎身粉骨方余味，莫厌声喧万壑雷。

陶穀《清异录》：富贵汤当以银铫煮之[①]，佳甚。铜铫煮水，锡壶注茶，次之。

【注释】

①富贵汤：以金银为茶具煎煮而成的茶汤。《清异录》卷四："以金银为汤器，唯富贵者具焉。所以策功建汤业，贫贱者有不能遂也。汤器之不可舍金银，犹琴之不可舍桐，墨之不可舍胶。"

【译文】

陶穀《清异录》记载：富贵汤，应当用白银制成的茶铫子来煮，非常好。用铜制的茶铫来煮水，用锡壶注茶，那就稍差一些了。

《苏东坡集·扬州石塔试茶》诗："坐客皆可人①，鼎器手自洁②。"

【注释】

①可人：有才德的人。引申为可爱的人、称心如意的人。

②鼎器：炼丹容器。此指茶器。手自洁：亲手洗涤干净。

【译文】

《苏东坡集》中有《扬州石塔试茶》诗写道："坐客皆可人，鼎器手自洁。"

《秦少游集·茶臼》诗①："幽人耽茗饮②，刳木事捣撞③。巧制合臼形，雅音伴柷椌④。"

【注释】

①秦少游：即秦观（1049—1100），字少游，一字太虚，号邗沟居士、淮海居士。扬州高邮（今属江苏）人。著有《淮海集》《淮海居士长短句》《劝善录》《逆旅集》等。

②耽：沉溺，入迷。

③刳（kū）木：剖凿木头（用以做舟）。《周易·系辞下》："刳木为舟，剡木为楫，舟楫之利，以济不通，致远以利天下。"孔颖达疏："舟必用大木刳凿其中，故云刳木也。"

④雅音：正音，有益于风教的诗歌和音乐。柷椌（zhù qiāng）："柷"

即“椌”,同为一种打击乐器,木制,形状像方形的斗。

【译文】

《秦少游集》中有《茶臼》诗写道:“幽人耽茗饮,刳木事捣撞。巧制合臼形,雅音伴柷椌。”

《文与可集·谢许判官惠茶器图》诗[①]:“成图画茶器,满幅写茶诗。会说工全妙,深谙句特奇。”

【注释】

①文与可:即文同(1018—1079),字与可,自号笑笑先生。梓州永泰(今四川盐亭)人。元丰初,以尚书司封员外郎充秘阁校理知湖州。赴任途中至宛丘驿,忽留不行,沐浴冠带,正坐逝世。人称文湖州。著有《丹渊集》《拾遗》等。

【译文】

《文与可集》中有《谢许判官惠茶器图》诗写道:“成图画茶器,满幅写茶诗。会说工全妙,深谙句特奇。”

谢宗可《咏物诗·茶筅》[①]:“此君一节莹无瑕[②],夜听松声漱玉华。万里引风归蟹眼[③],半瓶飞雪起龙芽[④]。香凝翠发云生脚[⑤],湿满苍髯浪卷花[⑥]。到手纤毫皆尽力,多因不负玉川家。”

【注释】

①谢宗可:金陵(今江苏南京)人。约1330年前后在世。元诗人。

②莹:光洁。

③蟹眼:螃蟹的眼睛。比喻水初沸时泛起的小气泡。

④飞雪:茶汤的色泽。

⑤翠发:绿色茶汤形成。

⑥湿满苍髯:茶筅在煮茶时被弄湿。

【译文】

谢宗可《咏物诗》中有《茶筅》写道:“此君一节莹无瑕,夜听松声漱玉华。万里引风归蟹眼,半瓶飞雪起龙芽。香凝翠发云生脚,湿满苍髯浪卷花。到手纤毫皆尽力,多因不负玉川家。”

《乾淳岁时记》[1]:禁中大庆会[2],用大镀金瞥[3],以五色果簇饤龙凤[4],谓之绣茶。

【注释】

①《乾淳岁时记》:一卷,宋周密撰。记述宋孝宗乾道(1165—1173)和淳熙(1174—1189)年间事。周密(1232—1298),字公谨,号草窗、蘋州等。另著有《齐东野语》《武林旧事》《癸辛杂识》《浩然斋雅谈》《云烟过眼录》《志雅堂杂钞》等。

②禁中:宫中。

③瞥(piè):古时盛茶、酒的器皿。

④簇饤(dìng):堆迭在食具中供陈设的食品。

【译文】

周密《乾淳岁时记》记载:皇宫举行重大庆典活动时,用镀金的大瞥,摆设五色水果,中间放龙凤团茶,称为绣茶。

《演繁露》[1]:《东坡后集二·从驾景灵宫》诗云:“病贪赐茗浮铜叶[2]。”按:今御前赐茶皆不用建盏,用大汤瞥,色正白,但其制样似铜叶汤瞥耳。铜叶色,黄褐色也。

【注释】

①《演繁露》：全书共分十六卷，后有《续演繁露》六卷，又称为《程氏演繁录》，宋程大昌著。鉴于其时《春秋繁露》残缺，因按条发挥，故名。所演虽非董仲舒原意，而于名物典故考证之精明，有资于小学。程大昌(1123—1195)，字泰之。徽州休宁(今属安徽)人。官至龙图阁学士。另著有《禹贡论》《易原》《雍录》《诗论》《考古编》等。

②铜叶：借指茶盏。

【译文】

程大昌《演繁露》记载：《东坡后集二》中有《从驾景灵宫》诗写道："病贪赐茗浮铜叶。"按：今天御前赐茶都不用建安茶盏，而是用大汤氅，色泽正白，只是它的制作式样如同茶盏的汤氅而已。茶盏色泽，就是黄褐色。

周密《癸辛杂识》[①]：宋时长沙茶具精妙甲天下。每副用白金三百星或五百星[②]，凡茶之具悉备。外则以大缨银合贮之[③]。赵南仲丞相帅潭[④]，以黄金千两为之，以进尚方[⑤]。穆陵大喜[⑥]，盖内院之工所不能为也。

【注释】

①周密《癸辛杂识》：六卷，宋周密著。因作于杭州之癸辛街，因以为名。凡四百八十一条，于朝野遗闻、典章制度、都城胜迹、艺文书画、医药历法、风土人情、自然科学等都有所叙及，或有裨于考证，或可广见闻。

②星：金银的重量单位，一钱即一星。

③缨：丝、线等做成的穗状饰物。

④赵南仲丞相：即赵葵(1186—1266)，字南仲，号信庵。潭州衡山(今属湖南)人。少随父从军，后长期负责边防军事，抗击金、蒙。历兵部侍郎、枢密使兼参知政事，官至右丞相兼枢密使，累封冀国公。传世画作有《墨梅图》《杜甫诗意图》等，另著有《行营杂录》《信庵诗稿》等。帅：地方的长官。潭：潭州。

⑤尚方：古代制造帝王所用器物的官署。此指皇上。

⑥穆陵：南宋理宗赵昀卒葬绍兴永穆陵，或以穆陵代指理宗。

【译文】

周密《癸辛杂识》记载：宋朝时长沙制造的茶具精致巧妙，甲于天下。每副茶具都要用白银三百或五百钱，凡是茶器都要齐备。外面用一个饰有穗带的大银盒子盛起来贮存。赵葵丞相在做潭州知府时，曾用上千两黄金制造茶具，以进献给皇上。理宗皇帝非常喜欢，因为这是宫里的工匠所不能制造的。

杨基《眉庵集》中《咏木茶炉》诗[①]："绀绿仙人炼玉肤[②]，花神为曝紫霞腴。九天清泪沾明月，一点芳心托鹧鸪。肌骨已为香魄死，梦魂犹在露团枯。孀娥莫怨花零落[③]，分付余醺与酪奴[④]。"

【注释】

①杨基(1326—1378)：字孟载，号眉庵。先世嘉州(今四川乐山)，祖父官江左，迁居吴(今江苏苏州)。元末明初诗人，画家。著有《眉庵集》等。

②绀(gàn)绿：红里透绿。

③孀娥：即霜娥。神话中霜雪之神，亦称青女。《淮南子·天文训》："至秋三月……青女乃出，以降霜雪。"高诱注："青女，乃天

神，青霄玉女，主霜雪也。”

④余醺（xūn）：余酒未醒。酪奴：茶的别名。北魏杨衒之《洛阳伽蓝记·正觉寺》：“（肃对曰：）‘羊比齐鲁大邦，鱼比邾莒小国。唯茗不中，与酪作奴。’……彭城王重谓曰：‘卿明日顾我，为卿设邾莒之食，亦有酪奴。’因此复号茗饮为酪奴。”

【译文】

杨基《眉庵集》中有《咏木茶炉》诗写道：“绀绿仙人炼玉肤，花神为曝紫霞腴。九天清泪沾明月，一点芳心托鹧鸪。肌骨已为香魄死，梦魂犹在露团枯。孀娥莫怨花零落，分付余醺与酪奴。”

张源《茶录》：茶铫，金乃水母[①]，银备刚柔，味不咸涩，作铫最良。制必穿心，令火气易透。

【注释】

①水母：五行家认为金生水，所以称金为水母。

【译文】

张源《茶录》记载：茶铫，金为水母，银刚柔兼备，味道也不咸不涩，用来制作茶铫最好。制作的时候中间必须穿透，以便能透过火气。

茶瓯以白瓷为上，蓝者次之。

【译文】

茶瓯，以白瓷的为最好，蓝色的稍差一些。

闻龙《茶笺》：茶镬[①]，山林隐逸，水铫用银尚不易得[②]，何况镬乎？若用之恒[③]，归于铁也。

【注释】

①茶鍑(fù):煮茶用的锅,一般以生铁制作。鍑耳方形,使能安放平稳;鍑缘敞开,使茶末煮沸时能扬展得开;鍑脐扁长,使锅心温度高,易沸腾,茶末易沸扬,茶味得以烹煮出来。

②水铫(diào):古代烧水煎茶的用具。

③恒:长久,持久。

【译文】

闻龙《茶笺》记载:茶鍑,隐居在山林里面的隐士,白银制成的水铫都不容易得到,更何况黄金制作的鍑呢?如果要用得长久,还是使用铁制的为好。

罗廪《茶解》:茶炉,或瓦或竹皆可,而大小须与汤铫称。凡贮茶之器,始终贮茶,不得移为他用。

【译文】

罗廪《茶解》记载:茶炉,陶制或竹制都可以,然而大小必须同汤壶相称。凡是用来贮存茶叶的器具,始终只能贮存茶叶,不能改作其他用途。

李如一《水南翰记》①:韵书无"瓷"字②,今人呼盛茶、酒器曰"瓷"。

【注释】

①李如一《水南翰记》:一卷,一题明张衮撰。该书内容繁杂,兼及典章制度、考据、名人轶事等。李如一(1556—1630),本名鹤翀,后以字行,更字贯之。江阴(今属江苏)人。著有《得月楼存稿》

《明良记》等。张衮(1487—1564),字补之。江阴(今属江苏)人。另著有《水南集》等。

②韵书:我国古代按韵编排的字书,现存的韵书大都先分平、上、去、入四声,再分韵部。

【译文】

李如一《水南翰记》记载:韵书里面没有"甆"这个字,如今的人把盛茶和装酒的器具都称为"甆"。

《檀几丛书》:品茶用瓯,白瓷为良,所谓"素瓷传静夜,芳气满闲轩"也。制宜弇口邃肠[①],色浮浮而香不散。

【注释】

①弇(yǎn)口:小口。邃肠:中间部分很深。

【译文】

王晫《檀几丛书》记载:品茶用的茶瓯,白瓷的最好,这就是所谓"素瓷传静夜,芳气满闲轩"。形制应该是小口,中间部分很深,这样能使茶色漂浮而且香味不易散发。

《茶说》[①]:器具精洁,茶愈为之生色。今时姑苏之锡注[②],时大彬之砂壶[③],汴梁之锡铫[④],湘妃竹之茶灶[⑤],宣成窑之茶盏[⑥],高人词客、贤士大夫[⑦],莫不为之珍重。即唐宋以来,茶具之精,未必有如斯之雅致。

【注释】

①《茶说》:一卷,明黄龙德撰。专谈明代茶艺、茶事。反映了晚明茶叶种植、制造和品赏的实际情况。黄龙德,字骧溟,号大城

山樵。

②姑苏:今江苏苏州的别称。因西南姑苏山得名。锡注:锡壶。

③时大彬:号少山。宜兴(今属江苏)人。明万历年间制壶名家。

④汴梁:古地名。今河南开封。

⑤湘妃竹:即斑竹。

⑥宣成窑:即宣德窑和成化窑。宣德窑,明宣德时期(1426—1435)景德镇官窑。宣德时期明代官窑最盛。成化窑,明成化时期(1465—1487)景德镇官窑。

⑦高人:志行高尚的人。多指隐士、修道者。词客:擅长文词的人。多指文人墨客。

【译文】

黄龙德《茶说》记载:饮茶器具精致洁净,茶就会因此增光添彩。至于当今苏州的锡壶,宜兴时大彬制作的紫砂壶,开封的锡铫子,斑竹制成的小茶炉,宣德窑、成化窑制造的茶杯,无论高人隐士、文人墨客,还是贤明的士大夫,没有不珍惜的。即使唐宋以来,茶具虽说精致,但未必有如此的雅致。

《闻雁斋笔谈》[1]:茶既就筐,其性必发于日,而遇知己于水。然非煮之茶灶、茶炉,则亦不佳。故曰饮茶富贵之事也。

【注释】

①《闻雁斋笔谈》:六卷,明张大复撰。该书仿苏轼的《东坡志林》而作,体例多似古人杂帖短跋。

【译文】

张大复《闻雁斋笔谈》记载:茶叶采摘后装进筐里,那么茶的自然之性必借阳光而散发,而且遇到的知己是水。然而不经过茶灶、茶炉的烹煮，那效果也不好。所以说饮茶是一件富贵的事情。

《雪庵清史》：泉洌性驶，非扃以金银器[①]，味必破器而走矣。有馈中泠泉于欧阳文忠者[②]，公讶曰："君故贫士[③]，何为致此奇贶[④]？"徐视馈器[⑤]，乃曰："水味尽矣。"噫！如公言，饮茶乃富贵事耶。尝考宋之大小龙团，始于丁谓，成于蔡襄。公闻而叹曰："君谟士人也，何至作此事。"东坡诗曰："武夷溪边粟粒芽，前丁后蔡相宠加。吾君所乏岂此物，致养口体何陋耶[⑥]。"观此则二公又为茶败坏多矣。故余于茶瓶而有感。

【注释】

①扃（jiōng）：关闭，封锁。

②馈：赠送。中泠泉：又作中零、中棂。在今江苏镇江金山寺外。旧在江中，盘涡深险。冬日水涸，用长竿汲之可得。今江岸沙涨，泉已在沙中。其南北尚有南泠、北泠，古称三泠。《太平寰宇记》卷八九"润州丹徒县"条：中泠泉"天下第一泉"。欧阳文忠：即欧阳修。

③贫士：穷士，穷儒生。

④奇贶（kuàng）：珍贵奇特的馈赠。

⑤徐：缓慢地。

⑥致养口体：满足口腹之欲。《孟子·离娄上》："此所谓养口体者也。若曾子，则可谓养志也。"

【译文】

乐纯《雪庵清史》记载：甘美清澄的泉水很容易走味，如果不是用金银器具来封存的话，味道很快就散失了。有人送中泠泉水给欧阳修，他惊讶地说:“您是个穷儒生,为什么有如此珍贵奇特的馈赠呢?”然后缓缓地看送水的器具,又说:“水味已经没有了。”哎!如果像欧阳修先生所说,饮茶真是一件富贵的事情。有人考证宋朝大龙团茶和小龙团茶,创始于丁谓,到蔡襄才渐渐成熟。欧阳修听说后叹息道:“蔡襄是位贤士,何至于做出这样的事情呢!”苏轼有诗写道:“武夷溪边粟粒芽,前丁后蔡相宠加。吾君所乏岂此物,致养口体何陋耶。”由此可见这两个人对茶的声誉败坏很多啊!因此我面对茶瓶发出感慨。

茶鼎[①],丹山碧水之乡,月涧云龛之品,涤烦消渴,功诚不在芝术下[②]。然不有似泛乳花浮云脚,则草堂暮云阴[③],松窗残雪明[④],何以勺之野语清[⑤]。噫!鼎之有功于茶大矣哉。故日休有“立作菌蠢势,煎为潺湲声”[⑥],禹锡有“骤雨松风入鼎来[⑦],白云满碗花徘徊”,居仁有“浮花原属三昧手[⑧],竹斋自试鱼眼汤”[⑨],仲淹有“鼎磨云外首山铜[⑩],瓶携江上中泠水”[⑪],景纶有“待得声闻俱寂后[⑫],一瓯春雪胜醍醐”[⑬]。噫!鼎之有功于茶大矣哉。虽然,吾犹有取卢仝“柴门反关无俗客,纱帽笼头自煎吃”[⑭],杨万里“老夫平生爱煮茗[⑮],十年烧穿折脚鼎”[⑯]。如二君者,差可不负此鼎耳[⑰]。

【注释】

①茶鼎:古代烹茶器,形似古鼎而得名,又简称鼎。

②诚:实在,的确。芝术:药草名。

③暮云:晚霞。

④松窗:临松之窗。多以指别墅或书斋。

⑤勺之野语清:唐皮日休《茶中杂咏·茶鼎》:“此时勺复茗,野语知逾清。”

⑥菌蠢:像灵芝那样的形状。潺湲:煎茶时水沸的声音。

⑦禹锡:即刘禹锡。松风:指茶。

⑧居仁:即吕本中(1084—1145),原名吕大中,字居仁,号紫微,学者又称东莱先生。寿州(今安徽凤台)人。著有《紫微诗话》《东莱吕紫微杂说》《师友杂志》《童蒙训》等。三昧手:即点茶三昧手。源于古人对点茶高手南屏谦师的赞誉。三昧,奥妙,诀窍。

⑨竹斋:室外植竹的书斋。唐许浑《寻戴处士》诗:“晒药竹斋暖,捣茶松院深。”

⑩首山铜:在今河南襄城南,为八百里伏牛之首,故名首山。相传天下名山八,三在蛮夷,五在中国,首山其一也。当年黄帝铸鼎炼丹,曾在此山采铜。

⑪中泠水:中泠泉水。

⑫景纶:即罗大经(1196—?),字景纶。吉州吉水(今属江西)人。著有《鹤林玉露》《心学经传》《易解》等。

⑬春雪:指茶。醍醐(tí hú):比喻美酒。唐白居易《将归一绝》:“更怜家酝迎春熟,一瓮醍醐待我归。”

⑭纱帽笼头:头罩着纱帽。为隋唐以后士大夫文人的普通服饰。泛指在野士人的装束。纱帽,纱制的帽。笼,罩。

⑮杨万里(1127—1206):字廷秀,号诚斋。吉州吉水(今属江西)人。著有《诚斋集》等。

⑯折脚鼎:足歪斜的茶铛。

⑰差可:犹尚可、勉强可以。

【译文】

茶鼎,是炼丹和煮水的地方,那些在明月之涧和白云之龛所出产的茶品,能够消除烦恼解除饥渴,功用的确不在灵芝、白术之下。然而没有飘着乳花的香茶,那草庐的傍晚阴云笼罩,书斋外残雪犹存的月夜,用什么伴随野语清谈的雅兴呢?哎!茶鼎对于茶事的功劳实在是太大了。所以皮日休有“立作菌蠢势，煎为潺湲声”，刘禹锡有“骤雨松风入鼎来，白云满碗花徘徊”，吕本中有“浮花原属三昧手，竹斋自试鱼眼汤”，范仲淹有“鼎磨云外首山铜，瓶携江上中泠水”，罗大经有“待得声闻俱寂后，一瓯春雪胜醍醐”。哎！茶鼎对于茶事的功劳实在是太大了。虽然如此，我仍然取用卢仝“柴门反关无俗客，纱帽笼头自煎吃”和杨万里“老夫平生爱煮茗，十年烧穿折脚鼎”的诗句。只有像这两位先生，才勉强算是不辜负这个鼎而已。

冯时可《茶录》：芘莉[①]，一名篣筤[②]，茶笼也。牺，木勺也，瓢也。

【注释】

①芘莉(pí lì)：芘、莉本为两种草名，此处为制茶过程中将捣拍后的茶饼放在其上晾晒的工具。

②篣筤(páng láng)：此处意同芘莉。篣、筤为两种竹名。此指用竹编成笼、盘、箕等列茶工具。

【译文】

冯时可《茶录》记载：芘莉，又称为篣筤，就是茶笼。牺，就是木勺，也称为瓢。

《宜兴志》：茗壶，陶穴环于蜀山，原名独山，东坡居阳羡时[①]，以其似蜀中风景，改名蜀山。今山椒建东坡祠以祀之[②]，陶烟飞染，祠宇尽黑[③]。

【注释】

①阳羡：今江苏宜兴。秦汉时称阳羡，故名。

②山椒：山顶。

③祠宇：祠堂，神庙。

【译文】

《宜兴志》记载：茗壶，陶窑分布于蜀山周围，原称为独山，苏东坡在宜兴居住时，因为它很像蜀中的风景，改名为蜀山。如今山顶建有东坡祠堂以祭祀苏东坡，因为被制陶的黑烟飘来熏染，东坡祠堂的建筑都变黑了。

冒巢民云[①]："茶壶以小为贵，每一客一壶，任独斟饮，方得茶趣。何也？壶小则香不涣散，味不耽迟[②]。况茶中香味，不先不后，恰有一时。太早或未足，稍缓或已过，个中之妙，清心自饮，化而裁之，存乎其人。"

【注释】

①冒巢民（1611—1693）：即冒襄，字辟疆，号巢民，又号朴庵、朴巢，私谥潜孝先生。如皋（今属江苏）人。著有《巢民诗集》《影梅庵忆语》等。

②耽迟：耽搁迟延。此指茶味久久不出。

【译文】

冒襄说："茶壶，以小巧为贵，每位客人一把茶壶，任凭独自斟茶品饮，这样才能得到饮茶的乐趣。为什么呢？因为茶壶小巧香气就不容易散失，茶味也久久不出。何况茶中的香味，不早不晚，正好保持一个时辰。太早就会显得不足，稍晚就又可能过了最好的时辰了，其中的奥妙，需静下心来独自品饮，衡量其中的变化并做出裁决，完全在于个人的自我领会。"

周高起《阳羡茗壶系》[①]:茶至明代,不复碾屑和香药制团饼,已远过古人。近百年中,壶黜银锡及闽豫瓷[②],而尚宜兴陶,此又远过前人处也。陶曷取诸[③]?取其制以本山土砂,能发真茶之色香味,不但杜工部云"倾银注玉惊人眼"[④],高流务以免俗也[⑤]。至名手所作[⑥],一壶重不数两,价每一二十金,能使土与黄金争价。世日趋华[⑦],抑足感矣。

【注释】

①周高起《阳羡茗壶系》:一卷,明周高起撰。是考述自供春以后有关宜兴陶工、陶艺发展脉络的第一部系统专著。

②黜:废除,取消。闽豫瓷:指福建瓷和河南瓷。

③陶曷取诸:即"曷取诸陶"。陶壶有什么可取之处呢?

④杜工部云"倾银注玉惊人眼":底本作"倾金注玉惊人眼",误,据杜甫《少年行》改。杜工部,因杜甫曾为工部员外郎,故称。倾银注玉,以银壶玉杯盛酒。

⑤高流:指上乘的作品。

⑥名手:因精通某行而著名的人。

⑦世日趋华:世风日趋浮华。

【译文】

周高起《阳羡茗壶系》记载:饮茶到了明代,就不再将其碾成细屑配上香料制成团饼了,这已远远超过古人。最近百年来,茶壶淘汰了银壶、锡壶以及福建和河南的瓷壶,而开始崇尚宜兴的紫砂壶,这又远远超过古人了。宜兴紫砂壶有什么可取之处呢?陶壶是用本地山中含砂的陶土制成,能够充分发挥茶叶真正的色香味,不但杜甫说"倾金注玉惊人眼",其中上乘的作品一定不落入俗套。至于名家所制,一个茶壶重量不过几两,而每个壶的价格高达一二十两银子,能使泥土与黄金争价。现在世风日趋浮华，也足以让人感慨了。

考其创始，自金沙寺僧[1]，久而逸其名。又提学颐山吴公[2]，读书金沙寺中，有青衣供春者[3]，仿老僧法为之。栗色暗暗，敦庞周正[4]，指螺纹隐隐可按[5]，允称第一，世作龚春，误也。

【注释】

①金沙寺僧：明代制陶名手。佚名。金沙寺在江苏宜兴湖口山间，湖口镇的西南角，为唐相陆希贤之山房。

②提学颐山吴公：即吴仕，字克学，一字颐山，号拳石。宜兴（今属江苏）人。官终四川布政司参政。著有《颐山私稿》。

③青衣供春：又称龚春。宜兴（今属江苏）人。明正德、嘉靖间宜兴制砂壶名手。供春起初为吴仕家僮，侍奉主人之余，从金沙寺僧那里学得制壶技法，并且成为一代名家。

④敦庞周正：敦厚朴实，形制周正。

⑤指螺纹：制作壶坯时留下的指纹。

【译文】

考察宜兴紫砂壶的创始，是由金沙寺的僧人发明的，年代久了也就不知道他的名字了。又提学吴仕在金沙寺里读书，有青衣小童供春仿照金山寺僧人的方法制作陶壶。陶壶色泽如栗子，敦厚朴实，形制周正，壶上手指按的螺纹隐约可见，可以称得上天下第一，世人称他为龚春，这是错误的。

万历间，有四大家：董翰、赵梁、玄锡、时朋[1]。朋即大彬父也。大彬号少山，不务妍媚[2]，而朴雅坚栗[3]，妙不可思，遂于陶人擅空群之目矣[④]。此外则有李茂林、李仲芳、徐友泉[⑤];又大彬徒欧正春、邵文金、邵文银、蒋伯荂四人[⑥];陈用卿、陈信卿、闵鲁生、陈光甫[⑦];又婺源人陈仲美[⑧],重锼叠刻[⑨],细极鬼工;沈君用、邵盖、周后溪、邵二孙、陈俊卿、周季山、陈和之、陈挺生、承云从、沈君盛、陈辰辈[⑩],各有所长。

【注释】

①董翰:号后谿。明嘉靖、隆庆间江苏宜兴制陶名艺人。所造茗壶,一改寺僧、供春以来古拙风格,是最早创造菱花式砂壶的名手。赵梁:一作赵良。明嘉靖、隆庆间江苏宜兴制陶名艺人。他所制作的茗壶,多梁式,以古拙朴实见长。据传说,砂壶中之提梁式,创制于赵梁。玄锡:有关他的姓字,诸说不一。明周嘉胄《阳羡茗壶图谱》、清吴骞《阳羡名陶录》作元畅,清陈贞慧《秋园杂佩》作袁锡,明周高起《阳羡茗壶系》作玄锡。今从周高起之说。明嘉靖、隆庆间江苏宜兴制陶名艺人。善制砂壶,以古朴著称。时朋:又作时鹏。明嘉靖、隆庆间宜兴制陶名艺人。宜兴(今属江苏)人。时大彬父。擅制宜兴砂壶,以古拙见长。

②妍媚:美丽可爱。

③朴雅:朴素雅致。

④空群:唐韩愈《送温造处士赴河阳军序》:“伯乐一过冀北之野,而马群遂空。”后因以“空群”比喻人才被选拔一空。

⑤李茂林:即李养心,号茂林。明嘉靖、万历间宜兴制壶高手。善制砂壶,制小圆式,妍在朴致中,允属名玩。李仲芳:明万历间制陶艺人。制壶名手李茂林之子,制壶名家时大彬高足。他的作品文巧精工,技艺俱佳。徐友泉:名士衡,以字行。明万历年间制紫砂壶名手。善制尊、罍、汉方扁觯等各种仿古器形,其调配

的泥色有海棠红、朱砂紫、定窑白等。

⑥欧正春：一作欧子明。明万历时陶器名师。在宜兴丁山镇创制瓷器，世称“欧窑”。所造瓷器，形式大半仿均（钧）窑，所以又称“宜均”。邵文金：又名亨祥。明万历时宜兴制壶高手。邵文银：又名亨裕，明万历至清顺治间人，与邵亨祥（文金）同胞兄弟，都是时大彬的弟子。蒋伯荂：名时英，原名伯敷，明万历名士陈继儒将“敷”改为“荂”。明万历时宜兴制壶高手。时大彬弟子。

⑦陈用卿：俗名陈三呆子，明代制砂壶名手。制壶技艺独具特色，与当时制壶名家时大彬、蒋时英齐名。陈信卿：明万历至崇祯年间人。善仿时大彬、李茂林之传器。闵鲁生：即闵贤，字鲁生。明天启至清顺治年间制壶名家，善仿制，所制壶厚实沉重，朴素而形优。陈光甫：明代天启、崇祯年间制陶名艺人。

⑧陈仲美：明代制陶艺人。万历年间曾在景德镇烧造瓷器，尤善仿古窑器，精制各种古玩，有鬼斧神功之妙，当时与周丹泉齐名。后去阳羡（今江苏宜兴），把瓷雕艺术和制壶巧妙结合，重镂叠刻，甚为精美。

⑨重锼（sōu）叠刻：反复镂刻，重叠雕饰。

⑩沈君用：名士良。明天启、崇祯间宜兴制壶高手。邵盖：明万历、崇祯年间宜兴制壶高手。周后溪：明万历年间制壶名手。邵二孙：明万历年间制壶名手。陈俊卿：明万历年间制壶名手。周季山：明天启、崇祯年间制壶名手。陈和之：明天启、崇祯间宜兴制壶高手。善仿徐友泉、沈君用，壶式高古清绝，书法有晋唐风。陈挺生：明天启至清康熙年间江西婺源人。《阳羡茗壶图录》谓陈挺生与邵盖、周后溪、邵二孙、陈和之等“皆一时之名手”。承云从：明天启、崇祯间宜兴制壶高手。沈君盛：明天启、崇祯间宜兴制壶高手。善仿徐士衡、沈士良。陈辰：字共之。明万历、崇祯宜兴陶刻名手。专事代陶工镌刻书铭，誉称陶之中书君。

【译文】

万历年间，有四大制壶名家：董翰、赵梁、玄锡、时朋。时朋就是时大彬的父亲。大彬号少山，风格上不追求美丽可爱，却崇尚朴素、雅致、坚实、栗色等特征，他制作的陶器非常巧妙，让人意想不到，于是在陶艺领域无人可以比肩。此外还有李茂林、李仲芳、徐友泉；又有时大彬的徒弟欧正春、邵文金、邵文银、蒋伯荂四人；陈用卿、陈信卿、闵鲁生、陈光甫；还有婺源人陈仲美，所制文玩器具反复镂刻，重叠雕饰，细致如鬼斧神工；沈君用、邵盖、周后溪、邵二孙、陈俊卿、周季山、陈和之、陈挺生、承云从、沈君盛、陈辰等人，也都各有所长。

徐友泉所制之泥色，有海棠红、朱砂紫、定窑白、冷金黄、淡墨、沉香、水碧、榴皮、葵黄、闪色梨皮等名。

【译文】

徐友泉所自制的泥色，有海棠红、朱砂紫、定窑白、冷金黄、淡墨、沉香、水碧、榴皮、葵黄、闪色梨皮等名称。

大彬镌款，用竹刀画之，书法闲雅①。

【注释】

①闲雅：即娴雅。文雅大方。

【译文】

时大彬在茶壶上镌刻落款，运用竹刀在上刻画，书法文雅大方。

茶洗，式如扁壶，中加一盎①，鬲而细窍其底②，便于过水漉沙③。茶藏，以闭洗过之茶者。陈仲美、沈君用各有奇制。

水杓、汤铫，亦有制之尽美者，要以椰瓢、锡缶为用之恒[④]。

【注释】

①盎（àng）：古代的一种盆，腹大口小。

②鬲：通“隔”。

③漉（lù）：过滤。

④椰瓢：椰壳制成的瓢。

【译文】

茶洗，式样像扁壶，中间加一个盎，隔层底部有细孔，便于过水滤沙。茶藏，用来留住清洗过茶叶的工具。陈仲美、沈君用各有奇特的制作工艺。至于水勺、汤铫，也有制作非常完美的，日常生活中还是以椰壳制成的瓢和锡制的器皿更为实用。

茗壶宜小不宜大，宜浅不宜深。壶盖宜盎不宜砥[①]，汤力茗香，俾得团结氤氲[②]，方为佳也。

【注释】

①盎：充满。此指壶盖为弧形。砥：平直，平坦。

②氤氲（yīn yūn）：弥漫貌。

【译文】

茶壶，宜小不宜大，宜浅不宜深。壶盖应该为弧形而不适宜平面，这样可使得汤力集中，香气弥漫，才是最好。

壶若有宿杂气，须满贮沸汤涤之，乘热倾去，即没于冷水中，亦急出水泻之，元气复矣。

【译文】

茶壶如果有过夜留下的陈杂气味，必须盛满热水进行清洗，并且趁热倒掉，马上浸入冷水里，并立刻拿出将水倒掉，这样原有的气味就恢复了。

许次纾《茶疏》：茶盒以贮日用零茶，用锡为之，从大坛中分出，若用尽时再取。

【译文】

许次纾《茶疏》记载：茶盒贮存平时所用的零星茶叶，用锡制作，从大坛里分取茶叶，用完再从大坛中取用。

茶壶，往时尚供春，近日时大彬所制，极为人所重。盖是粗砂制成，正取砂无土气耳。

【译文】

茶壶，从前崇尚供春制作的紫砂壶，近日时大彬制作的紫砂壶特别为人所看重。大概是以粗砂烧制而成，正是取砂土不含土气的特点。

臞仙云："茶瓯者，予尝以瓦为之，不用磁。以笋壳为盖①，以槲叶攒覆于上②，如箬笠状③，以蔽其尘。用竹架盛之，极清无比。茶匙以竹编成，细如笊篱样④，与尘世所用者大不凡矣，乃林下出尘之物也⑤。煎茶用铜瓶不免汤腥，用砂铫亦嫌土气，惟纯锡为五金之母，制铫能益水德⑥。"

【注释】

①笋壳:竹类主秆所生叶。笋期包于笋外,笋生长成竹过程中陆续脱落。

②槲(jiě)叶:槲树的叶子,形大如荷叶。攒(cuán):聚,凑集,拼凑。

③箬(ruò)笠:用箬竹叶及篾编成的宽边帽。

④笊(zhào)篱:用竹篾或铁丝、柳条编成蛛网状供捞物沥水的器具。

⑤林下:指山林田野退隐之处。出尘:超出世俗。

⑥水德:古代阴阳家称帝王受命的五德之一。谓以水而德王。此指有益于茶水味道。

【译文】

朱权说:"茶瓯,我曾经尝试用陶制作,而不用瓷。用笋壳做盖子,把槲树叶聚拢放在上面,如同箬叶斗笠一样,可以遮挡灰尘。再用竹架支起来,无比清幽。茶匙,用竹篾编成,像笊篱一样细小,与人世间所用的大不一样,因为它是退隐山林超出世俗的物品。煎茶时用铜制茶瓶汤会有铁锈味,如果用砂陶所制茶铫,又会有土腥气,只有纯锡才是五金之母,用锡制的茶铫能增益茶水的味道。"

谢肇淛《五杂俎》:宋初闽茶,北苑为最。当时上供者,非两府禁近不得赐,而人家亦珍重爱惜。如王东城有茶囊①,惟杨大年至②,则取以具茶,他客莫敢望也。

【注释】

①王东城:即王旦(957—1017),字子明。大名莘县(今属山东)人。累官至宰相。

②杨大年:即杨亿(974—1020),字大年。卒,谥文,世称杨文公。建州浦城(今属福建)人。"西昆体"诗歌主要作家。后人辑有

《杨文公谈苑》等。

【译文】

谢肇淛《五杂俎》记载：宋朝初年的福建茶，以北苑茶为最好。当时向朝廷进贡的茶叶，不是中书省、枢密院两府要员和皇帝身边的人得不到赏赐，所以他们也更加珍重爱惜。如王东城有茶囊，只在杨大年到了，才拿出来喝茶用，其他的客人就不敢奢求这样的待遇。

《支廷训集》有《汤蕴之传》[①]，乃茶壶也。

【注释】

①《支廷训集》：指《支廷训文集》，明支廷训撰。《汤蕴之传》，即为阳羡茶壶做的传记。所谓“汤蕴之”，即指壶，产阳羡之壶。

【译文】

支廷训《支廷训文集》中有《汤蕴之传》，也就是给茶壶所做的传记。

文震亨《长物志》：壶以砂者为上，既不夺香，又无熟汤气。锡壶有赵良璧者亦佳[①]。吴中归锡[②]，嘉禾黄锡[③]，价皆最高。

【注释】

①赵良璧：明吴中（今江苏苏州）人。嘉靖民间艺人。工于制梳及锡器，称绝技。

②归锡：即归复制作的归锡壶。归复，又名复初。清人。善以生锡制模，圃光其外，空其中，以檀木为把，以玉为嘴及盖顶，取其夏日贮茶无宿味，年久锡生点鱼斑者佳，人称“归壶”。

③嘉禾：古地名。今浙江嘉兴。黄锡：即黄元吉制作的黄锡壶。

【译文】

文震亨《长物志》记载：茶壶中以紫砂壶为上品，因为既不会侵夺茶的香气，又没有熟汤气味。锡壶以赵良璧制作的为最好。苏州归复制作的归锡壶、嘉兴黄元吉制作的黄锡壶，价格都是最高的。

《遵生八笺》：茶铫、茶瓶，磁砂为上，铜锡次之。磁壶注茶，砂铫煮水为上。茶盏惟宣窑坛盏为最，质厚白莹，样式古雅。有等宣窑印花白瓯[①]，式样得中，而莹然如玉。次则嘉窑[②]，心内有“茶”字小盏为美。欲试茶，色黄白，岂容青花乱之？注酒亦然，惟纯白色器皿为最上乘，余品皆不取。

【注释】

①有等：有些。

②嘉窑：明嘉庆年间景德镇官窑。

【译文】

高濂《遵生八笺》记载：茶铫、茶瓶，以瓷器、紫砂制造的为最好，铜器、锡器制造的稍次一些。瓷壶注茶，砂铫煮水为最好。茶盏以宣德官窑的坛盏为最好，内壁厚实洁白晶莹，样式古朴雅致。有些宣德官窑里有白色印花的茶瓯，样式得中，然而也晶莹如玉。稍次一些的还有嘉靖官窑，盏心内写有“茶”字的小盏最为精美。如果要烹试茶叶，茶的色泽黄白，怎么能容忍青花瓷器变换色泽呢？注酒也是如此，只有纯白色的器皿为最上品，其余品种都不取用。

试茶以涤器为第一要。茶瓶、茶盏、茶匙生锉，致损茶味，必须先时洗洁则美。

【译文】

烹试茶叶，以洗净器具为第一要务。茶瓶、茶盏、茶匙容易产生铁锈，致使茶味受损，必须先清洗干净才好。

曹昭《格古要论》[①]：古人吃茶、汤用瞥[②]，取其易干不留滞。

【注释】

①曹昭《格古要论》：三卷，明曹昭撰。是中国现存最早的文物鉴定专著。上卷为古铜器、古画、古墨迹、古碑法帖四论；中卷为古琴、古砚、珍奇（包括玉器、玛瑙、珍珠、犀角、象牙等）、金铁四论；下卷为古窑器、古漆器、锦绮、异木、异石五论。曹昭，字明仲。松江（今属上海）人。

②瞥（piè）：古时盛茶、酒的器皿。

【译文】

曹昭《格古要论》记载：古人饮茶、汤要用瞥，因为它容易喝净而且不留滞。

陈继儒《试茶》诗有“竹炉幽讨”“松火怒飞”之句。竹茶炉，出惠山者最佳。

【译文】

陈继儒的《试茶》诗中有“竹炉幽讨”“松火怒飞”的诗句。竹茶炉，惠山出产的最好。

《渊鉴类函·茗碗》[①]:韩诗“茗碗纤纤捧”[②]。

【注释】

①《渊鉴类函》:四百五十卷,清张英、王士祯等奉命编撰而成。张英(1637—1708),字敦复、梦敦,号乐圃、倦圃翁。桐城(今属安徽)人。官累迁礼部尚书,兼管翰林院詹事府。康熙三十八年(1699),授文华殿大学士。卒谥文端。著有《笃素堂文集》《存诚堂诗集》《笃素堂诗集》《笃素堂杂著》等。

②茗碗纤纤捧:语出唐韩愈、孟郊、张籍与张彻共同创作的五言古诗的联句集合。凡三十四韵,六十八句。

【译文】

张英等《渊鉴类函·茗碗》记载:韩愈等《会合联句》诗中有“茗碗纤纤捧”诗句。

徐葆光《中山传信录》:琉球茶瓯,色黄,描青绿花草,云出土噶喇[①]。其质少粗无花,但作水纹者,出大岛。瓯上造一小木盖,朱黑漆之,下作空心托子,制作颇工。亦有茶托、茶帚。其茶具、火炉与中国小异。

【注释】

①土噶喇:即吐噶喇群岛,又称宝岛群岛。日语称吐噶喇列岛。清朝史籍作土噶喇。在今日本九州西南部,琉球群岛北部。其名日语原意为宝贝,故俗称宝岛列岛或金七岛。

【译文】

徐葆光《中山传信录》记载:琉球群岛的茶瓯,色黄,其上绘有青绿花草,据说出产于土噶喇群岛。其质地粗糙没有花纹,但有作水波状花纹的，那是出产于大岛。茶瓯上造一小木盖，漆成朱黑色，下面做一个空心托子，制作颇为精致。还有茶托、茶帚等。它的茶具、火炉与中国制造的稍有不同。

葛万里《清异论录》[1]：时大彬茶壶，有名钓雪，似带笠而钓者。然无牵合意。

【注释】

①葛万里：号梦航。清昆山（今属江苏）人。

【译文】

葛万里《清异论录》记载：时大彬制作的茶壶，有一种名叫钓雪，就像是一个戴着斗笠的钓鱼人。然而没有牵强凑合的意思。

《随见录》：洋铜茶铫，来自海外。红铜烫锡，薄而轻，精而雅，烹茶最宜。

【译文】

屈擢升《随见录》记载：洋铜茶铫，来自海外。红铜表面烫上锡，既薄又轻巧，既精致又高雅，最适合煮茶。